农产品品质光电检测技术及应用

刘燕德 等 著

科学出版社

北京

内 容 简 介

全书主要由三部分内容组成，共12章，以理论基础、关键技术、实践应用为主线，详细介绍了光电无损检测技术的理论基础、农产品品质检测中的主要技术以及作者近年来在农产品品质检测方面的具体应用。一方面，本书介绍了几种典型农产品品质光电无损检测技术及原理；另一方面，本书凝聚作者多年教学和科研实践经验及相关成果，着重介绍了农产品品质光电无损检测技术及装置方面的一些典型应用实例。作者将多年的研究成果渗透到各章，使全书达到理论与实践相结合的效果。

本书可供光电无损检测、机电一体化与仪器科学等专业的本科生和研究生使用，也可供从事无损检测技术、光谱诊断技术、机器视觉检测技术、自动化电子技术和测控技术等相关研究及应用的科技工作者参考。

图书在版编目(CIP)数据

农产品品质光电检测技术及应用 / 刘燕德等著. —北京：科学出版社，2020.12

ISBN 978-7-03-066852-3

Ⅰ. ①农… Ⅱ. ①刘… Ⅲ. ①农产品－品质－光电检测－研究 Ⅳ. ①S37

中国版本图书馆CIP数据核字（2020）第225391号

责任编辑：邓 静 张丽花 / 责任校对：王 瑞
责任印制：张 伟 / 封面设计：迷底书装

科 学 出 版 社 出版
北京东黄城根北街16号
邮政编码：100717
http://www.sciencep.com

北京虎彩文化传播有限公司印刷

科学出版社发行 各地新华书店经销
*
2020年12月第 一 版 开本：787×1092 1/16
2020年12月第一次印刷 印张：12
字数：307 000

定价：98.00元
（如有印装质量问题，我社负责调换）

前　言

农产品品质检测已成为农业及检测领域的研究热点之一，如何做到农产品快速无损检测是一个非常有潜力和市场前景的课题。随着我国经济社会的快速发展，人们对农产品品质的要求早已从“吃得饱”转变为“吃得好”，因此农产品品质快速检测技术已成为社会关注的热门问题。农产品品质保障不仅关系到每一个人的生命健康安全，也关系到我国农产品在国际市场中的竞争力。在农产品的国际贸易中，品质问题是贸易各国首要关注的。要解决国内农产品的品质问题，就需要从生产和检测两个方面加以突破与提高。如何实现农产品品质快速检测成为摆在生产者、政府监管机构和消费者面前的首要问题——要使用农产品的品质和安全检测技术，加强对农产品的品质管控，并提出可行的策略，让我国农产品行业走上可持续发展道路。

农产品品质光电无损检测研究结合了光学、现代电子技术、计算机技术、信息技术、食品科学等多学科领域，目前，农产品品质光电无损检测技术和方法不断涌现。为了便于我国相关技术人员对这些新技术和新方法的消化、吸收与应用，促进我国农产品品质光电无损检测科研水平和技术水平的提高，作者总结十多年来在本领域的研究成果和工作经验，结合当今国内外相关研究的最新成果，著成此书。

本书由作者在 863 计划、国家自然科学基金、国家科技支撑计划、农业科技成果转化资金等国家级项目资助下完成。全书分三篇，共 12 章。其中，第一篇为理论基础篇，共 3 章，主要内容包括光电无损检测技术基础、典型农产品品质光电无损检测系统以及光电无损检测技术在农产品品质检测中的应用；第二篇为关键技术篇，共 6 章，主要内容包括近红外光谱检测、高光谱检测、拉曼光谱检测、太赫兹光谱检测、LIBS 检测、机器视觉检测等关键技术特点及应用案例；第三篇为实践应用篇，共 3 章，主要内容包括基于漫反射方式的检测装置及应用、基于漫透射方式的检测装置及应用、基于漫反射的便携式水果品质无损检测装置。

本书编写分工为：第 1 章由刘燕德（华东交通大学）编写，第 2 章由刘燕德、黄文倩（北京农业信息技术研究中心）编写，第 3 章由刘燕德、李江波（北京农业信息技术研究中心）编写，第 4 章由徐佳（华东交通大学）、郭文川（西北农林科技大学）编写，第 5 章由欧阳思怡（华东交通大学）、南学平（陕西果业集团有限公司）编写，第 6 章由李雄（华东交通大学）、李斌（华东交通大学）编写，第 7、8 章由吴建（华东交通大学）编写，第 9、10 章由胡军（华东交通大学）编写，第 11、12 章由王观田（华东交通大学）编写，全书统稿由刘燕德、姜小刚（华东交通大学）共同完成。

本书采用理论与实践相结合的撰写思路，在介绍典型农产品品质光电无损检测技术及方法的同时，详细介绍了农产品品质光电无损检测技术及装置方面的一些应用实例，便于读者理解和掌握。各章在内容上力求选材新颖、内容丰富、图文并茂。

由于作者研究水平及撰写时间有限，书中难免存在疏漏与不足，恳请同行专家、学者及广大读者批评指正。

刘燕德

2020 年 7 月

目　　录

第一篇　理论基础篇

第二篇 关键技术篇

第三篇　实践应用篇

第一篇　理论基础篇

第 1 章　光电无损检测技术基础

1.1　无损检测技术概述

1.1.1　无损检测技术定义

检测就是检查和测量。在科学试验和工业生产过程中，为了及时了解工艺过程和生产过程的情况，需要对描述被测对象特征的某些参数进行检测，其目的是准确获得表征它们的有关信息，以便对被测对象进行定性了解和定量掌握。检测工作可以在一个物理变化过程中进行，也可以在此过程之外或过程结束后对提取的样本进行操作。

检测技术是指在生产与科学试验过程中对一些参数的测量技术。检测技术也称非电量的电测技术，它是工业自动化、农业自动化的重要组成部分。而无损检测技术是随着高科技发展应运而生的一门新技术，它在不损害或不影响被测对象使用性能，不伤害被测对象内部组织的前提下，主要运用物理学的方法(如光学、电学、磁学和声学等手段)对产品进行分析，且不破坏样本，在获取被测对象的品质有关内容、性质或成分等物理化学信息的同时保证样品的完整性。无损检测技术是工业和农业发展必不可少的有效工具之一，在一定程度上反映了一个国家的工业和农业发展水平。

1.1.2　无损检测技术的作用

目前，无损检测技术已经在机械装备制造、冶金、石油化工、兵器、船舶、航空航天、电力、建筑、交通、医药、食品工业等行业及领域广泛应用，成为各领域极其重要的一种检测手段。无损检测技术的作用主要有以下几点。

1. 无损检测技术是产品检验和质量控制的重要手段

例如，在机械制造行业，人们通过对机床的静、动态参数，如工件的加工精度、切削力、切削速度、位移、振动等机械量参数进行在线检测和自动调整，使检测和生产加工同时进行，及时、主动地用检测结果对生产过程进行调节和控制，使其达到最佳运行状态，生产出合格产品，达到产品质量控制的目的。

2. 无损检测技术是保障大型设备安全经济运行的重要手段

在化工、机械、电力、石油、煤炭、交通等行业中，一些大型设备通常在高温、高压、高速和大功率状态下运行。为了保证这些设备的安全运行，通常由故障监测系统对温度、压力、流量、转速、振动和噪声等多种参数进行长期动态监测，对故障进行早期诊断，避免突发事故，保证设备和人员的安全，提高经济效益。随着计算机技术的发展，这类故障监测系统已经发展为故障自诊断系统，可以采用计算机来处理检测信息，进行分析、判断，及时诊断出设备故障并自动报警或采取相应的对策。

3. 无损检测技术是自动化技术不可缺少的组成部分

在实现自动化的过程中，信息的获取与转换是极其重要的环节，只有精确及时地将被测对象的各项参数检测出来并转换成易于传送和处理的信号，整个系统才能正常地工作。因此，自动检测与转换是自动化技术不可缺少的组成部分。

4. 无损检测技术是实现农产品品质无损检测的主要途径之一

在农产品品质无损检测过程中，通常要求对农产品实现无损快速检测，不能对产品产生破坏，且检测效率要高。因此非接触性的无损检测技术成为农产品品质快速无损检测的主要途径之一，特别是水果商品化处理环节，无损检测技术是不可替代的。

5. 无损检测技术的发展推动着现代科学技术的进步

人们在从事科学研究工作时，一般都是利用已知的规律对观测、试验的结果进行概括、推理，从而对所研究的对象取得定量的概念并发现它的规律性，然后上升到理论，进而形成研究成果。这一过程离不开现代化的检测手段。因此，检测技术的水平在很大程度上决定了科学研究的深度和广度。检测技术的水平越高，所提供的信息越丰富、越可靠，科学研究取得突破性进展的可能性就越大。

现代化生产和科学技术的发展也不断地对无损检测技术提出新的要求与课题，成为促进无损检测技术向前发展的动力。科学技术的新发现和新成果不断应用于检测技术中，也不断地促进无损检测技术的现代化。

1.1.3　无损检测技术分类和特点

1. 无损检测技术分类

根据检测原理的不同，无损检测技术主要有声学检测技术、电学检测技术、射线检测技术、磁学检测技术、微波和介电检测技术、光学检测技术、热学检测技术、渗透检测技术等，如图 1-1 所示。

2. 工业领域常用无损检测技术及其特点

在工业检测领域中有多种无损检测技术，除了射线、超声、磁粉、渗透、涡流这五大常规无损检测技术之外，还有微波、声发射、光纤等。几种常用的无损检测技术的用途、特点如表 1-1 所示。

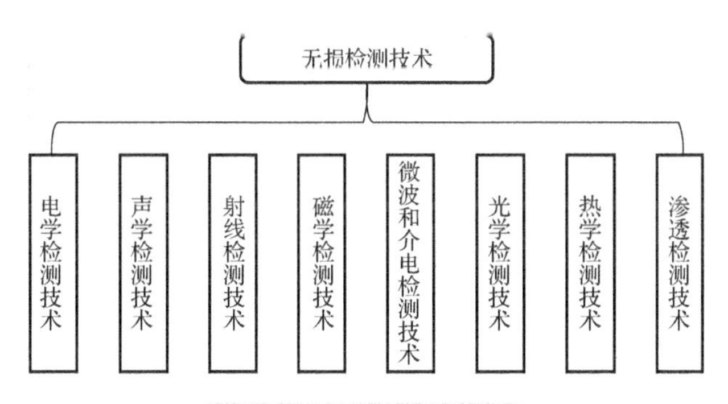

图 1-1　无损检测技术分类

表 1-1　几种常用的无损检测技术的用途及其特点

分类	用途	优点	缺点
超声检测	检测锻件的裂纹、分层、夹杂，焊缝中的裂纹、气孔、夹渣、未焊透等；型材的裂纹、分层、夹杂、折叠；铸件的缩孔、气泡、热裂、冷裂及厚度	对平面型缺陷十分敏感，易于携带，穿透力强	需要良好的声耦合，被检测物件表面需光滑；难以探测细小裂纹和微细气孔；对检测人员素质要求高；不适合形状复杂和表面粗糙工件
射线检测	检测焊缝未焊透、气孔、夹渣，铸件的缩孔、气孔、疏松、热裂，确定缺陷的位置、大小及种类	功率可调，照相质量高，可永久记录	设备昂贵，不易携带；有放射危险；对检测人员素质要求高；较难发现焊缝裂纹和未熔合缺陷；不适合锻件和型材
磁粉检测	检测铁磁性材料和工件表面或近表面的裂纹、折叠、夹层、夹渣等，确定缺陷的位置、大小和形状	简单、操作方便，速度快，灵敏度高	只限铁磁材料；探伤前需清洁工件；某些情况难以确定缺陷深度
渗透检测	检测金属和非金属材料表面裂纹、折叠、疏松、针孔等缺陷，确定缺陷位置、大小和形状	所有材料均适用；设备简单、价格较低；探伤简单，结果易于解释	探伤前后必须清洁工件；难以确定缺陷的深度；不适合疏松的多孔材料；孔隙表面的漏洞容易引起假象显示
涡流检测	检测导电材料表面和近表面的裂纹、夹杂、折叠、凹坑、疏松等缺陷，确定缺陷位置和相对尺寸	简单、经济，不需耦合，探头无须接触工件	只限导体材料，穿透浅，要有参考标准，难以判断缺陷种类
光纤检测	检测锅炉、泵体、铸件、炮筒、压力容器、管道内表面的缺陷及焊件与焊缝质量和疲劳裂纹	灵敏度高、绝缘好，抗腐蚀，不受电磁干扰	价格较高，不能检测结构内部缺陷
声发射检测	检测构件的动态裂纹、裂纹萌生、裂纹生长率	实时连续监控探测，可以遥控，装置较轻便	传感器与工件耦合需良好；工件需处于应力状态；延性材料产生低幅值声发射，噪声不能进入探测系统；设备昂贵，对检测人员素质要求高
微波检测	检测复合材料、非金属制品、轮胎等；可测量厚度、密度、湿度等物理参数	非接触式检测，检测速度快，可实现自动化	不能检测金属导体内部缺陷，一般不适用于检测小于 1mm 的缺陷，空间分辨率低

3. 农业领域常用无损检测技术及其特点

在农业检测领域常用的无损检测技术大致可分为近红外光谱技术、高光谱技术、拉曼光谱检测技术、太赫兹光谱技术、机器视觉检测技术、声学特性技术、电磁特性技术、X 射线与激光技术和电子鼻/电子舌技术等。根据不同的应用对象、应用场合和不同的研究对象，需要用不同的无损检测技术和检测装置来实现。上述几种无损检测技术的应用对象和特点如表 1-2 所示。

表 1-2 农业领域常用无损检测技术及其特点

分类	应用	优点	缺点
近红外光谱技术	果蔬内部品质检测；种子质量检测；肉品内部化学成分和含量检测、感官品质的评定、产品鉴定等	分析速度快、效率高、成本低、重现性好、测试方便	检测成本高，对含量较低的成分检测敏感性差，数据建模分析复杂
高光谱技术	果蔬内部品质糖度、硬度、成熟度、可溶性固体物(SSC)、水分检测以及损伤、冻伤、腐烂等表面缺陷检测和农药残留检测等	能够同时提供样品内部成分光谱数据和外部特征的图像信息，可将品质参数可视化表达	成本较高，数据量较大，数据降维处理较复杂
拉曼光谱检测技术	果蔬农药残留检测、食用油品质检测、植物重金属检测等	操作简便，所需样本数量小，测定时间短，灵敏度高，可实现快速筛查、检测及鉴别	样品前处理要求高，操作烦琐，对分析结果的准确度和精度影响较大
太赫兹光谱技术	农药残留检测、抗生素残留检测、转基因食品鉴别、异物检测等农产品品质检测	太赫兹辐射波长较长，不易受到散射影响；与X射线相比，其辐射光子能量低，不易对检测样本造成损害	太赫兹光谱系统成本较高、太赫兹波的动态范围和信噪比不高、检测灵敏度还有待提高
机器视觉检测技术	水果外部品质自动分选、农产品异物检测、植物生长情况检测等	能够获取样品的空间信息，识别样品的外部特征，检测准确度高于人工感官评价	样品外部特征信息的获取和利用有限，不能检测内部成分
声学特性技术	水果成熟度及内部品质检测、肉类品质检测等	快速、无污染、非破坏性、检测灵敏度高、仪器使用灵活	易受检测样品分布不均匀、操作人员技术、测量部位、超声波频率等因素的影响
电磁特性技术	水果、蔬菜新鲜度以及肉类品质检测	设备相对简单、数据的获取和处理比较容易、快速准确、不受场合地点限制	设备成本较高，检测样品品质指标范围有限，应用范围不广
X射线与激光技术	果品的分级、果品含水量测定、农产品内部病虫害和异物检测	检测结果能够直观地显示出来，可快速进行鉴别	设备成本较高，检测样品品质指标范围有限，应用范围不广
电子鼻/电子舌技术	鱼和肉等食品挥发气味的识别和分类，肉品新鲜度检测，肉品分级和掺假检测	客观、准确、快捷、重复性好、可分析有毒样品或成分	过于依赖检测设备的稳定性，检测精度有待提高

1.2 光电无损检测原理及系统构成

1.2.1 光电无损检测原理

光电无损检测技术是一种集材料学、物理学、电子学、机械工程、计算机技术、信息技术等众多学科为一体的应用型工程技术，也是无损检测技术的重要组成部分，具备快速、无损、智能检测的能力和优点。光电无损检测技术主要以激光、红外、光纤等光电子器件作为信息传递和接收的基础，通过对被测对象的光辐射，经光电无损检测器接收光辐射并转换为电信号，由输入电路、放大滤波电路等检测电路提取有效信号，再经模/数转换电路将信号输入计算机进行处理，最后显示输出所需要的检测物理量等参数。其工作原理如图 1-2 所示。

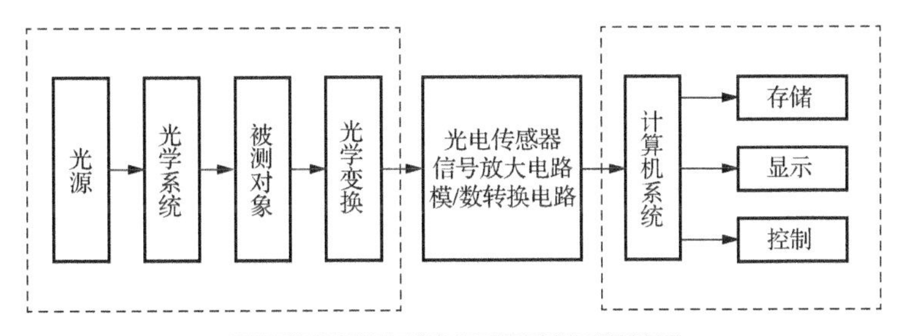

图 1-2　光电无损检测系统工作原理

1.2.2　光电无损检测系统构成

一个完整的光电无损检测系统应包括信息的获取、变换、处理和显示四部分。下面对光电无损检测系统的主要部分进行简单介绍。

1. 光源和照明光学系统

光源和照明光学系统是光电无损检测系统必不可少的一部分，在许多系统中根据需要选择一定辐射功率、一定光谱范围、一定发光空间分布的光源，以该光源发出的光束作为载体携带被测信息。

一般光源可以采用白炽灯、气体放电灯、半导体发光器、激光器等器件。有的光电无损检测系统需要足够的照度，必须应用大孔径角的照明系统和适当的光源。照度与光源的发光强度和光源的尺寸及聚光系统的光学特性有关。照明光学系统根据结构不同又可分为透射照明光学系统、反射照明光学系统和折反照明光学系统。

2. 被测对象及光学变换系统

被测对象即待测物理量，光学变换指的是上述光源所发出的光束在通过这一环节时，利用各种光学效应，如反射、吸收、折射、干涉、衍射、偏振等，使光束携带上被测对象的特征信息，形成待测的光信号。光学变换通常是指用各种光学元件和光学系统(如平面镜、光狭缝、光楔、透镜、角锥棱镜、偏振器、波片、码盘、光栅、调制器、光成像系统、光干涉系统)来实现将待测量转换为光参量(振幅、频率、相位、偏振态、传播方向变化等)。

3. 光信号的匹配处理

在检测中，待测信号可以是光强度的变化、光谱的变化、偏振性的变化、各种干涉和衍射条纹的变化，以及脉宽或脉冲数等。要使光源发出的光或产生的携带各种待测信号的光与光电探测器等环节间实现合理的甚至最好的匹配，经常需要对光信号进行必要的处理。例如，当光信号过强时，需要进行中性减光处理；当入射信号光束不均匀时，需要进行均匀化处理；当进行交流检测时，需要对信号光束进行调制处理，等等。总之，光信号匹配处理的主要目的是更好地获得待测量的信息，以满足光电转换的需要。光信号的处理主要包括光信号的调制、变光度、光谱校正、光漫射，以及会聚、扩束、分束等。使用的光学器件可以是透镜、滤光片、光阑、光楔、棱镜、反射镜、光通量调制器、光栅等。

4. 光电转换

该环节是实现光电无损检测的核心部分，其主要作用是以光信号为媒质，以光电探测器为手段，将各种经待测量调制的光信号转换成电信号(电流、电压或频率等)，以利于采用目前较为成熟的电子技术进行信号的放大、处理、测量和控制等。光电无损检测不同于其他光学检测的本质就在于此，它将决定整个检测系统的灵敏度、精度、动态响应等，完成这一转换工作主要依靠各种类型的光电探测器，如光敏电阻、半导体光电管、光电池、真空管、光电倍增管、电荷耦合器件(CCD)及光位置敏感器件等。

5. 电信号的放大与处理

光电无损检测系统处理电路的主要任务是实现对微弱信号的检测和光源的稳定化，其他方面与其他检测技术中的测量电路无太大区别。电路处理方法多种多样，但必须注意整个系统的一致性，即电路处理与光信号获取、光信号处理以及光电转换均应统一考虑和安排。

6. 存储、显示与控制系统

该环节是将光电无损检测系统测得的信号数据存储到计算机硬盘中，方便数据的保存和读取。许多光电无损检测系统只要求给出待测量的具体值，即将处理好的待测量电信号直接经显示系统显示。在需要利用待测量进行反馈后实施控制的系统中，就需要附加控制部分。如果控制关系比较复杂，则可采用微机系统给予分析、计算或判断等处理后，再由控制部分进行控制，这样的系统又称为智能化的光电无损检测系统。

1.3　信号检测新型传感器

1.3.1　光电传感器

光电传感器是光电无损检测系统中实现光电转换的关键元件，其功能是完成光电转换，将光信号转变成电信号进行分析。光电传感器将可见光线及红外线等的“光”通过发射器进行发射，并通过接收器检测由被测物体反射的光或被遮挡的光量变化，从而获得输出信号。

1. 光电传感器的工作原理

光电传感器是一种以光电效应为理论基础，采用光电元件作为检测器件的传感器。它可以把被测量的变化转换成光信号的变化，然后借助光电元件，把光信号转换成电信号输出。光电传感器一般由光源、光学通路和光电元件三部分组成。

由于光电检测技术灵活多样、可测参数众多，一般情况下具有非接触、高精度、高分辨力、高可靠性和反应快等优点，加之激光光源、光栅、光学码盘、CCD、光导纤维等的相继出现和成功应用，光电传感器的内容极其丰富，在检测和控制领域获得了广泛的应用。

2. 光电传感器的物理基础

光电传感器的物理基础是光电效应，即半导体材料的许多电学特性都因受到光的照射而发生变化。光电效应通常分为外光电效应和内光电效应两大类。外光电效应是指当光照射到某些物体上时电子从这些物体表面逸出的现象，外电光效应也称为光电发射效应。基于外光电效应的光电元件有光电管、光电倍增管等。内光电效应指的是物体在光线作用下，其内部的原子释放电子，但是这些电子并不逸出物体表面，仍然留在物体内部，从而使物体的电阻率发生变化或产生电动势。

3. 光电传感器的分类

基于光电效应的光电传感器有光电管、光电倍增管、光敏电阻、光电二极管和光电三极管、光电池、半导体色敏传感器、光电闸流晶体管、热释电传感器、光电耦合器件等光电元件。根据工作形式的不同，光电传感器主要可分为透射式光电传感器、反射式光电传感器、发射式光电传感器、槽型光电传感器、光纤式光电传感器五大类，其中典型的两种光电传感器检测方式如图 1-3 所示。

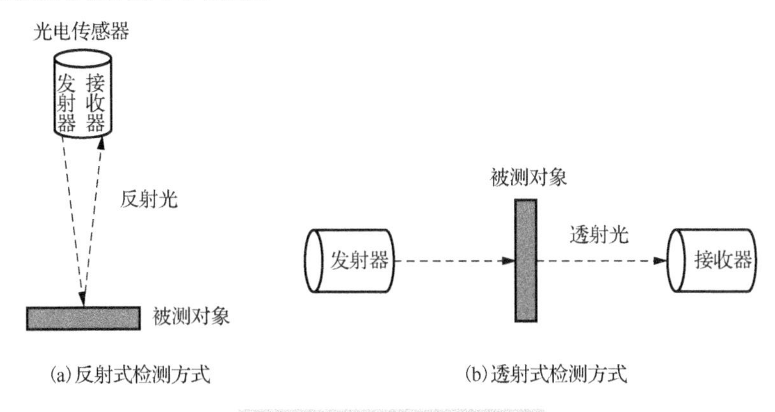

图 1-3　两种典型的检测方式

4. 光电传感器的应用及特点

近年来，随着光电技术的发展，光电传感器已成为系列产品，其品种及产量日益增加，用户可根据需要选用各种规格的产品，它在机电控制、计算机、国防科技等方面的应用都非常广泛。光电传感器常用于烟尘浊度的检测、光电式带材跑偏检测、包装充填物高度检测以及光电池等。

光电传感器的应用特点主要有检测距离长、对被测物体的限制少、响应时间短、分辨率高、可实现非接触式检测、可实现被测物体颜色判别、便于调整光斑和被测物体的位置。

1.3.2　光纤传感器

光导纤维是传输光的导线，简称光纤。光纤传感器可将光纤连接到光电传感器的光源，并在自由安装到狭窄位置等后进行检测。自 1970 年美国康宁公司研制成功传输损耗为 20dB/km 的光纤后，光纤就开始应用于工程技术领域。同年，美国贝尔实验室和日本电报电话公司研制成功镓铝砷半导体激光器，更为光纤开创了高速发展的局面。近年来，人们已研制出塑料、多组分玻璃和液芯等光纤。由于光纤具有信息传输量大、抗干扰能力强、保密性好、重量轻、尺寸小、柔软等优点，光纤通信已被公认为一种很有发展前途的通信手段。近几年来，光纤也逐步应用于检测技术方面，尤其 1977 年以来，光纤传感器得到更为迅猛的发展，研制出的各种光纤传感器已应用于测量位移、温度、压力、流量、液位、电场、磁场等参数，但在噪声源、检测方法、封装和光纤覆层最佳化方面仍存在一些问题有待解决。

1. 光纤传感器的工作原理

光纤传感器将被测量的变化调制为传输光光波的某一参数，使其随之变化，然后对已经调制的光信号进行检测和解调，从而得到被测量，其工作原理如图 1-4 所示。

在光纤传感器中，光纤不仅可以作为光波的传播媒介，而且可以作为传感元件来探测振幅、相位、偏振态、频率等物理量。

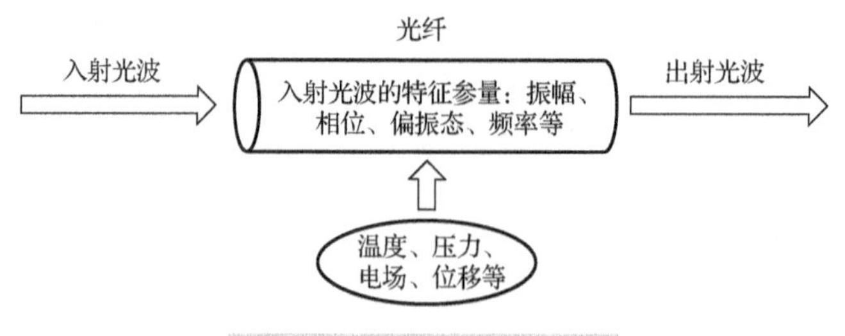

图 1-4 光纤传感器工作原理

2. 光纤传感器的分类

光纤传感器按其作用不同可分为两种类型：一类是功能型(传感型)传感器；另一类是非功能型(传输型)传感器。

光纤作为敏感元件，在其内传输的光被测量后再进行调制，使传输光的特性发生变化，如强度、相位、频率或偏振态等，通过信号解调得出被测信号，这类传感器称为功能型传感器。光不仅在其中作为导光媒介，并且作为敏感元件。光照在光纤型敏感元件上，使该敏感元件受到被测量的调制。

非功能型传感器是用非光纤敏感元件来感知被测量的变化，光纤仅作为信息的传输媒介，在此类传感器系统中仅起到导光作用。

光纤传感器按被调制的光波参数不同，分为相位调制光纤传感器、强度调制光纤传感器、波长调制光纤传感器、偏振调制光纤传感器及频率调制光纤传感器等；按被测对象不同，分为光纤电流传感器、光纤浓度传感器、光纤位移传感器、光纤温度传感器等。

3. 光纤传感器的特点

光纤传感器主要有以下特点：①光纤传感器为高灵敏度检测元件，其灵敏度、线性和动态范围都不亚于传统传感器；②光纤传感器外径很小，有利于在狭小空间环境下测量，因为其体积小、重量轻，所以便于在飞行器内使用；③光纤传感器具有耐高温的特点，可用于高温下测量，又具有耐水性，可用于水下测量；④光纤传感器具有明显的可挠性，可以在振动中测量；⑤光纤传感器有宽广工作频带，有利于在超高速下测量；⑥光纤传感器具有非电连接特征，内部没有机械活动零件，适宜于非接触、非破坏和远距离条件下测量。光纤传感器明显优越于传统传感器，因而得以广泛应用。

4. 光纤传感器的应用

光纤传感技术是许多经济军事强国争相研究的高新技术，它可广泛应用于国民经济的各个领域和国防军事领域。在航天(飞机及航天器各部位压力测量、温度测量、陀螺等)、航海(声呐等) 、石油开采(液面高度、流量测量，二相流中孔隙率测量)、电力传输(高压输电网的电流测量、电压测量)、核工业(放射剂量测量、原子能发电站泄漏剂量监测)、医疗(血液流速测量、血压及心音测量) 、科学研究(地球自转、敏感蒙皮)等众多领域，光纤传感器都得到了广泛的应用。

1.3.3 CCD 传感器

CCD 传感器是电荷耦合器件(Charge Coupled Device，CCD)的简称，也称为 CCD 光电传感器。它使用一种高感光度的半导体材料制成，具有光电转换，信号储存、转移(传输)、输出、处理以及电子快门等多种独特功能，能把光线转变成电荷，通过模/数转换器芯片转换成数字信号，数字信号经过压缩以后由相机内部的闪速存储器或内置硬盘卡保存，因而可以轻而易举地把数据传输给计算机，并借助计算机的处理手段，根据需要和想象来修改图像。

1. CCD 传感器的工作原理

在 n 型或 p 型硅衬底上涂一层薄的二氧化硅，再在二氧化硅薄层上依次沉积金属电极，这种规则排列的 MOS 电容器阵列再加上两端的输入与输出二极管，就构成了 CCD 芯片。CCD 可以把光信号转换为电脉冲信号，而且每一个脉冲只反映一个光敏元的受光情况。脉冲幅度的高低反映该光敏元受光的强弱，输出脉冲的顺序反映光敏元的位置，这样就起到了图像传感的作用。

2. CCD 传感器的特点

CCD 传感器具有两个特点：①在半导体硅片上有成百上千甚至达到万个光敏元，光敏元按线阵或面阵有规则地排列。当物体通过物镜成像于半导体硅平面时，这些光敏元就产生与照在它们上面的光强成正比的光生电荷。②它具有自扫描能力，即能将光敏元上产生的光生电荷依次有规则地串行输出，输出的幅值与对应光敏元上的电荷量成正比。由于它具有集成度高、分辨率高、固体化、功耗低和具有自扫描能力等一系列优点，已广泛应用于工业检测、电视摄像和科研实验等各个领域。

3. CCD 传感器的应用

随着半导体技术的迅速发展，CCD 传感器技术的发展步伐大大加快，目前已用于数码相机、银行安全监控、人的面部识别、军用无人侦察机等多个领域。我国的 CCD 研究虽然起步比较晚，但在某些方面已达到世界领先水平，如彩色 CCD 摄像机。今后，CCD 传感器必然朝着多像元素、高分辨率、微型化的方向发展，其性能的不断提高为军事应用展现了更加光明的前景。

1.3.4 生物传感器

随着生命科学与生物技术的飞速发展，在生物工程、生物医学测量、生物反应器的自动检测与控制领域需要采集大量的生物信息。作为传感器的一个分支，生物传感器从化学传感器中独立出来，并且得到快速发展，为生物科学的定量分析、生物工业过程的测量监控等提供了有力的技术手段。

生物传感器是以生物活性物质作为敏感元件的。这种生物活性物质包括酶、抗原、抗体、微生物、细胞、组织切片等。用这些生物活性物质制作的生物传感器有酶传感器、免疫传感器、酶-免疫传感器、微生物传感器、细胞传感器与组织切片传感器等。

1. 生物传感器的基本工作原理

生物细胞被一种半透明的细胞膜包裹着，许多生命现象都与膜上物质对信息感受及物质交换有关，如生物电的产生、细胞间的相互作用、肌肉的收缩、神经的兴奋、各种感觉器官的工作等。生物体内有许多种酶，它们具有很高的催化作用，各种酶又具有专一性，只与特定的物质发生作用。生物体具有免疫功能，生物体侵入异性物质后，会产生受控物质，将其复合掉，称它们为抗原和抗体。生物体内还存在味觉、嗅觉等能反映物质气味、识别物质的感觉器官等。将这些具有奇特与敏感功能的生物物质固定在某种基质（或称载体）上，就得到了生物敏感膜。生物敏感膜具有专一性与选择亲和性，它只在与相对应的物质结合后才能产生化学反应或生成复合物质。生物传感器由生物敏感膜和转换元件构成，其基本组成及工作原理如图 1-5 所示。

图 1-5　生物传感器的基本组成及工作原理

被测物质经扩散作用进入生物敏感膜层，经分子识别，发生物理、化学、生物学反应（物理、化学变化），或产生新的化学物质。之后转换元件将产生的生化现象或复合物质转换为相应的电信号输出给二次仪表，即可测得被测物质或生物量。

生物敏感膜又称分子识别元件，它是生物传感器的核心，是将酶等生物活性物质固定在各种载体上制成的。常用的载体有烯酰胺系聚合物、苯乙烯系聚合物、胶原、纤维素、淀粉等天然高分子材料以及玻璃、不锈钢等无机物。当生物敏感膜与被测物质相接触时会发生物理、化学变化的生化反应，据此可以进行分子识别。生物敏感膜是生物传感器的关键元件，它直接决定着生物传感器的功能与质量。根据所选生物活性物质的不同，可以制成酶膜、全细胞膜、组织膜、免疫膜、细胞器膜、复合膜等。

2. 生物传感器的特点

(1) 选择性好。由于生物敏感膜的分子识别具有很强的专一性、选择性，它可以从众多的化学物质中单独识别特定的分子。因此，以生物敏感膜材料为基础制成的生物传感器选择性能好、噪声低。

(2) 灵敏度高。生物传感器在分子水平上进行识别和转换，所以需用样品量少（只需微升级），检测下限可达 10^{-8}g/L。

(3) 在无试剂条件下工作，比各种传统的生物学和化学分析法操作简便、快速、准确。

(4) 体积小。可植入人或动物体内乃至细胞内进行检测。

(5) 主要弱点是使用寿命较短，一般在几天至一百天。

3. 生物传感器的应用

生物传感器主要应用于食品成分分析、食品添加剂分析、农药残留量分析、微生物和毒素检验、食品新鲜度检测、水环境监测、大气环境监测、原材料及代谢产物测定、微生物细胞数目测定、临床医学、军事医学等。

1.3.5　超声波传感器

人们能听到的声音是由物体振动产生的，它的频率为 20Hz～20kHz，超过 20kHz 的声波称为超声波，低于 20Hz 的声波称为次声波。检测常用的超声波频率为 10^4～10^7Hz。超声波是一种在弹性介质中的机械振荡，它的波形有纵波、横波、表面波 3 种。质点的振动方向与波的传播方向一致的波称为纵波；质点的振动方向与波的传播方向垂直的波称为横波；质点的振动介于纵波与横波之间，沿着表面传播，振幅随深度的增加而迅速衰减的波称为表面波。横波、表面波只能在固体中传播，纵波可在固体、液体及气体中传播。利用超声波的特性，可做成各种超声波传感器(它包括超声波的发射和接收)，配上不同的电路，可制成各种超声波仪器及装置，应用于工业生产、医疗、家电等行业中。超声波传感器实物如图 1-6 所示。

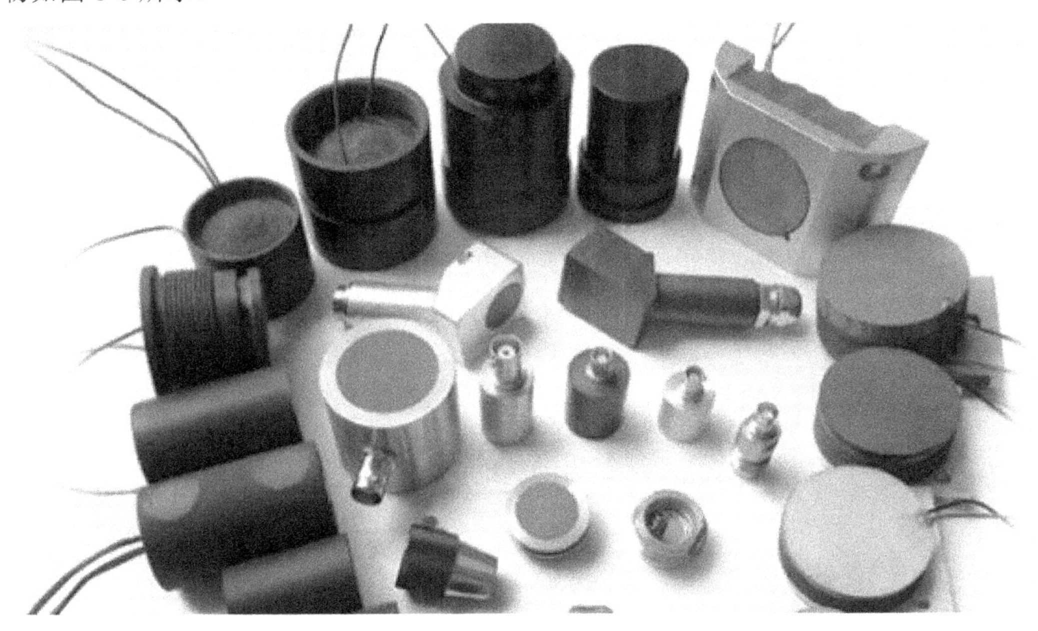

图 1-6　各类超声波传感器

1. 超声波传感器的基本工作原理

超声波传感器主要由发送部分、接收部分、控制部分和电源部分构成，其内部结构及工作原理如图 1-7 所示。其中，发送部分由发送器和换能器构成，换能器可以将压电晶片受到电压激励而进行振动时产生的能量转化为超声波，发送器将产生的超声波发射出去；接收部分由换能器和放大电路组成，换能器接收反射回来的超声波，由于接收超声波时会产生机械振动，换能器可以将机械能转换成电能，再由放大电路对产生的电信号进行放大；控制部分实现对整个工作系统的控制，首先控制发送器发射超声波，然后对接收器进行控制，判断接收的是否是由自己发射出去的超声波，最后识别出接收的超声波的大小；电源部分就是整个系统的供电装置。在电源部分作用和控制部分控制下，发送器与接收器协同合作，就可以完成传感器所需的功能。

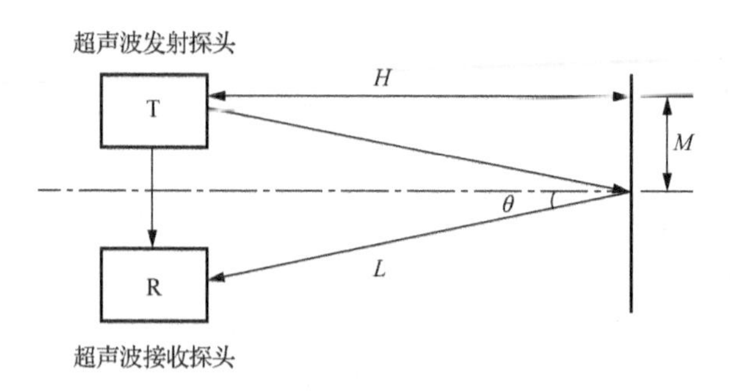

图 1-7　超声波传感器内部结构及工作原理

2. 超声波传感器的分类

从超声波的行进方向来看，超声波传感器有透射型超声波传感器和反射型超声波传感器两种基本类型。

当发射器与接收器分别置于被测物两侧时为透射型超声波传感器。透射型超声波传感器可用于遥控器、防盗报警器、接近开关等。当发射器与接收器置于同侧时为反射型超声波传感器。反射型超声波传感器可用于接近开关、测距、测液位或料位、金属探伤以及测厚等。

3. 超声波传感器的主要性能指标

(1) 工作频率。工作频率就是压电晶片的共振频率。当加到它两端的交流电压的频率和晶片的共振频率相等时，输出的能量最大，灵敏度也最高。

(2) 工作温度。由于压电材料的居里点一般比较高，特别是诊断用超声探头使用功率较小，所以工作温度比较低，可以长时间地工作而不失效。医疗用超声探头的温度比较高，需要单独的制冷设备。

(3) 灵敏度。灵敏度主要取决于制造晶片本身。机电耦合系数大，灵敏度高；反之，灵敏度低。

4. 超声波传感器的应用

(1) 超声波传感器在医学上的应用。超声波在医学上的应用主要是诊断疾病，它已经成为临床医学中不可缺少的诊断方法。超声波诊断的优点是对受检者无痛苦、无损害、方法简便、显像清晰、诊断的准确率高等。

(2) 超声波传感器在测量液位中的应用。由超声探头发出的超声脉冲信号在气体中传播，遇到空气与液体的界面后被反射，接收回波信号后计算其超声波往返的传播时间，即可换算出距离或液位高度。超声波测量方法有很多优点：①无任何机械传动部件，也不接触被测液体，属于非接触式测量，不怕电磁干扰，不怕酸碱等强腐蚀性液体等，因此性能稳定、可靠性高、寿命长；②其响应时间短，可以方便地实现无滞后的实时测量。

(3) 超声波传感器在测距系统中的应用。①取输出脉冲的平均值电压，该电压(其幅值基本固定)与距离成正比，测量电压即可测得距离；②测量输出脉冲的宽度，即发射超声波与接收超声波的时间间隔 t，故被测距离为 $S=vt/2$。如果测距精度要求很高，则应通过温度补偿的方法加以校正。超声波测距适用于高精度的中长距离测量。

(4)超声波传感器在工业方面的应用。在工业方面，超声波的典型应用是超声波探伤和超声波测厚两种。超声波探伤是利用超声波透入金属材料的深处，并由一截面进入另一截面时在界面边缘发生反射的特点来检查零件缺陷的一种方法。当超声波束自零件表面由探头通至金属内部，遇到缺陷与零件底面时就分别产生反射波，在荧光屏上形成脉冲波形，根据这些脉冲波形来判断缺陷位置和大小。

(5)超声波传感器在倒车雷达上的应用。倒车雷达全称为倒车防撞雷达，也叫泊车辅助装置，是汽车泊车或者倒车时的安全辅助装置，由超声波传感器(俗称探头)、控制器和显示器(或蜂鸣器)等部分组成。它能以声音或者更为直观的显示告知驾驶员周围障碍物的情况，解除驾驶员泊车、倒车和起动车辆时前后左右探视所引起的困扰，并帮助驾驶员扫除视野死角和视线模糊的缺陷，提高驾驶的安全性。

1.4　光电无损检测技术的实际应用与发展趋势

1.4.1　在工业生产中的应用

1. 特种设备检验

红外热成像检测是利用红外热成像技术而发展起来的一种特种设备检测方法。对于机械电子特种设备，红外热成像技术已经广泛应用，如对电器设备在运行中的在线检测和故障诊断。对于承受较大压力的特种设备，如起重机设备，红外热成像检测通过低温和高温设备内部保温层的状态是否完好来评价和检测。如果内部的保温层出现损伤，如脱落或者开裂，就会使设备超温运行，从而导致材料的损坏。通过红外热成像检测技术，能够尽快发现设备上的薄弱环节。

2. 铸件缺陷检测

铸造方法具有成本低廉、一次成形以及可以制造复杂结构大型件等优点，广泛应用于工业生产的众多领域，特别是汽车制造业。在航空航天制造业中，很多部件也是铸件。为保证产品质量及节省成本，在生产流程的早期及时检测出缺陷是很必要的。无损检测由于可避免材料浪费和提高生产效率，成为铸件缺陷检测的首选方法。目前研究最多且比较有效的方法包括超声波探伤法、X射线透照法和射线层析摄影法。

3. 焊缝缺陷检测

焊接技术广泛应用于建筑、桥梁、车辆、计算机及医疗器械等行业中，目前除了进一步提高焊接工艺的质量，焊接产品质量的保证主要通过焊缝缺陷检测来实现。为了节省成本、提高生产效率，除了人工检测手段外，无损检测是目前应用较为广泛的检测手段。无损检测通过分析构件内部异常和缺陷所引起的热、声、光、电、磁和振动等变化，确定缺陷的存在，评价缺陷的特征及其危险程度，通常这种检测手段不会破坏材质构建和性能。无损检测往往依赖一些特殊的采样手段来提取焊缝的缺陷，如辐射方法、声学方法、电磁方法等。目前，常用的无损检测手段主要有X射线成像检测、计算机层析成像检测、中子辐射成像检测、超声波检测、声发射检测、磁粉检测、涡流检测、漏磁检测等。

1.4.2 在农业生产中的应用

1. 果蔬收获机器人

果蔬收获机器人是一类针对水果和蔬菜，通过编程来完成这些作物的采摘、转运、打包等相关作业任务的具有感知能力的自动化机械收获系统，是集机械、电子、信息、智能技术、计算机科学、农业和生物等学科于一体的交叉边缘性科学，涉及机械结构、视觉图像处理、机器人运动学动力学、传感器技术、控制技术以及计算信息处理等多方面的学科领域知识。

2. 农产品品质评价

目前，计算机已越来越多地用于农产品品质检查与控制中。例如，利用光学特性检测农产品品质外部质量、近红外光谱检测农产品内部成分、拉曼光谱检测农药残留、声学特性检测农产品内部成熟度等。

3. 植物生长信息监测与控制

利用机器视觉(计算机视觉)技术进行非接触式测量。用这种方法可以对植物生长实现连续、快速的无损监测。为了定量化地研究植物的生长规律，必须对其关键技术之一的植物生长参数获取方法进行研究。

1.4.3 光电无损检测技术的发展趋势

以光电无损检测技术为支撑的光电子产业是当今世界各国争相发展的支柱产业，是竞争激烈、发展最快的信息技术产业的主力军。目前，随着光电技术迅速发展，半导体激光器、几千万像素的固体图像传感器、特殊光电探测器、LED、太阳能电池、液晶显示等在工业与民用领域随处可见，红外成像技术也已广泛应用于军事和工业领域。近年来，随着计算机科学和光电传感器技术的发展，光电无损检测技术在水果、蔬菜及粮食等农产品的品质检测领域的研究及应用也越来越广，已成为农产品无损检测技术中不可或缺的一种方法。今后，光电无损检测技术在国民经济、国防工业的各个领域仍将发挥着不可替代的作用。

随着计算机技术和光电传感器技术的不断发展，光电无损检测技术的发展趋势主要有以下五个方面。

(1)高精度。检测精度向高精度方向发展，纳米、亚纳米级光电无损检测新技术是发展热点之一。

(2)智能化、自动化。检测系统向智能化方向发展，如光电跟踪与光电扫描测量技术。

(3)数字化。检测结果数字化，实现光电测量与光电控制一体化。

(4)多元化。光电无损检测仪器的检测功能向综合性、多参数、多维测量等多元化方向发展，并向人们无法触及的领域发展。

(5)微型化。光电无损检测系统朝着小型、快速的微型光机电检测系统发展。

第 2 章 典型农产品品质光电无损检测系统

2.1 近红外光谱检测系统

1. 系统基本组成

用一定频率的红外线聚焦照射被分析的样品时，如果分子中某个基团的振动频率与照射红外线频率相同便会产生共振，从而吸收一定频率的红外线，把分子吸收红外线的这种情况用仪器记录下来，便能得到全面反映样品成分特征的光谱，进而推测化合物的类型和结构。20 世纪 70 年代出现的傅里叶变换红外光谱仪是一种非色散型第三代红外光谱仪，其光学系统的主体是迈克耳孙(Michelson)干涉仪，其主要组成如图 2-1 所示。

近红外光谱仪主要由红外光源、分光系统、检测器和计算机等部分组成。

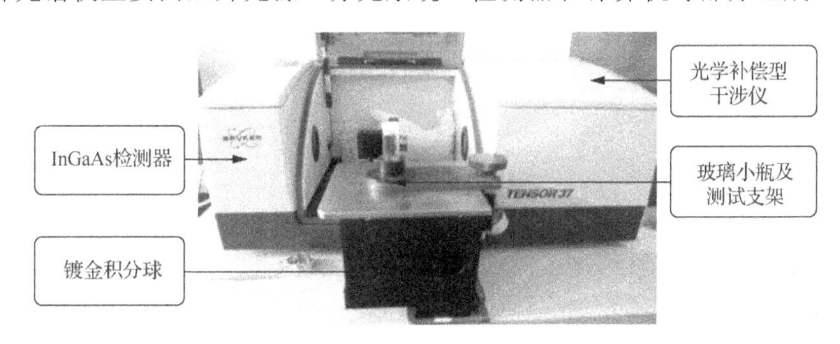

图 2-1 傅里叶变换红外光谱仪

2. 红外光源

红外光源是一种产生红外辐射的非照明用电光源。红外辐射是一种电磁辐射，波长是 0.78～1000μm，分为近红外(0.78～1.4μm)、中红外(1.4～3μm)、远红外(3～1000μm)三个波段。卤钨灯作为近红外辐射测量中的光源被普遍使用。卤钨灯在量值传递和使用上十分方便，且发射特性稳定、使用寿命长，被广泛用作辐射测量的光源。卤钨灯的波长为 320～2500nm，具有相当宽的光谱，是一种很好的近红外光源。卤钨灯的结构比较紧凑、亮度较大、发光效率较高。目前，碘钨灯和溴钨灯应用卤钨循环原理最成功，用碘作循环剂的碘钨灯是最早问世的卤钨灯。卤族元素中，碘的性质最不活泼。相比普通白炽灯，碘钨灯的钨蒸发量减少，因此具有更长的使用寿命，发光效率和工作温度均得到提高。近红外光源广泛应用在医疗、地质勘探、通信、食品检测、矿物分析等领域。

3. 分光系统

分光系统是近红外光谱仪的核心部分，其作用是将复合光转化为单色光。主要分光系统有滤光片、光栅、干涉仪、声光调谐滤光器等。

根据分光系统类型的不同，近红外光谱仪主要分为滤光片型近红外光谱仪、发光二极管(LED)型近红外光谱仪、光栅色散型近红外光谱仪、傅里叶变换型近红外光谱仪、声光可调滤光片型近红外光谱仪、多通道检测型(光电二极管阵列(PDA)和 CCD)近红外光谱仪等。

1) 滤光片型近红外光谱仪

滤光片型近红外光谱仪主要作为专用分析仪器，如烟草水分测定仪、油品专用分析仪。为提高测定结果的准确性，现在的滤光片型近红外光谱仪往往装有多个滤光片供用户选择。在最简单的盘式近红外光谱仪中，若干片(6～12 片)不同透射波长的滤光片装在片盘上，测量时根据需要的波长转动片轮以选择合适的一个滤光片进入光路，滤光片型近红外光谱仪可设计为实时分析单个成分的手提式近红外光谱仪。此类仪器可自带微处理器，还可带有 RS-232 串行接口，用于从计算机接收校正方程和将光谱数据传送至计算机。这类仪器的优点是采样速度快、比较坚固，可做成实时分析的手提式近红外光谱仪；缺点是建立的模型不强大，适用性差，只能在单一波长或少数几个波长下测定，灵活性差。

2) 发光二极管型近红外光谱仪

发光二极管型近红外光谱仪用 LED 作光源，由不同的二极管产生不同的波长。因为 LED 器件体积小、消耗低，仅需要几个二极管就能将光谱仪做成比其他类型的仪器更小、更价廉、更精巧的过程控制器。此类仪器适合在过程检测中在线使用或作为手提式近红外光谱仪。此类仪器的优点是没有移动部件，相当坚固；缺点是带宽变化、波长数目有限，准确度和精度有限。

3) 光栅色散型近红外光谱仪

光栅色散型近红外光谱仪是常用的近红外光谱仪，采用全息光栅分光、硫化铅(PbS)或其他光敏元件作检测器，具有较高的信噪比。由于仪器中的可动部件(如光栅轴)在连续高强度的运行中可能存在磨损问题，从而影响光谱采集的可靠性，不大适合在线分析。这类仪器的光源为带石英外壳的卤钨灯，在 360～3000nm 的区域提供高能量的输出。用于反射和透射仪器的检测器通常有用于 360～1000nm 的硅检测器，以及用于 900～2600nm 的 PbS 检测器。为克服 PbS 的温度漂移，常采用带制冷的 PbS 检测器。

随着技术的发展，光栅色散型近红外光谱仪不再限于实验室使用，通过给其增加光纤探头，可构成现场近红外光谱仪。这类仪器的优点是扫描速度快、可扩展扫描范围，缺点是光栅或反光镜的机械轴长时间连续使用容易磨损，影响波长的精度和重现性，不适合作为过程分析仪器使用。

4) 傅里叶变换型近红外光谱仪

傅里叶变换型近红外光谱仪是目前近红外光谱仪中的主导产品，具有较高的分辨率和扫描速度，最近推出的傅里叶变换型近红外光谱仪在干涉仪部分作了改进，减少了对振动、温度和湿度的敏感性。此类仪器以迈克耳孙干涉仪为核心(图 2-2)，其光源采用钨灯，分束器有石英、CaF、KBr-Ge 等，检测器有在低温液氮下工作的 InSb、InGaAs，还有常温下工作的 Si、PbS 等。傅里叶变换型近红外光谱仪的扫描速度快、波长精度高、分辨率好，短时间内即可进行多次扫描，使信号作累加处理，加之光能利用率高、输出能量大，因而仪器的信噪比和灵敏度较高，可对样品中的微量成分进行分析。傅里叶变换型近红外光谱仪由于得到全波长的光谱信息，其定性和定量分析采用全光谱校正技术。这类仪器的弱点是由于干涉仪中存在动镜，仪器的在线长久可靠性受到一定的限制，另外对仪器的使用和放置环境也有较高的要求。

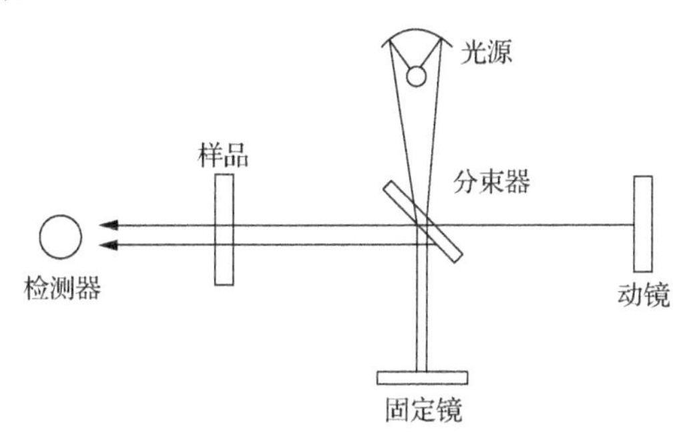

图 2-2　傅里叶变换型近红外光谱仪工作原理

5) 声光可调滤光片型近红外光谱仪

声光可调滤光片型近红外光谱仪被认为是20世纪90年代近红外光谱仪最突出的进展。它利用超声波与特定晶体作用产生单色光即通过连续改变超声射频实现一定波长范围的快速扫描(图 2-3)。常用的双折射晶体有 TeO_2 晶体、石英晶体、锗晶体等。这类仪器有声光调谐滤光器(Acousto Optical Tunable Filter，AOTF)和声光调谐扫描(Acousto Optical Tunable Scanning，AOTS)两种形式。AOTF 近红外光谱仪的特点为：波长精度高；波长重复误差小；坚固、无移动部件；高速扫描或“跳跃”波长选择；容易与计算机接口和受计算机控制；速度快。

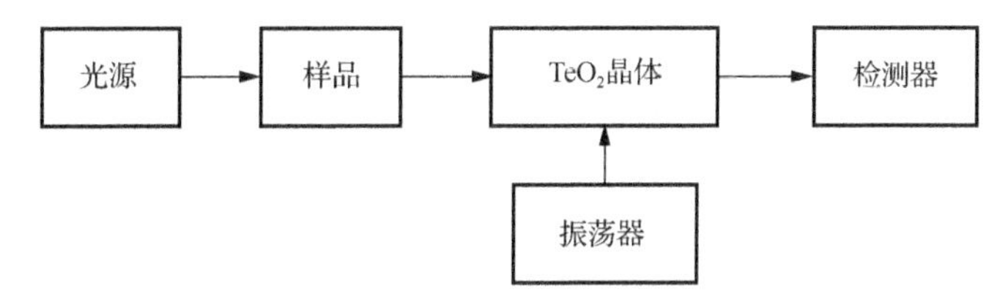

图 2-3　声光可调滤光片型近红外光谱仪工作原理

6) 多通道检测型近红外光谱仪

随着多通道检测器件生产技术的日趋成熟，采用固定光路、光栅分光、多通道检测器构成的近红外光谱仪以其性能稳定、扫描速度快、分辨率高、性能价格比好等特点越来越引起人们的重视。多通道检测型近红外光谱仪的工作原理是光源发出的光先经过样品池，再由光栅分光，光栅不需转动，经光栅色散的光聚焦在多通道检测器的焦面上，同时被检测。在短波近红外光区域使用的多通道检测器有两种：一种是 PDA 检测器；另一种是 CCD 检测器。该波段检测的主要是样品的三级和四级倍频，样品的摩尔吸收系数较低，因此所需要的光程往往较长。

4. 检测器

检测器用于把携带样品信息的近红外光信号转变为电信号，再通过模/数转换器转变为数字形式输出。检测器的光谱范围取决于它的构成材料。

检测器一般分为热检测器和光检测器两大类。热检测器是把某些热电材料的晶体放在两块金属板中，当光照射到晶体上时，晶体表面电荷分布变化，由此可以测量红外辐射的功率。热检测器有氘代硫酸三甘肽(DTGS)、钽酸锂($LiTaO_3$)等类型。光检测器利用材料受光照射后由于导电性能的变化而产生信号，最常用的光检测器有锑化铟、汞镉碲等类型。

检测器还有单管、线阵列和面阵列之分，以满足不同的需要。其中，阵列检测器越来越受青睐，短波近红外光谱区常用硅(Si)基 CCD，长波近红外光谱区常用铟砷化镓(InGaAs)基 PDA。检测器采用恒温控制时，检测效果更好。

各种检测器的类型及使用范围见表 2-1。

表 2-1　各种检测器的类型及使用范围

类型	光谱范围/μm	像元数
PbS	0.5～3.0	—
InGaAs	0.8～2.5	—
InSb	0.7～2.8	—
DTGS	0.7～5.0	—
PbSc	0.5～5.7	—
Si	0.7～1.1	2048×1
Ge	0.8～1.6	256×1
InGaAs	0.8～1.6	256×1
PtSi	1.0～5.0	256×1
InSb	1.0～5.5	64×64

2.2　高光谱成像系统

1. 系统基本组成

高光谱成像技术是基于非常多窄波段的影像数据技术，它将成像技术与光谱技术相结合，探测目标的二维几何空间及一维光谱信息，获取高光谱分辨率的连续、窄波段的图像数据。目前高光谱成像技术发展迅速，常见的包括光栅分光、声光可调谐滤波分光、棱镜分光、芯片镀膜等。高光谱成像仪可以应用在食品安全、医学诊断、航天等领域。在波长为 200～2500nm 的波段内，利用成像光谱仪在光谱覆盖范围内的多条光谱波段对待测物体进行连续成像。在获得物体空间特征图像的同时也获得了物体的内部光谱信息。

高光谱成像技术的优势在于采集的图像信息量丰富、识别度较高以及数据描述模型多。不同的物体具有不同的反射光谱，即“指纹效应”。高光谱成像技术就是根据这个原理来分辨不同的物质信息的。高光谱成像系统结构如图 2-4 所示，系统硬件主要包括光源(卤素灯)、成像光谱仪、电控位移平台和计算机。

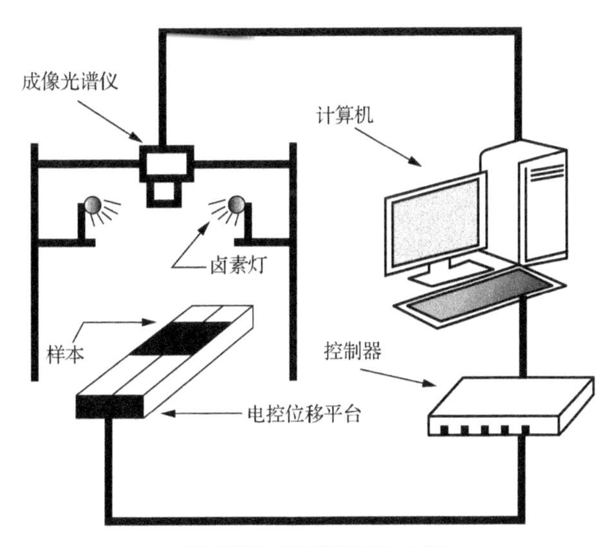

图 2-4　高光谱成像系统

2. 光源

光源是高光谱成像系统中的核心部件，系统之所以能获取实验样品的品质信息是由于光源发出的光子与样品分子之间的相互作用。光源结构和光源参数的选择是否合适直接影响到采集样品图像的质量，合适的光源可以有效地将健康和损伤的区域区分开来，同时可以最大限度地反映样品的真实信息。相反，如果光源的布置和选择不合适则会造成负面影响，如隐藏或遮盖样品表面一些重要信息，或者将损伤或者光斑区域显示为缺陷。因此，合适的光源不仅可以提高对样品检测的准确率，而且可以减少样品的预处理时间。通常情况下，为了获得高质量的光谱图像，光源的选择需要符合成像仪和摄谱仪的要求。

3. 成像光谱仪

成像光谱仪是一个能够将入射光分散成不同波长下的光的光学元件，可以同时携带空间信息和光谱信息，其工作原理如图 2-5 所示。成像光谱仪是推扫式高光谱成像系统的核心部件(图 2-6)，而大多数的成像光谱仪都是基于衍射光栅结构设计的，衍射光栅结构通常分为反射光栅和透射光栅两种结构。

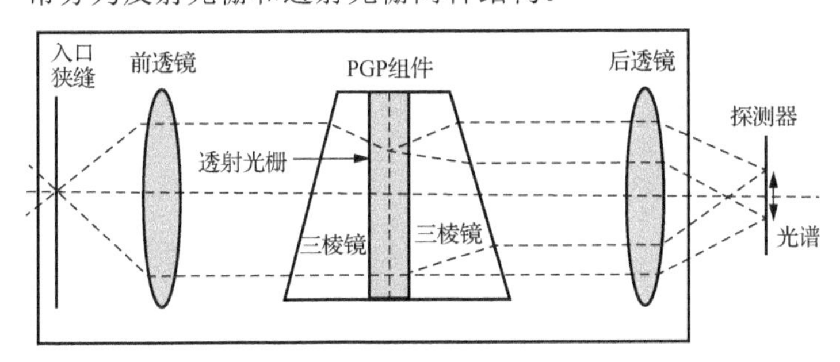

图 2-5　成像光谱仪工作原理

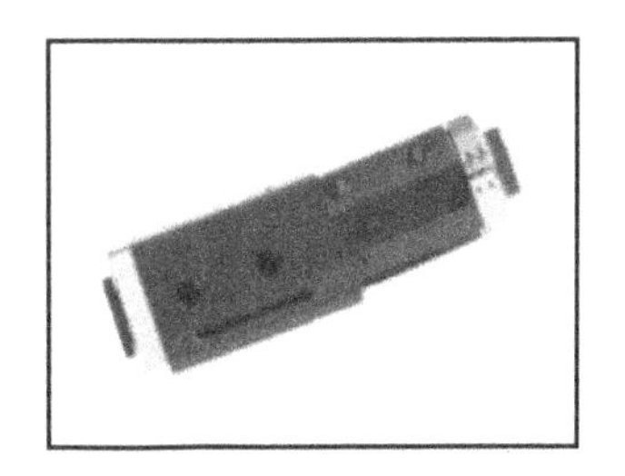

图 2-6　成像光谱仪外观

探测器的性能直接决定着成像光谱仪所采集图像的质量。在光子与待测样品的分子相互作用并通过棱镜-光栅-棱镜(PGP)分光结构分散成不同波长的光之后，携带样品信息的光被探测器所接收。探测器的作用就是将辐射能量转换为电信号并对所接收光的强度进行检测。探测器将所转换的电信号按照一定的规则进行数字化转换并最终形成图像。CCD 传感器中每一个像素点本质上就是一个光电二极管，传感器中的像素点既可以呈一维排列也可以呈二维排列，因此 CCD 传感器既可以作为行探测器也可以作为区域探测器。

盖亚光谱系统中的成像光谱仪采用"G"系列光谱相机，光谱相机使用一个新的准直(轴上)光学构造和一个体全息透射光栅。这种构造具有高衍射效率和很好的线性光谱，全息的透射光栅在两块玻璃砧板之间的消散凝胶(DiChormated Gelation，DCG)上，DCG 具有高衍射效率、较低的色散、多级衍射和不产生鬼线等特点。而这种全息透射光栅是密封的，可以承受较大的湿度和温度。该光谱相机的主要参数如表 2-2 所示。

表 2-2　光谱相机的主要参数

Image-λ	N25E-SWIR	N25E-HS
光谱范围/nm	1000～2500	1000～2500
光谱分辨率/nm	10	12
F/#	F/2.0	F/2.0
狭缝尺寸(W×L)	30μm×9.6mm	30μm×9.2mm
探测元件	MCT(TE Cooled)	MCT(斯特林 Cooled)
像元数	320×256(240)	384×288
曝光时间/ms	0.1～20	0.1～20
相机输出	14 位 LVDS	16 位 CL
帧频	100FPS	400FPS
接口	LVDS	CameraLink
镜头接口	C-mount	
输入电压/V	24	
重量/kg	8.5	11

注：1 FPS=0.304m/s。

4. 电控位移平台

电控位移平台是承载被测样品的装置，它的作用是带动样品进行移动，结合 CCD 相机的扫描最终完成对被测样品图像的采集。电控位移平台如图 2-7 所示。为了实现速度调整的自动化，电控位移平台配有位移平台控制箱，如图 2-8 所示。电控位移平台具有运行速度平稳、振动较小、速度可调等优势，位移平台控制箱通过发送脉冲信号来控制电控位移平台的速度，结合光谱成像仪最终完成光谱的采集。理想的电控位移平台应该具有运行平稳、速度可调、振动较小等特性。

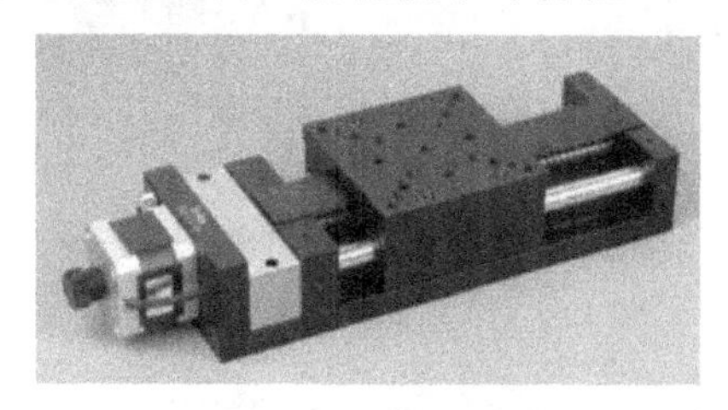

图 2-7　电控位移平台

图 2-8　位移平台控制箱

2.3　拉曼光谱检测系统

1. 系统基本组成

拉曼光谱(Raman Spectroscopy)检测技术是一门基于拉曼散射效应而发展起来的光谱分析技术，体现的是分子的振动或转动信息。拉曼光谱提供的是分子内部各种简正振动频率及有关振动能级的信息，拉曼光谱由分子极化率变化诱导产生。与其他分析手段相比较，拉曼光谱检测技术以其信息丰富、制样简单、对样品无损伤等独特的优点，在化学、物理学、材料学、生命科学、环境学、医药学、地质学、文物考古和公安法学等诸多领域得到广泛的应用。

从拉曼光谱仪的光谱系统的角度来看，拉曼光谱仪一般可分为色散型拉曼光谱仪和非色散型拉曼光谱仪。最常用的色散元件是光栅和棱镜。非色散系统由傅里叶变换拉曼光谱仪表示。拉曼光谱仪主要由以下部分组成：激光光源、外光路系统、样品池、单色仪、检测和记录装置，检测原理如图 2-9 所示。拉曼光谱仪的一般要求是最大限度地检测样品的拉曼散射光，具有高分辨率和频移精度，以及合适的激光波长和光谱范围。

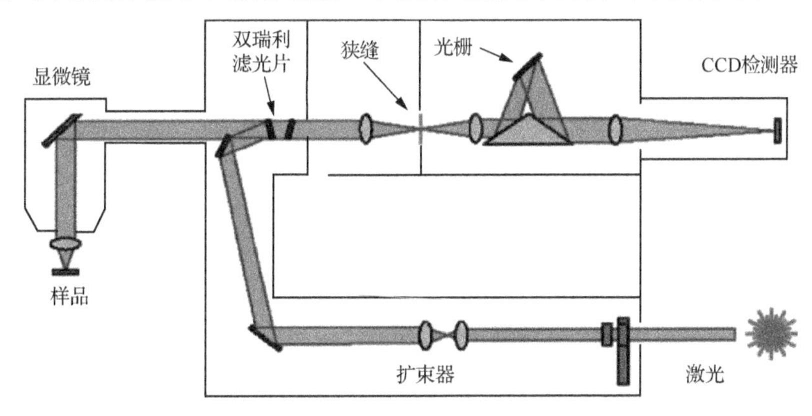

图 2-9　拉曼光谱仪检测原理

2. 激光光源

激光是拉曼光谱仪的理想光源，它具有良好的单色性、方向性、亮度和相干性。根据物质的不同，激光可分为气体激光、固体激光、液体激光、半导体激光和自由电子激光。拉曼散射强度与激发频率的四次方成正比，因此激发频率越高，激发效应越明显。此外，激发波长越接近分子最大吸收峰处的波长，产生共振效应的可能性越大，拉曼信号越强。激发波长的选择对检测结果有重要影响。

典型激光的激发波长有紫外光(244nm、257nm、325nm 和 364nm)、可见光(457nm、488nm、514nm、532nm、633nm 和 660nm)和近红外光(785nm、830nm、980nm 和 1064nm)。

3. 外光路系统

拉曼光谱仪的外光路系统是指激光光源后和单色仪前的光学系统。为了充分利用光源能量、消除瑞利散射光、减少光化学反应和杂散光，外光路系统以最大限度地收集拉曼散射光为设计核心。激光器输出的激光经二向色镜反射、收集光路聚焦照射到探测样品上，探测样品产生的散射光经收集光路收集、二向色镜和滤光片滤除瑞利散射光，再经聚光透镜准确地聚集在单色仪的入射狭缝上，从而最大限度地收集样品的散射光。

4. 单色仪

单色仪是拉曼光谱仪的核心部分，它通过紫外、可见和红外三个光谱区域中复合光的光栅衍射获得具有一定宽度的单色光或光谱带，并实现在 CCD 上的精确的光谱成像。单色仪由入射狭缝、出口狭缝、准直器和色散元件组成。棱镜和光栅都可以用作色散元件，但光栅可以获得更高的分辨率和更宽的波长范围。目前，光栅单色仪主要用作拉曼光谱仪的单色仪。光栅的分辨率与光栅的宽度和光栅单元宽度上的划痕数成正比。光栅的分辨率、色散和狭缝宽度决定了单色仪的分辨率。具有宽光谱范围、高分辨率、自动波长扫描、完整的控制功能及自动测试系统的现代单色仪层出不穷。通常将两个光栅单色仪串联构成双单色仪，来有效消除杂散光，提高仪器信噪比。

5. 探测器

来自单色仪出口狭缝的光信号必须通过光电探测器和信号放大器才能输入记录仪或输出到计算机。常用的光电探测器有光电倍增管(PMT)和 CCD。PMT 是拉曼光谱仪的重要探测器。20 世纪 90 年代以前，GaAs 光电倍增器是典型的 PMT。近年来，高灵敏度、小体积的 CCD 被广泛用作拉曼光谱探测器，其多通道探测特性可以获得光谱数据。此外，CCD 的紧凑结构和自扫描特性使测量更加方便与准确，无须配置复杂的机械部件。

2.4 机器视觉检测系统

1. 系统基本组成

机器视觉检测系统一般由 CCD 相机、图像采集卡、计算机、光源以及专用图像处理软件等组成，如图 2-10 所示。CCD 相机可以将所要识别的作业对象(或目标)和背景以图像形式记录下来。它实际上是一个光电传感器，将反映目标、背景的光学信号转变为电信号。图像采集卡可将 CCD 相机采集的电信号转换为数字信号，即图像数字化，供计算机进行特定的处理。处理完毕的数字信号需要转换成视频信号，由显示器显示出来。光照系统为图像采集提供合适的照明，以利于后续图像的处理与分析。专用图像处理软件完成对图像的处理和分析。

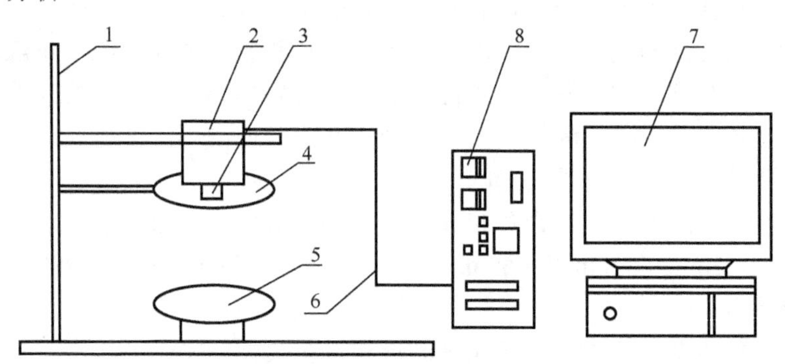

图 2-10　机器视觉检测系统组成

1-支架；2-CCD 相机；3-镜头；4-光源；5-载物台；6-传输数据线；7-计算机；8-图像采集卡

2. 光源

光源是机器视觉检测系统的重要组成部分。许多目标物都是在光源的照射下，经过物镜成像在各种图像传感器的像面上才获得图像信号的。图像信号是随着光源光谱成分的变化、光源强度随时间的变化而变化的，光源的作用也不是简单地把物体照亮而已，而是要尽可能突出物体特征量，同时保证视场内足够的整体亮度。因此，恰当的光源与照明方案是获得理想图像的关键，也是整个机器视觉检测系统的重要环节。

光源按照其照射方式不同可以分为背向照明、前向照明、结构光照明和频闪光照明等。背向照明是被测物放在光源和摄像头之间，其优点是能获得高对比度的图像；前向照明是光源和摄像头位于被测物的同侧，这种方式便于安装；结构光照明是将光栅或者线光源等投射到被测物上，根据它们所产生的畸变，解调出被测物的三维信息；频闪光照明是将高频率的光脉冲照射到物体上，摄像头拍摄要求与光源同步，这样能有效地拍摄高速运动物体的图像。

常用光源的类型有卤素灯、荧光灯和 LED 光源等，其主要性能的比较见表 2-3。光源的选择应该重点考虑三个因素：一是照明的视场，即所需要的照明范围；二是照明工作距离，即光源与目标之间的距离；三是目标的特性，即目标的形状和颜色，特别是需要检测部分的目标形状。

表 2-3　几种常用光源的主要性能

性能	卤素灯	荧光灯	LED 光源
使用寿命/h	5000～7000	5000～7000	60000～100000
亮度	亮	较亮	使用多个 LED 达到很亮
响应速度	慢	慢	快
特性	发热多，几乎没有亮度和色温的变化，便宜	发热少，扩散性好，适合大面积均匀照射，较便宜	发热少，波长可以根据用途选择，制作形状方便，运行成本低，耗电小

3. CCD 相机

CCD 相机按照使用的 CCD 不同可以分为线阵 CCD 和面阵 CCD 两类。线阵 CCD 可以直接将接收的一维光信号转换成时序的电信号输出，获得一维的图像信号。若想用线阵 CCD 获得二维图像信号，必须使线阵 CCD 与二维图像做相对的扫描运动，一般用于对匀速运动物体进行扫描成像。面阵 CCD 是将线阵 CCD 的光敏单元及移位寄存器按照一定的方式排列成二维阵列，可以直接将二维图像转变为具有行、场同步的视频信号输出。

CCD 是 20 世纪 70 年代初发展起来的新型半导体光电成像器件。CCD 相机以 CCD 芯片为核心，将自然界存在的物理图像经过光电转化成电子视频图像信号。CCD 相机一般包括 CCD 传感器、驱动电路、信号处理电路、接口电路、外壳及机械光学接口。

1) CCD 相机分类

CCD 相机按照色彩可分为黑白摄像机和彩色摄像机；按照输出信号可分为模拟摄像机和数字摄像机；按照灵敏度可分为普通灵敏度摄像机、高灵敏度摄像机(月光型和星光型)、红外摄像机；按照分辨率可分为普通分辨率摄像机和高分辨率摄像机；按照 CCD 芯片类型可分为线阵摄像机和面阵摄像机；按照 CCD 光敏面尺寸可分为 1/4in、1/3in、1/2 in、1in

等摄像机(1in=2.54cm)；按照制冷形式可分为制冷摄像机和非制冷摄像机；按照扫描形式可分为逐行扫描摄像机和隔行扫描摄像机；按照输出速度可分为低速摄像机、标准速度摄像机、高速摄像机；按照响应光谱可分为可见光摄像机、紫外线摄像机、红外线(近红外、中红外、远红外)摄像机。

2) CCD 的主要参数

(1) CCD 靶面尺寸。有 1/4 in、1/3 in、1/2 in、1 in 等摄像机，最常用的是 1/3 in 和 1/2 in 摄像机。

(2) CCD 像素分辨率及有效像素。常见的有 659×494(模拟摄像机)、768×494、752×582(模拟摄像机)、1024×776、1024×1024、1392×1040、1390×1037、1620×1236 等。

(3) 扫描模式/传输模式。模拟摄像机一般为隔行扫描、隔行输出；数字摄像机一般为逐行扫描、逐行或隔行输出。

(4) 扫描频率。摄像机单位时间能够拍摄的画面数量，单位为 FPS。摄像机为 25FPS 或 30FPS 数字摄像机，最低没有限制，最高为 1000 FPS，一般有 15FPS、30FPS、50FPS、60FPS、90FPS、100FPS、110FPS、200FPS、300FPS、400FPS、500FPS、600FPS 及 1000FPS。

(5) 模拟输出/数字输出。模拟输出的图像信号输出电信号为模拟量(0-1VDC)，数字输出的图像信号输出电信号为数字量(0-1)。模拟输出信号的标准有 NTSC、EIA、Y-C 和 RGB。这些格式中，NTSC (PAL/RS-170A/Color) 和 EIA (CCIR/RS-170 /Monochrome) 是最常用的。模拟摄像机可以与模拟图像捕捉硬件设备相连接，或直接连接到闭路电视监视器上观看。数字输出信号的标准有 LVDC (RS-466)、RS-422、CameraLink、IEEE-1394（火线）、USB 等。

(6) 信噪比。信号与噪声的比，用来衡量输出信号质量。通常指标是 48dB、50dB、58dB、60dB。

(7) 快门速度。摄像机每秒摄像数。

(8) 接口。与镜头连接的机械接口标准形式，通常采用 C 接口、S 接口、F 接口。

(9) 其他参数。CCD 光谱响应曲线、摄像机分辨率、输出控制、Binning 功能、自动增益控制(AGC)、连接器等。

3) CCD 相机的选择

CCD 相机是机器视觉检测技术的核心。机器视觉检测技术的构建一般由 CCD 相机的选择开始，CCD 相机选择确定后，才能够进行图像采集卡和光学镜头，以及输入/输出控制、执行机构的选择等。在 CCD 相机的选择中，所有的 CCD 参数都需要进行论证。一般先按照所要构建的机器视觉检测技术的需求，确定分辨率、扫描频率、黑白与彩色、快门速度，然后逐一考虑其他参数选择一款满足要求的、价格合适的 CCD 相机。一般待测目标是运动的，在需要连续检测的情况下，应选择线阵 CCD 来构建机器视觉检测技术。

4) CMOS 图像传感器

CMOS 图像传感器是一种用 CMOS 工艺将光敏元件、放大器、模/数转换器、存储器、数字信号处理器和计算机接口等集成在一块硅片上的图像传感器。这种器件具有结构简单、处理功能多、成品率高和价格低廉的特点，有广泛的应用前景。但是早期的 CMOS 图像传感器存在成像质量差、像敏单元小、填充率低、响应速度慢等缺点。因此，早期的 CMOS

图像传感器主要应用于可视门铃这类低要求的行业。近年来，CMOS 图像传感器的性能已经能够与 CCD 相机相比，并且具有价格低、功耗小、尺寸大、集成电路多等特点，应用越来越广泛。在有下列要求的应用时，可以首先选择 CMOS 图像传感器：①需要高分辨率的情况；②需要高帧频率的情况；③需要数字输出的情况。表 2-4 为 CMOS 图像传感器与 CCD 相机性能比较。

表 2-4　CMOS 图像传感器与 CCD 相机性能比较

序号	性能指标	CMOS 图像传感器	CCD 相机	序号	性能指标	CMOS 图像传感器	CCD 相机
1	暗电流(e/s)	10～100	10	7	光敏元放大器	有	无
2	灵敏度	低	高	8	信号输出	行列任意采样	逐个光敏单元扫描
3	电子噪声(e/s)	200	50	9	模/数转换器	有	无
4	固定模式噪声(FPN)	可校正	1	10	逻辑电路	有	无
5	DRNU/%	19	1～10	11	接口电路	有	无
6	工艺难度	小	大	12	驱动电路	有	无

4．光学镜头

在机器视觉检测技术中，光学镜头的主要作用是将所要检测的目标成像在摄像机的图像传感器上。光学镜头的质量直接影响到机器视觉的整体性能，合理选择并安装光学镜头，是机器视觉检测系统设计的重要环节。

光学镜头相当于人眼的晶状体，对机器视觉检测系统的成像质量影响重大，其性能指标有焦距、光圈系数、变焦倍率、接口形式等。光学镜头按焦距可分为广角镜头、标准镜头、长焦距镜头。光学镜头的视场角越大，其焦距就越短，图像放大率也就越小。因此广角镜头焦距短，图像放大率小；而长焦镜头的视场角小，图像放大率大。光学镜头的聚焦方式分手动聚焦、电动聚焦、自动聚焦。变焦倍率等于光学变焦倍数与数字变焦倍数的乘积，而数字变焦是以牺牲图像质量为代价的。

光圈系数不同，表明像面照度不同，通过调节光圈孔径可以调节光通量。变焦镜头的光圈系数是随着镜头焦距的不断改变而随时变化的。为了控制曝光，在选择和确定光圈系数时，变焦镜头采用不同的方法进行补偿和调整。

物镜的光学成像特性主要由焦距、光圈和视场角这三个参数决定。物镜的焦距决定了物体在接收器上的成像的大小。光圈决定了物镜的分辨率、像面照度和成像质量。物镜的视场角决定了在接收器上良好成像的空间范围。当物镜焦距一定时，视场角越大，成像也越大。当接收器尺寸一定时，焦距越长，视场角越小。决定物镜特性的三个参数之间存在着相互制约的关系。实际上，常根据物镜的具体用途满足其主要的性能参数即可。在光电图像转换系统中，为了充分利用物镜分辨率，物镜的光谱特性应与使用条件密切配合，即要求物镜的最高分辨率光线应与照明波长、图像转换器件的接收波长相匹配，并使物镜对该波长的光线的透过率尽可能地提高。

光学镜头机械接口主要有 C 接口、CS 接口、F 接口、PK 接口等。根据所选择的摄像机来选择接口，一般应与摄像机的光学机械接口一致。一般应用可以选择闭路电视监控镜头，工业检测大多选择工业高分辨率镜头，对微小物体的检测可以选择显微小镜头。光学镜头实物如图 2-11 所示。

5. 图像采集卡

图像采集卡的功能是对摄像机输出的视频数据进行实时采集，并提供与计算机的数据接口，以便计算机能够对采集的图像进行处理。

在机器视觉检测系统中，基于 PCI 总线的图像采集卡与计算机内存、CPU、显示卡等之间形成高速数据传输，是协调整个系统的重要设备。它一般负责图像信号的采集、放大与数字化；提供 PCI 接口，负责计算机内部总线高速输出数字数据，传输速度可以达到 130Mbit/s，能够完成高精度图像的实时传输。有些图像采集卡同时具有显示模块，负责高质量的图像实时显示。一些高性能图像采集卡还带有数字信号处理(DSP)模块，能进行高速图像预处理，适用于高速应用。图像采集卡还可以分为黑白图像采集卡和彩色图像采集卡，实物如图 2-12 所示。

图 2-11　光学镜头

图 2-12　图像采集卡

1) 图像采集卡的分类

图像采集卡可按照采集的视频信号分为模拟图像采集卡和数字图像采集卡；按照视频信号的标准分为标准视频信号图像采集卡和非标准视频信号图像采集卡；按照数据传输方式分为 PCI 总线、PC104 总线、IEEE1394、USB 等。

2) 图像采集卡的选择原则

图像采集卡的选用采用下面的原则：

(1) 采集频率或最高时钟、带宽；

(2) 是标准视频信号还是非标准视频信号；

(3) 是模拟信号还是数字信号；

(4) 需要接几个摄像机；

(5) 输入/输出信号要求；

(6) 有无图像预处理功能的要求；

(7) 驱动程序兼容性与二次开发软件的支持性能。

2.5　太赫兹时域光谱检测系统

1. 系统基本组成

太赫兹时域光谱(THz-TDS)检测系统是基于相干探测技术的太赫兹产生与探测系统，能够同时获得太赫兹脉冲的振幅信息和相位信息，通过对时间波形进行傅里叶变换，能直接得到样品的吸收系数和折射率、透射率等光学参数。THz-TDS 检测系统有很高的探测信噪比和较宽的探测带宽，探测灵敏度很高，可以广泛应用于多种样品的探测。

THz-TDS 检测系统可分为透射式 THz-TDS 检测系统、反射式 THz-TDS 检测系统、差分式 THz-TDS 检测系统、椭偏式 THz-TDS 检测系统等，其中最常见的为透射式 THz-TDS 检测系统和反射式 THz-TDS 检测系统。典型的 THz-TDS 检测系统如图 2-13 所示，它主要由飞秒激光器、太赫兹发射器和接收器，以及时间延迟控制系统和计算机组成。

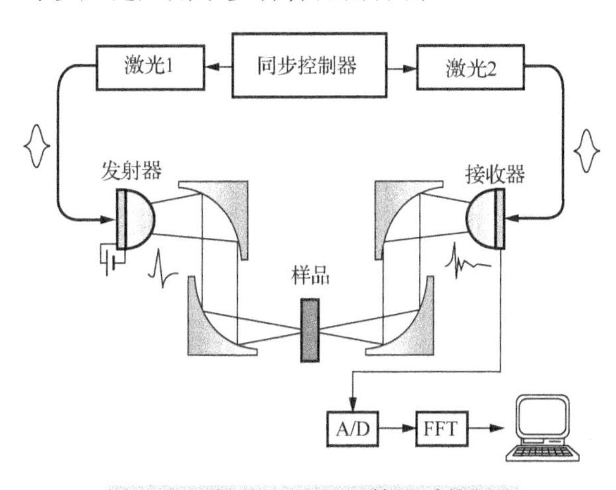

图 2-13　典型 THz-TDS 检测系统组成

2. THz-TDS 检测系统形式

1)透射式 THz-TDS 检测系统

透射式 THz-TDS 检测系统一般用于较薄的检测样品，太赫兹光谱直接透过样品，使得透过样品的太赫兹波包含样品的丰富信息，利用该信息对样品中成分种类以及含量进行定性和定量分析。透射式 THz-TDS 检测系统光路调节方便，而且具有很高的信噪比。

图 2-14 是透射式 THz-TDS 检测系统，从飞秒激光器出射的飞秒激光经过分束器后被分为两束：一束为产生光；另一束为探测光。它们分别被反射镜引导，打到经直流电压偏置的发射天线和未偏置的探测天线上，用于产生和探测太赫兹波。这里，光电导天线只在飞秒激光聚焦的地方对太赫兹波产生和探测有作用，因此它们相当于太赫兹波辐射的点源和点探测器。为了能较大程度上收集太赫兹波，通常会在发射天线和探测天线后端加上一个半球或超半球形状的硅透镜。如图 2-14 所示，产生的太赫兹波被 4 个 90° 离轴抛物面镜组成的 8f 光路引导，最终聚焦到探测天线上。样品的测量位置处于中间两个抛物面镜之间。此处的太赫兹波是聚焦的状态，光斑小，且各频率的空间分布均匀。

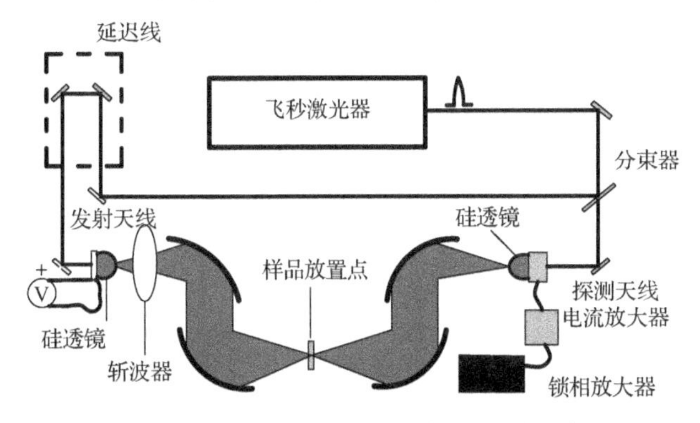

图 2-14　透射式 THz-TDS 检测系统原理

2)反射式 THz-TDS 检测系统

反射式 THz-TDS 检测系统原理与透射式 THz-TDS 检测系统相同，但该系统从样本表面反射太赫兹波。反射式 THz-TDS 检测系统加了两面金属反射镜在样品放置点的前后位置，使得探测器可以接收样品表面反射的太赫兹脉冲。反射式 THz-TDS 检测系统对实验的操作技能更加严格和复杂，一个微小的光路调整都可能会导致样品的折射率发生极大的改变。尽管如此，当需要检测的样品较厚，使得太赫兹波无法完全穿透样品，或样品对太赫兹波有较强的吸收时，可以采取反射模式对样品进行检测。

图 2-15 是反射式 THz-TDS 检测系统，其结构与透射式 THz-TDS 检测系统类似，主要区别在于传输部分结构不同，反射式 THz-TDS 检测系统中使用了两个 60°角的离轴抛物面反射镜，代替了透射式 THz-TDS 检测系统中两个 90°角的离轴抛物面反射镜，探测时需要靠样品的表面在样品放置点对波进行反射，才能将波传送至探测器完成探测，因此反射式 THz-TDS 检测系统对样品摆放的位置及方向有着更严格的要求。

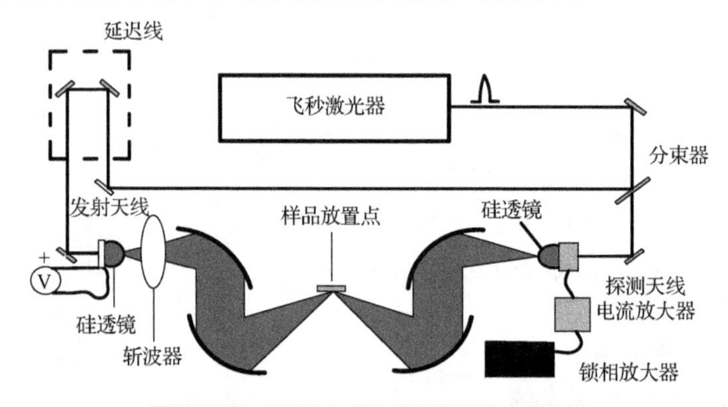

图 2-15　反射式 THz-TDS 检测系统原理

3. 飞秒激光器

飞秒激光器是指利用锁模技术来获得飞秒量级短脉冲的激光器。飞秒也叫毫微微秒(fs)，即 1fs 只有 10^{-15}s。飞秒激光不是单色光，而是中心波长在 800nm 左右的一段波长连续变化的光的组合，利用这段范围连续波长光的空间相干来获得时间上极大的压缩，从而实现飞秒量级的脉冲输出。所采用的激光晶体为激光谱线很宽的钛宝石晶体，即以 10^{-9}s 左右的超短时间放光的“超短脉冲光”发生装置。

飞秒激光器具有超强、超快和宽波段波长可调谐输出三重特性。

(1)超强特性可用于非线性光学特性的表征和研究，如非线性光学晶体的二/四倍频、和频、差频，双光子吸收、双光子聚合，光限幅研究，微纳米光学加工等。

(2)超快特性可用于超快过程的测试与研究，如短寿命的荧光发射、荧光寿命测试，光纤传输带宽的测试，瞬态吸收等。

(3)300～3000nm 的宽波段可调谐输出几乎覆盖所有材料的吸收范围，可用于材料的吸收、发射光谱测试，以及各种光敏感物质的相关研究，如纳米结构材料的发光特性、光纤传输损耗测试、生物质在温度变化中的光学特性等。

4. 发射器

目前大多数宽带脉冲辐射源(发射器)都是由超短激光脉冲激发半导体材料后产生的。光电导方法与光整流方法是最常见的两种方法。

1) 光电导方法

用光电导材料作为辐射天线，用光子能量大于半导体禁带宽度的超短脉冲激光照射半导体材料，激发产生电子-空穴对；被激发的自由载流子在外加偏置电场的作用下瞬时加速，产生迅速增加的瞬态电流，将储存的静电势能以电磁脉冲的形式释放出来，并通过天线向自由空间传播。通常情况下，光电导材料一般选用 Si、掺 Cr 的 GaAs、掺 Fe 的 InP 等。

2) 光整流方法

当两束光线在非线性介质中时，它们将发生混合，从而产生和频振荡与差频振荡现象。如果入射到非线性介质中的是超短脉冲激光，由差频振荡效应会辐射出一个低频的电磁脉冲。当入射激光的脉宽在亚皮秒量级时，辐射出的电磁脉冲的频率上限就会在太赫兹量级。这是因为所辐射的电磁波脉冲的频率上限与入射激光的脉宽有关。该现象称为太赫兹光整流效应，是一种非线性效应，是电光效应的逆过程。目前，常见的用于产生太赫兹波的非线性晶体有 $LiNbO_3$、GaAs、ZnTe 和 DAST 等，相关的性质参数如表 2-5 所示。

表 2-5　常用的光整流晶体的基本性质

晶体	非线性系数 d_{eff} /(pm/V)	折射率 n_{opt} (800mm)	折射率 n_{THz} (1THz)	吸收系数 α_{THz} /cm^{-1}	品质因数 FOM /($pm^2 \cdot cm^2/V^2$)
$LiNbO_3$	168	2.18	5.11	17	18.2
GaAs	65.6	4.18	3.16	0.5	4.21
ZnTe	68.5	3.13	3.17	1.3	7.27
DAST	615	3.39	2.58	50	41.5

比较光电导和光整流这两种产生太赫兹脉冲的机制可知，用光电导天线辐射的太赫兹脉冲能量通常要比用光整流效应所产生的太赫兹脉冲能量强。这是因为光整流效应产生的太赫兹波能量仅仅来源于入射的激光脉冲能量，而光电导天线辐射的太赫兹波能量则主要来自外加的偏置电场，如果要想获得能量较强的太赫兹脉冲，可以通过调节外加电场强度来实现。同时，光整流效应产生的太赫兹脉冲较光电导天线辐射的太赫兹脉冲而言频率更高、频谱更宽。此外，产生宽带太赫兹脉冲辐射的方法还有等离子体振荡、光激发电子非线性传输线等。

5. 探测器

THz-TDS 检测系统中的接收器需要使用相干探测器。目前最常用的方法是光电导采样方法和自由空间电光采样方法，这两种方法都记录太赫兹辐射电场信号的时域波形，并由傅里叶变换得到其振幅和相位的频率分布。

1) 光电导采样方法

以半导体光电导天线作为太赫兹接收元件，采样脉冲激发光电导介质产生自由载流子，太赫兹电场作为偏转电场，促使载流子运转产生电流，利用所产生的光电流与太赫兹驱动电场成正比的特性，可测量太赫兹瞬间电场。再通过太赫兹脉冲与采样脉冲之间的不同时间延迟就能确定整个太赫兹电场。目前这种方法常采用的材料是低温生长的 GaAs、半绝缘的 GaAa、半绝缘的 InP 等。

2) 自由空间电光采样方法

该方法基于探测光与太赫兹辐射在电光晶体中激发的线性电光效应，即电光晶体的折射率与外加电场成比例改变的现象。这是光整流效应的逆效应，是三个波束非线性混合的过程。这种效应能够将线性偏振的采样脉冲转换为稍椭圆的偏振脉冲，对该椭圆度进行测量，就能获得当采样脉冲到达时的瞬态太赫兹电场。与光电导采样方法类似，利用太赫兹脉冲与采样脉冲之间不同的时间延迟可以确定整个太赫兹电场。自由空间电光采样方法常使用的材料是 GaP、ZnTe 和 DAST 等。

2.6　LIBS 检测系统

1. 系统基本组成

激光诱导击穿光谱(Laser Induced Breakdown Spectroscopy，LIBS)检测系统是光谱分析领域一种崭新的分析手段，采用光谱谱线分析金属微量元素。LIBS 仪器由多个功能部件组成，常规结构如图 2-16 所示，主要部件包括激光器、光谱仪、延时器、三维样品台、光电管、能量计、光学(采集和探测)系统以及信号传输系统。部分 LIBS 仪器还配有高分辨率的样品成像系统。

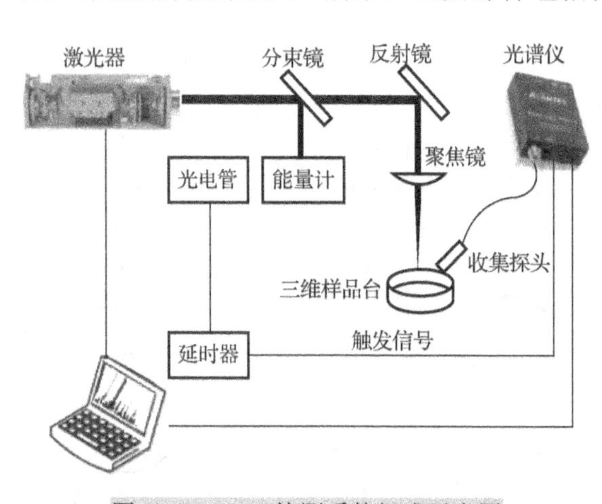

图 2-16　LIBS 检测系统组成示意图

2. 激光器

激光器是 LIBS 检测系统的激发源，用于烧蚀样品产生等离子体，是该系统不可或缺的部件。LIBS 检测技术对激光脉冲的要求是：能量高、线宽窄。除此之外，激光器的体积、重量、重复频率及光束质量模式等参数也是需要考虑的。各种由不同技术制成的激光器都在 LIBS 检测系统中有相应的应用。

在食品分析领域，LIBS 检测系统多采用高功率 Q 开关的 Nd:YAG 固体激光器，产生的高能单脉冲可以形成良好聚焦的激光光束。激光聚焦系统通常包含一个聚焦透镜，将激光光束汇聚到待测样品的固定位点上。由于一些可燃性样品经灼烧易产生较高的火焰，聚焦透镜应具有小倍率、长工作距离、高损伤阈值等特点。新兴的 FO-LIBS 检测系统采用光纤代替聚焦透镜，能够将激光光束发送到样品的准确位置以便于远程测量，同时使便携式点对点 LIBS 检测系统成为可能，但它在食品分析中尚未有应用。

3. 光谱仪

光谱仪作为 LIBS 检测系统中的关键部件之一，分为分光系统和检测器。分光系统负责将传来的由等离子体产生的复合光谱信号分解成按波长排列的单色光，再结合高性能的检测器，实现 LIBS 信号的记录。检测器的选择通常根据具体的实验要求以及分光方法而定，常用的有光电倍增管(Photomultiplier Tuber，PMT)、光电二极管(Photodiode，PD)、光电二极管阵列(Photodiode Array，PDA)和 CCD 等。

4. 光学采集系统和探测系统

光学采集系统由透镜组成，样品的等离子体激发光通过该系统聚焦于光纤的入口或光谱仪入射狭缝处。光学探测系统由光谱仪、ICCD 和延时器组成，光谱范围、分辨率和采集时间是决定光谱仪性能的三个重要参数。宽光谱范围允许同时记录多个元素，分辨率决定了光谱仪解析电磁波谱特征的能力。采集时间主要由延迟时间和积分时间组成，均由与激光器同步的延时器控制。ICCD 的主要功能是将激光照射产生的光学信号转换成光谱。LIBS 系统的多元素检测能力要求系统具有宽光谱覆盖范围且高分辨率的光谱仪和高灵敏度的 ICCD。

5. 其他辅助部件

LIBS 仪器常规的辅助部件还包括延时器、能量计、三维样品台、高分辨率相机等，其中延时器负责激光器与光谱仪之间的同步工作，由于激光脉冲轰击样品表面产生光谱信号的前期背景及干扰较强，利用同步机延时后开始采集信号，避开这一阶段，可获得信噪比较高的 LIBS 信号；能量计用于获取激光每个脉冲的能量，通常在脉冲光束传输路径中使用分束镜，将固定百分比(通常为 10%)的能量反射至能量计表面，这一数据可以为提高信号稳定度提供参考依据；三维样品台负责承载样品，并让样品在 X、Y、Z 三个轴向进行移动，对样品的不同位置进行分析；高分辨率相机可获取相片图像，结合相应的聚焦定位装置，即可准确地获取样品实际的分析点位置信息。

LIBS 仪器由于其广泛的应用领域以及在各领域的检测需求不尽相同，其组成部件的选择性非常广泛，这些部件的主要技术特征有以下几个方面。

(1) 部件多，控制逻辑复杂。LIBS 仪器部件包括主控计算机、激光器、光谱仪、延时器、能量计、三维样品台、高分辨率相机等，此外还可根据实际需求增加辅助部件如激光定位装置等。这些部件联合组成完整的 LIBS 仪器。为实现 LIBS 仪器的有效运作，需要非常严密的控制逻辑。

(2) 参数种类多，差异大。LIBS 仪器由多个不同类型、不同功能的部件组合而成，每个部件都具有自身独特的控制参数以及状态指示参数，且不同类型的部件之间的参数差异较大。

(3) 接口类型多。LIBS 仪器组成部件可能来自不同的生产厂商，或者自身部件的传输需求不同，使得各部件的接口无法统一，有 RS-232/485Ethernet、USB 以及 1394 接口等类型。

这些复杂的技术特征为 LIBS 系统研制带来了极大的挑战，不仅需要保证仪器的协调工作，而且需要加强操作过程的自动化程度、提高仪器的分析效率。

第3章　光电无损检测技术在农产品品质检测中的应用

3.1　近红外光谱检测技术在农产品品质检测中的应用

近红外光谱检测是随着高科技发展应运而生的一门新技术，传统的水果、蔬菜的质量评定是基于颜色、形状、伤痕及大小等外部特征来判断的，或者运用破坏性的方法抽样检测其成分，而近红外光谱检测是在不破坏样品的情况下对上述内部品质进行评价的方法。该技术不同于传统的化学分析方法，它利用分子选择性地吸收辐射光中某些频率波段的光产生的吸收光谱来判定其对应物质的含量，对样品不产生破坏。同时光谱采集所需时间很短，且无须样品预处理，对水果、蔬菜生产过程及产后加工具有相当高的应用价值，广泛应用在水果、蔬菜内部品质无损检测中。

近红外光谱检测技术在水果和蔬菜外观(如表面缺陷、表面色泽)和内部成分(如可溶性固形物含量、糖度、坚实度、酸度和干物质含量)检测等方面具有快速和无损检测的优点。目前日本、美国和欧洲的一些国家对近红外光谱检测水果糖酸度的方法、仪器设备进行了深入的研究，并取得了很大的进展。近年来，随着科技水平和社会需求的不断提高，水果品质在线检测设备和便携式近红外检测仪的研究和应用越来越受到专家学者的关注，并取得了丰硕的研究和应用成果。

3.1.1　水果品质无损检测

1. 国外研究及应用现状

Paz 等应用包含不同分光光度计的近红外光谱仪对刚采摘下来的梨进行可溶性固形物含量(SSC)、硬度和储存周期的检测。Bobelyn 等利用近红外光谱检测技术探究了不同的作物品种、季节、储存寿命、产地对苹果 SSC 和坚实度模型的影响。Jha 等采用近红外光谱检测技术对五种苹果样品进行了 SSC 和总酸度(TA)的检测，发现通过多元散射校正(MSC)得到的多元线性回归(MLR)模型最佳，其 SSC、TA 和 TA/SSC 预测相关系数 R_P 分别为 0.745、0.752 和 0.751。

Jamshidi 等应用可见/近红外光谱对伏令夏橙的 SSC 和 TA 进行检测，然后对采集的光谱进行多种预处理，并建立 SSC、TA、SSC/TA 和水果最好的口味特征指标(BrimA)的偏最小二乘(PLS)模型和主成分回归(PCR)模型。最终得到 SSC、TA、SSC/TA、BrimA 的最优 PLS 模型的 R_P 分别为 0.96、0.86、0.87 和 0.92，预测均方根误差 RMSEP 分别为 0.33、0.07、1.03 和 0.37。结果证明应用近红外光谱对伏令夏橙的口味特征 BrimA 的检测是具有研究可行性的。Shyam 等采用 1200～2200nm 波长的透射光谱，分别对多个品种芒果的 SSC 和 pH 进行检测。采用多种预处理技术对光谱进行预处理，分别建立了 MLR 的 PLS 模型。SSC 和 pH 的最佳 PLS 模型的 R_P 分别为 0.762 和 0.703。Maniwara 等对采收期的西番莲进行了近红外光谱检测研究，对比漫反射与透射两种检测方式，以 SSC、TA、维生素 C 含量(ASC)、硬度(PF)等多种果实品质作为检测指标，最终得到效果最优的 PLS 模型。

2．国内研究及应用现状

赵珂等采集信丰脐橙糖度的近红外透射光谱，进而运算得出光谱数据的加权平均值，并建立 PLS 模型，该实验表明近红外透射光谱检测技术对信丰脐橙的检测是完全可行的。孙通等研究竞争性自适应重加权采样(CARS)算法对脐橙 SSC 近红外光谱模型的影响，并与无信息变量消除法(UVE)和连续投影算法(SPA)等变量筛选方法进行比较。袁雷明等研究设计了感官品尝和光谱采集柑橘试验。为了使柑橘光谱的预测模型 RMSEP 小于味觉品尝的均方根误差 RMSED，采用 SPA 剔除多余变量，优化模型。最终建立的 SPA-MLR 模型满足大众的感官需求。

王铭海等为了对梨实施现代化管理，应用近红外光谱检测技术对砀山酥梨 SSC 建立了 PLS、最小二乘支持向量机(LS-SVM)和广义回归神经网络(GRNN)预测模型，并使用 UVE 来简化模型。马光和孙通利用近红外漫透射光谱对翠冠梨品质进行在线检测。采用 0.5m/s 的传输速度获取翠冠梨的漫透射光谱。讨论不同的数据处理方法对 PLS 模型性能的影响，表明在线检测翠冠梨的坚实度具有可行性。韩东海等对小型西瓜进行分层研究，由 SSC 的 PLS 建模可知，无论是瓜顶部位还是赤道部位，在小西瓜中层区域得到的 RMSEP 相关系数最高，各自为 0.952 和 0.929，小型西瓜光谱检测的最佳区域是中层区。

刘燕德等在用近红外漫透射光谱在线检测脐橙 SSC 时，比较分析多种预处理方法以及三种建模方法，得到了最优的 PLS 模型。其 R_P 为 0.90，RMSEP 为 0.61。数据处理结果表明，在线检测脐橙是切实可行的。刘燕德等使用近红外在线检测装置以 5 个/s 的传输速度获取赣南脐橙的漫反射光谱，讨论不同的光谱预处理方法、不同的变量筛选方法对所建 PLS 模型性能的影响。对比发现，CARS 算法能大大地降低建模的波长点数，缩短建模时间，改善模型预测精度。欧阳爱国等为了提高苹果在线检测模型的预测精度，应用移动窗口偏最小二乘法分别结合遗传算法和连续投影算法，建立偏最小二乘回归模型。实验表明该研究能够有效地减少变量数，提高模型预测能力。

3.1.2　蔬菜品质无损检测

1．国外研究及应用现状

Slaughter 用近红外光谱法对来自 30 多个市场的不同成熟阶段(绿色到红色)的番茄中的 SSC 进行了研究，得到模型的校正相关系数 R_C 为 0.92，校正标准误差 SE_C 为 0.27°Brix。Peiris 等利用近红外光谱法非破坏地分析了番茄中的 SSC。采用 MLR、PLS、神经网络(NN)建立校准模型，开发利用二阶导数谱(780～980nm)。验证结果表明，NN 比 MLR 或 PLS 效果更好。可估计的 NN 校正与预测的标准误差为 0.52%。

Martin 分析了存储及收割时间对干物质(Dry Matter，DM)的近红外光谱校正模型的影响，并探讨近红外光谱是否适用于浓度高的马铃薯的果糖检测。结果表明，DM 的校正模型非常稳健，不受存储时间及存储状态的影响，但模型需要根据收割时间进行校正，其标准误差为 1.3%～1.5%，变异系数(CV)为 5%～6%；同时表明，近红外光谱不适用于浓度高的马铃薯的果糖检测。Singh 等采用 PLS 分别在 700～900nm、1000～1100nm、1250～1600nm 和 850～900nm、1100～1200nm、1400～1500nm 波段建立了带皮马铃薯和不带皮马铃薯关于含水量的预测模型，实验证明在不同波段建立的模型具有更低的方差和更高的可靠性。Roggo 等采用近红外光谱对甜菜进行定量和定性分析，对比不同方法所建立的模型，并对比不同光谱预处理方法、不同光谱范围和不同建模方法对甜菜中蔗糖含量的预测结果的影响。结果表明，标准归一化(SNV)、二阶导数(2nd D)及改进的最小二乘(MPLS)模型得到较好的结果。对比了四种分类方法的定性分析结果，结果表明簇类独立软模式法(SIMCA)最优。Roggo 等还对甜菜中的蔗糖、葡萄糖及 N、Na、K 含量进行了检测。

Shyam 等采用近红外光谱检测系统对番茄汁的糖酸度(ABR)进行检测。对比不同波段及不同光谱预处理方法对番茄汁的糖酸度预测模型的影响。结果表明，随着波段的增加，预测结果得到优化，在波段 105915～112418nm 时，预测结果最好。Andre 等采用近红外光谱检测技术结合 PLS1 方法对番茄中的总固形物、可溶性固形物、番茄红素和 β-胡萝卜素含量进行无损测定。结果表明，采用 MSC 预处理并将光谱分成三段得到最优模型，其 RMSEP 分别为：总固形物 0.4157%，可溶性固形物 0.6333°Brix，番茄红素 21.5779mg/kg，β-胡萝卜素 0.7296mg/kg；其预测相关系数均接近 1。Pedro 等采用近红外光谱检测技术对番茄中的总固形物、可溶性固形物、总酸、总糖、葡萄糖和果糖进行无损检测，建立了 PLS1 和 PLS2 模型并通过 RMSEP 检验了模型的预测能力。

2. 国内研究及应用现状

金同铭采用近红外光谱检测技术对番茄中可溶性固形物、有机酸、维生素 C、还原糖、蔗糖、葡萄糖、果糖、柠檬酸、苹果酸和琥珀酸等成分进行检测。建立校正数学模型，并与高效液相色谱法(HPLC)进行相比，结果表明，NIR 优于 HPLC，得到较好的预测结果。张德双等采用近红外光谱检测技术对 5 种大白菜叶柄和软叶中的还原糖、维生素 C、中性洗涤纤维(NDF)、粗蛋白(CP)及干物质含量进行了检测。覃方丽等对采用近红外光谱检测技术检测鲜辣椒中的 SSC 和维生素 C 含量进行可行性探讨。结果表明，SSC 模型的决定系数(R^2)为 81.42，SEP 为 1.23°Brix，校正相对标准偏差(RSDC)为 9.3%；维生素 C 含量模型的 R^2 为 83.21，SEP 为 24.17°Brix，RSDC 为 9.5%。唐忠厚等采用近红外光谱检测技术结合 PLS 对甘薯叶和块根的蛋白质含量进行检测。采用内部交叉验证建立甘薯叶和块根的蛋白质含量预测模型。结果表明 NIR 结合 PLS 可用于甘薯蛋白质含量的预测。

蒋焕煜等用傅里叶变换近红外漫反射光谱法测定番茄叶片中的水分和叶绿素含量，用 PLS 模式探讨不同的光谱处理方法(不同波长范围、基线校正、平滑、一阶和二阶微分)，从而获得较好的预测模型。王多加等运用傅里叶变换近红外光谱仪对小白菜和菜心全植株、完整叶片和剁碎叶片中的硝酸盐含量进行无损快速测定。其硝酸盐含量为 900～5500mg/kg，采用交叉验证建立校正模型。结果表明，其相关系数为全植株 0.9813，相对误差范围为 0.84%～1.142%，完整叶片为 0.9958 和 0.76%～6.87%，剁碎叶片为 0.9779 和 0.88%～10.83%。周向阳等采用傅里叶变换近红外光谱法对十字花科、旋药科、菊科、伞形花科、苋科等 20 余种叶菜类中有机磷农药残留进行鉴别研究，并建立油菜中甲胺磷残留的定性和定量分析模型。结果表明，其检测限为 110×10^{-6}mg/kg，与气相色谱-质谱联用仪非常接近，表明傅里叶变换近红外光谱法可用于蔬菜中有机磷农药残留的快速分析。

3.1.3　粮食品质无损检测

近红外光谱用于测定谷物的水分、蛋白质、脂肪含量始于 20 世纪 60 年代。近年来研究人员利用近红外光谱对小麦、稻米、玉米等粮食作物的水分、面筋、蛋白质、脂肪、淀粉和氨基酸等的含量进行分析测定，并取得了新的应用进展。

1. 国外研究及应用现状

Baye 等采用近红外光谱技术检测单粒玉米成分，建立了蛋白质、淀粉、热量等模型，其 RMSEP 分别为 2.3mg/Kernel、17.8mg/Kernel 和 93.9cal/Kernel。Miralbés 等采用近红外反射光谱技术(400～2500nm)判别欧洲小麦品种，选取了 2003～2004 年收获的 14 个品种进行建模，其判别正确率达 94%。Cocchi 等研究了近红外光谱技术用于硬质小麦粉中掺入普通小麦粉(掺入量为 0～7%)的定量识别，采用 SNV 进行光谱预处理并分别建立 MLR 和 PLS 模型，比较而言 SNV-PLS 结果最优。Maghirang 等采用自动近红外光谱系统检测小麦中的昆虫，对于活体昆虫，检测模型的校正相关系数 R_C=0.84，校正均方根误差 RMSECV=0.27，判别正确率为 93%，对于不同死亡时间的昆虫判别正确率为 91%～96%。Delwiche 等采用二极管阵列式近红外光谱仪(940～1700nm)识别主要由镰刀霉引起枯萎病及其他形式损害的小麦粒，枯萎病及其他形式损害的小麦粒与正常小麦粒之间的判别正确率为 95%和 98%。

Kawamura 等开发了一个基于近红外光谱技术的大米品质自动检测系统，这个系统可依据大米品质将其分为 6 个等级，并对大米(精米/糙米)水分和蛋白质含量进行检测，其模型预测标准偏差分别小于 0.7 和 0.4。Rittiron 等开发了单粒糙米品质近红外高速检测系统，其近红外光谱采集采取透射方式(1100～1800nm)，PLS 和 MLR 模型具有相近精度，糙米的干基水分和干基蛋白质含量预测偏差分别为 0.24%(W/W)和 0.40%(W/W)。

2. 国内研究及应用现状

金华丽等利用近红外谷物分析仪采集小麦籽粒样品的近红外光谱，近红外光谱经 2nd D 及 MSC 处理，结合 PLS 建立了小麦籽粒中的蛋白质含量测定的定标模型，其 R_C、R_P 分别为 0.934 和 0.979。王卫东等应用近红外漫反射光谱技术(1100～2498nm)研究单株小麦整粒蛋白质含量，采用 MSC 和 1st D 处理建立 PLS 模型(RMSEP=0.400)。戴常军等选用 2006～2008 年良种补贴小麦品种及 2007 年小麦主产区的主要品系组成原始样品集，利用透射型近红外光谱仪 FOSS1241 扫描光谱建立 Zeleny 沉降值模型，其相关系数达到了 0.87，标准误差为±2.5mL，此结果完全能够满足育种的前期世代筛选，以及面粉加工企业对原料收购时的控制要求。张广军等采用近红外透射光谱技术，建立了用于粮食加工过程中的蛋白质含量在线监测系统，同时建立了用于小麦蛋白质含量现场在线监测的最佳反向人工神经网络(BP-ANN)模型，其 RMSEC 为 0.12%，RMSEP 为 0.15%。该监测系统的研究不仅可以直接应用于谷物成分的在线监测，而且所涉及的方法同样适合其他光谱分析应用。

刘建学等用 BP-ANN 方法建立了不同类型、不同粒度的大米样品蛋白质含量预测模型，结果表明模型相关系数达 0.90 以上。王远宏等利用近红外光谱技术采集不同大米样品蛋白质的光谱图，并提取蛋白质官能团的特征值在波长 785nm、910nm、1020nm、1040nm 处的吸光度，采用非线性幂函数曲线，建立预测模型(R_P=0.973)。

3.1.4　便携式近红外检测仪器

1. 国内外研究及应用现状

国外关于水果内部品质的便携式近红外检测仪器的研制工作起步较早，并取得了不少的成就。目前美国、日本、意大利、新西兰、德国等国家都已研制出了用于检测水果内部品质的便携式水果内部品质检测仪器，如美国 Polychromix 公司生产的 PHAZIR1018、日本静冈公司生产的 KBA-100R、日本 Towa 公司生产的 Optical Taster TD-2000、意大利 Unitec 公司生产的 Quality Station。

便携式仪器因其便携、低成本、快速等特点，在水果现场抽样、品质监测领域应用潜力较大。2000 年，日本开始销售世界上首台水果专用检测仪 FT 20，不久又推出 FQA-NIR GUN。同年，日本推出了 KBA-100R 便携式仪器，2019 年 7 月对原机型进行升级换代，使其更加轻便(图 3-1)。2010 年，澳大利亚推出了 Nirvana 手持仪，嵌入了决策支持系统(Fruit Map)，实现了从单纯检测仪向物联网(IOT)仪器的转变；2014 年它被美国收购，推出升级款 F750 和 F751 手持仪。2016 年，日本推出 PAL-HIKARi 5 水果糖度检测专用手持仪，以 LED 为光源，重量更轻、体积更小。我国于 2008 年推出首款水果便携仪 SupNIR-1000，后又升级为 HSXD-1100。上述历程基本代表了便携式水果品质检测仪器发展的若干关键节点，它们的主要技术特点见表 3-1。

图 3-1　升级后的 KBA-100R 便携式仪器

表 3-1　主要的商业化便携式水果品质检测仪技术特点

仪器	国别	原理	波长范围	光源	重量	尺寸	响应时间	检测指标	技术特点
KBA-100R	日本	漫反射	500～1000nm	卤钨灯	3.5kg	250mm×100mm×200mm	2s 以内	糖度、酸度、缺陷	环形发光和接收一体化探头，光纤探头位于环形光源的中心，较好地避免了杂散光；适用于苹果、梨、柑橘等绝大多数水果；提供数学模型，无须升级即可使用
FQA-NIR GUN	日本	漫反射	600～1100nm	卤钨灯	0.75kg	250mm×85mm×220mm	6～100ms	糖度、酸度、成熟度	单点入射单点接收，可同时检测糖度、酸度和成熟度；但其光斑较小，需要多点测量，不提供数学模型

续表

仪器	国别	原理	波长范围	光源	重量	尺寸	响应时间	检测指标	技术特点
N-1	日本	TFDRS	900nm, 940nm, 1060nm	LED	0.2kg	181mm×52mm×42mm	—	糖度	采用TFDRS技术，吸光度比不受漫反射光路变化的影响，且与水果糖度线性相关；该数学模型采用标准样品标定建立，在实际应用中，不需测量参比和维护模型，是一种全新思维；具有温度补偿功能；但仅限于苹果、芒果、桃、梨和柿子的糖度检测
PAL-HIKARi 5	日本	漫反射	—	6 LED	0.12kg	6.1mm×4.4mm×11.5mm	3s以内	糖度	采用LED光源，功耗更低，结构更紧凑；具备温度补偿功能；提供数学模型及人工校准功能
Sun Forest H-100F	韩国	漫透射	650～950nm	卤钨灯	0.4kg	110mm×160mm×169mm	2s以内	糖度、酸度、缺陷	针对不同水果的尺寸和果形，设计了不同的光源和检测器布置角度，形成了检测芒果、柑橘等不同种类水果的仪器；重量轻，携带方便；不提供数学模型，光源持续发光，现场检测需配电池
F-750	美国	漫反射	310～1100nm	卤钨灯	1.05kg	180mm×120mm×45mm	—	干物质含量、糖度、色泽、缺陷	带全球定位系统(GPS)，将检测结果上传至Fruit Map，生成采收处方图；检测探头布置在光源的轴线上，构成阴影式探头；每次测量均采集外界环境光、参比和暗电流，实现了实时校正；采用两节充电干电池供电，更换方便。有部分水果的数学模型，如苹果、芒果
Micro NIR	美国	漫反射	950～1650nm	卤钨灯	0.046kg	45 mm×50mm	—	—	采用线性可变滤光片(LVF)技术；光源和检测器一体化，需二次开发；波长为950nm以上，透射能力还有待验证
SCiO	以色列	漫反射	740～1070nm	卤钨灯	0.033kg	27.5mm×9.5mm×3.15mm	2～5s	—	需二次开发；iOS 9或Android 4.3以上版本手机通过蓝牙与光谱仪通信
HSXD-1100	中国	漫反射	600～1100nm	卤钨灯	4.5kg	310mm×210mm×120mm	5s以内	糖度、酸度	内置标准化校准模块，定期自检，实时掌控仪器性能状态，保障测量结果准确性；内置参比模块，实时参比，提高测量结果重复性

注：TFDRS指Three-Fiber-based Diffuse Reflectance Spectroscopy。

2. 发展趋势

(1)低成本微型化。经历了便携型、手持型、口袋型的发展历程，体积越来越小、重量越来越轻；同时，市场销售价格也在降低，更加符合水果产业对低成本仪器的客观需求。例如，KBA-100R约3.5kg、F-750约1.05kg、PAL-HIKARi 5约0.12kg(图3-2)。

图3-2 各种手持式水果检测仪器

(2)分光技术。光谱仪是水果检测仪器的核心部件，绝大多数便携式水果检测仪器采用CCD光谱仪。目前CCD光谱仪仍是便携式水果检测仪器的主流配置。随着线性渐变滤光片(LVF)技术的出现，也推出了MicroNIR光谱仪，但该光谱仪尚需二次开发，才能实现水果品质检测。

(3)光源及其控制技术。卤钨灯因其光源能量高，成为绝大多数水果检测仪器的首选光源，但检测中光源一直保持开的状态，造成高能耗和散热不良，需要配备大容量电池，这也是大多数便携式水果检测仪器体积较大的原因。F-750 采用间断型光源控制技术，在一次测量中主要包含如下二个步骤：光源关闭，测暗电流（D）和外界环境光谱（A）；光源开启，测量参比光谱（R）和样品光谱（S）；然后计算吸光度 $\lg(S-A-D)/(R-D)$。这种光源控制技术降低了功耗和发热，两节大容量干电池即可供电，使 F-750 更加紧凑和轻便。同时，LED 作为新型节能光源，已在口袋型仪器 N-1 和 PAL-HIKARi 5 上使用，但其强度是否足以透过较厚果皮以获取果肉信息尚未见报道。

（4）无模型技术。水果是以水为主的生物体，品质因品种、产地、季节等因素而不同，且无可以长期保存的标准样品来校正数学模型；不同年份的数学模型通常需要升级后才能使用，这也是近红外光谱在水果检测领域应用的一个主要难点，每年均需要投入人力和物力维护数学模型。N-1 采用 TFDRS 法，通过单点发射两点接收的方式计算相对吸光度，不受漫反射光路变化的影响，且与水果糖度呈线性相关。该模型通过标准样品模拟，推导出线性方程，然后用水果进行验证。在实际应用中，不需测量参比，不需维护模型，是一种不同于传统方法的全新思维。

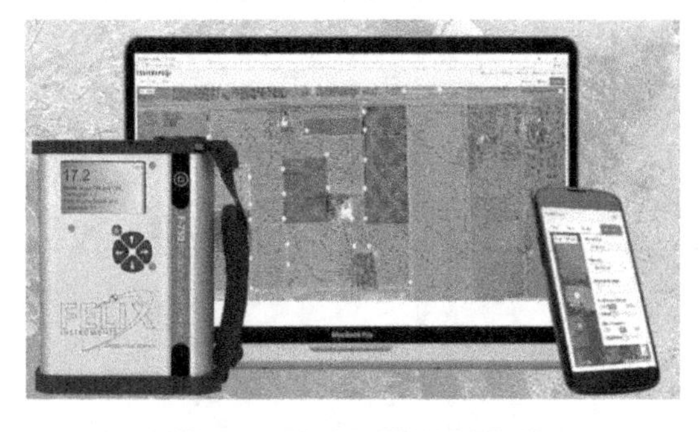

图 3-3　水果采收决策支持系统

（5）IOT 仪器。传统近红外光谱仪是化学计量学、数学模型和设备三位一体仪器。随着精准农业技术的发展，决策支持系统逐渐被引入融合，与前者共同形成了四位一体的 IOT 仪器。例如，F-750 集成了 GPS 传感器，在获取树上水果品质信息的同时，也记录了树的位置信息，将这些数据上传至决策支持系统（图 3-3），生成采收作业处方图，这代表着科学仪器未来的发展方向。

（6）Y 轴校正技术。近红外光谱的 X 轴决定了波长的准确性，Y 轴决定了吸光度的准确性。考虑到光源强度浮动、光谱仪暗电流噪声对测量准确性的影响，每次测量均需采集参比、暗电流，计算吸光度。而便携式仪器每次测量采集参比有难度，从而多采用间隔一定时间后采集参比，这会影响 Y 轴吸光度，进而影响模型的普适性。为此，KBA-100R 和 F-750 均内置参比，每次均测量参比、暗电流等，实时校准每个样品的吸光度，极大地提高了模型的普适性。例如，使用 KBA-100R 的日本柑橘模型预测我国柑橘，无须校正即可使用。这也降低了近红外光谱果业应用的准入门槛。

3.1.5　水果品质 NIRS 在线分选装备

1. 国外在线分选装备应用情况

新西兰猕猴桃出口商以最低 DM 作为口感标准（MTS），并应用 NIRS 在线分选设备挑选超过 MTS 的猕猴桃用于出口，新西兰猕猴桃 NIRS 在线分选装备如图 3-4 所示。此后，NIRS 在线分选装备从 2015 年的两套增加到 2018 年的十多套，数以百万个计的猕猴桃经过检验和分级并出口。商业利益影响了 NIRS 在线分选装备客观的评价标准，但 NIRS 在线分选装备的精度是变化的，有时偏差会超过 1%，这就要求对 NIRS 在线分选装备进行定期管理，包括定期的偏差调整和校准更新，以在数天或数周内保持准确性。

图 3-4　新西兰猕猴桃 NIRS 在线分选装备

从 20 世纪 80 年代末开始，许多高新技术在日本水果检测领域得到普及应用。日本水果 NIRS 在线分选技术的发展有其特定的经济、文化和社会背景：①日本经济发达，国民收入水平高，与价格相比更重视水果质量；②劳动力成本高，从事农业的人口老龄化问题日趋严重；③政府大力扶持水果分级技术的发展，其主要形式是财政支持，一般为政府补助 50%，农业协会补助 25%，其余由果农负担；④形成了较完善的大数据反馈机制，分选统计结果均反馈至果农，以便科学评估改进生产措施。因此，以 NIRS 为代表的无损检测技术和水果分选系统规模越来越大，生产率越来越高，基本实现了全程自动化和智能化。

2. 国内在线分选装备应用情况

华东交通大学与北京福润美农科技有限公司联合研制了我国首套自主知识产权 NIRS 在线分选装备，并于 2010 年在山东烟台投入使用，打造了晶心高糖苹果品牌。为了满足不同水果品种对 NIRS 在线分选装备的需求，鸭梨、脐橙、蜜柚、西瓜等分选设备相继投放市场，检测指标也由最初的糖度分选机发展为重量、糖度、黑心同时检测的分选装备。例如，河北泊头鸭梨产业实现重量、糖度和黑心同时检测，将重量均匀无缺陷、糖度 12°Brix 以上的鸭梨作为高档鸭梨销售。与此同时，分选出的高档优质果(如上饶马家柚、木子金柚)投入市场销售，提高了销售价格，打造了特色品牌。针对低端果，也积极地研发柚子粉、柚子干、柚子酒等产品，为 NIRS 在线分选装备产业应用提供了可行方案。图 3-5 为木子金柚糖度 NIRS 在线分选装备。

农夫山泉股份有限公司拥有脐橙种植、果汁加工等较完备的产业链。基于高端优质脐橙入市鲜销，打造品牌提高销售收入，低端脐橙作为果汁原料的构想，该公司于 2017 年成功引进并安装 10 套法国迈夫公司的 NIRS 在线分选装备，2018 年安装 36 套 NIRS 在线分选装备，均采用全透射方式。从 2017 年开始，在部分超市鲜销 17.5 度甜橙，其更重要的价值在于打造了一种 NIRS 在线分选商业应用的典型模式。NIRS 在线分选应用的关键在于低端果能否产生价值，而农夫山泉的 NIRS 应用方案为 NIRS 在线分选的果业应用提供了有益的探索。图 3-6 为农夫山泉脐橙 NIRS 在线分选装备。

图 3-5　木子金柚糖度 NIRS 在线分选装备

图 3-6　农夫山泉脐橙 NIRS 在线分选装备

3.2 高光谱检测技术在农产品品质检测中的应用

与传统的机器视觉检测技术相比，高光谱成像技术具有快速、无损的特点，因此成为农产品品质检测和安全检测的重要手段。高光谱成像技术在农产品无损检测领域的研究也越来越广，国内外研究人员在果蔬、肉类、谷物等农产品品质安全无损检测方面取得了一系列的成果，为农产品无损检测的广泛运用奠定了坚实的基础。

3.2.1 水果品质检测

水果和蔬菜内部品质无损检测的研究主要针对糖度、硬度、成熟度、SSC、水分等指标的预测，并且国内外学者已取得了一系列研究成果。

1. 国外研究及应用现状

高光谱成像技术是一种融合技术，不仅可以对物质内部品质进行分析，而且可以对物质的外部特征进行相关的分析处理，因此开始有越来越多的学者和研究机构利用高光谱成像技术对果蔬的水分、机械损伤、糖酸度、变质、虫害等进行相关的探索和研究，尤其是在水果品质的检测方面取得了较大的进步和发展。

ElMasry 等利用高光谱成像技术对不同背景颜色的苹果表面上的早期损伤进行了检测。首先对苹果 400～1000nm 的 826 个波段图像进行采集，然后利用 PLS 和逐步分析判别法对 826 个波段进行有效波段筛选，接着利用主成分分析法（PCA）对最优波段进行处理，最终通过自适应阈值分割实现对苹果不同颜色的轻微损伤的识别。Keresztes 等利用短波近红外线扫式高光谱成像系统对不同品种的苹果以及苹果的五种损伤程度进行了检测。利用光谱特征能准确地区分不同品种的样品，其精度达到 96%。通过对光谱区域进行归一化预处理后可以最有效地对基于像素的损伤进行预测，精度达到 90.1%。对二值化图像处理后利用其空间信息可以把对损伤的预测精度提高到 94.4%。

Hoonsoo 等利用高光谱近红外反射成像系统对 224 个番茄样品进行图像的采集，其中正常样品和疤痕样品均为 112 个。结果表明使用线性判别分析方法（LDA）和支持向量机算法（SVM）对有疤痕和正常番茄的判别准确率分别为 94.6%和 96.4%。这些数据表明，除了传统的以近红外光谱为基础的检测方法外，高光谱近红外反射成像系统也可以用来实现对番茄表面疤痕的定性和定量检测。Daegwan 等利用高光谱成像系统采集正常柑橘、黑斑病（CBS）、表面污垢、风疤和黑点病五种症状的柑橘光谱图像。利用光谱角制图（SAM）和光谱信息散度（SID）的光谱分析方法把柑橘样品分为 CBS 和非 CBS 两类，两种方法检测柑橘 CBS 的精度分别为 97.9%和 97.14%。结果表明高光谱成像结合两种分选方法（SID 和 SAM）可以有效地对隐藏在柑橘表面的 CBS 进行识别。Nakano 等利用波段为 400～720nm 的高光谱反射成像系统建立了对枣子外部虫害的检测模型。实验样品分为茎端无损伤、花萼端无损伤、两侧无损伤、茎部有虫害和两侧有虫害五类。实验结果表明，所有的正常枣子、萼端无损伤和茎部有虫害的枣子样品都可被正确识别。正常枣子和虫害感染枣子的判别准确率分别为 98%和 94%，整体判别准确率为 97%。

2. 国内研究及应用现状

我国高光谱成像技术相对于美国起步较晚，于20世纪80年代中后期开始着手发展自己的高光谱成像系统。主要的高光谱成像仪有中国科学院上海技术物理研究所研制的推扫式成像光谱仪系列、实用性模块化成像光谱仪系列、中国科学院长春光学精密机械与物理研究所研制的高分辨率成像光谱仪和中国科学院西安光学精密机械研究所研制的稳态大视场偏振干涉成像光谱仪。近几年来，国内许多研究机构和学者利用高光谱成像技术对水果(如苹果、梨、桃子)外在缺陷和内部品质进行了相关的研究，在对农产品的检测方面取得了较大的进步。

高俊峰等利用高光谱成像技术分别采集打食用果蜡、工业蜡和未打蜡的126个苹果样品的光谱，并分别采用PLS、LS-SVM和BP共三种方法进行建模。建模结果表明，采用LS-SVM算法并结合MSC和SPA两种预处理方法所建立的模型效果最佳，判别准确率为100%，能正确地区分食用果蜡、工业蜡和未打蜡的三种苹果。张保华等利用高光谱成像技术对苹果的可见近红外波段的图像进行了采集，对比发现对全波段利用最小噪声分离(MNF)变换与PCA变换，PCA变换可以取得更好的检测效果。根据特征波段和MNF变换算法实现了对苹果轻微损伤的识别检测，其判别准确率为97.1%。郭志明等以红富士苹果为研究对象，针对球形水果表面曲率变化而引起的光谱图像强度差异较大导致难以准确预测各部位品质信息的问题做了相关的探索和研究。利用掩膜算法消除样本的高光谱图像背景噪声后对高光谱图像光强度进行校正，对比校正前后的高光谱能量分布图发现光强度得到有效的补偿。黄文倩等利用高光谱成像技术对苹果可见近红外波段(400～1000nm)图像进行采集，对采集的全波段图像进行PCA处理并挑选出6个特征波段，对6个特征波段进行二次PCA处理后最终确定第3主成分(PC3)作为检测苹果表面损伤和早期腐烂的图像。利用该方法对正常果、损伤果和早期腐烂果共120个样本进行检测，判别准确率为95.8%。

3.2.2 蔬菜品质检测

蔬菜品质检测主要围绕蔬菜在采摘、运输、储存过程中产生的冻伤、损伤、擦伤等外部损伤，这些伤害容易造成果蔬变质及腐烂，且早期损伤不容易用肉眼识别，而高光谱成像技术可以对果蔬冻伤和损伤进行快速无损检测。

1. 国外研究及应用现状

Gowen等利用高光谱反射成像系统对蘑菇早期冻伤进行研究，分别采用PCA和LDA方法检测，结果表明该方法对45min之后的冻伤检测效果最佳，冻伤样品的判别准确率达97.9%。Siedliska等利用高光谱成像技术研究了苹果在可见/近红外/短波红外波段的擦伤检测与品种识别模型。采用相关特征选择算法与第二衍生性预处理建立苹果擦伤检测和种类识别模型，结果表明，采用SVM、序列最小化(SMO)等方法建立苹果擦伤检测模型可以获取最佳效果，校正集和验证集判别准确率分别达到95%、90%。Zhang等利用高光谱反射率图像对苹果早期腐烂检测进行了研究，提取感兴趣区域(ROI)平均光谱，采用连续投影算法选取出可以识别腐烂区域的候选最优波段，在光谱域通过判别偏最小二乘(PLS-DA)法证明选择的最优波段的检测效率，在空间域利用一般图像处理方法并结合PCA和MNF法，证明最优波段的检测效率，并建立了鲁棒检测算法，最后用120个苹果样本建立并测试了 SPA-PLS-DA-MNF 检测算法。结果表明，苹果早期腐烂检测模型的精度达到 98%。Gómez-Sanchis 等采用基于双液晶可调谐滤波器的高光谱成像系统获取柑橘类水果的高光谱图像，提出了一种获取和增强光谱图像的方法，并运用于柑橘类水果腐烂的检测，取得了很好的效果。

2. 国内研究及应用现状

孙梅等应用高光谱成像技术，采用主成分分析法对苹果的风伤和压伤进行分析，通过分析不同光谱区域主成分对识别结果的影响，优选识别光谱区域为 550～950nm。根据权重系数并通过主成分分析，得出研究苹果风伤和压伤的最佳特征波长为 714nm。张然基于高光谱成像技术围绕马铃薯外部冻伤、机械损伤、摔伤和正常马铃薯的识别展开研究。采用贝叶斯分类器模型对马铃薯外部冻伤、机械损伤、摔伤和正常马铃薯进行识别。建立有无感兴趣区域和是否进行图像平滑处理共 4 种流程进行模型识别并比较，从 4 种流程中选定无感兴趣区域、未平滑处理流程进行识别，模型除对冻伤类识别准确率较低外(识别准确率为 50%)，对正常类的识别准确率为 80%，机械损伤类的识别准确率为 75%，摔伤类的识别准确率为 90%。选用此流程使整个系统实现了自动化。

吴琼等通过采集小白菜、菠菜、油菜、娃娃菜等 4 种蔬菜的叶片，分别在失水 0、10h、24h、48h 的状态下，利用成像光谱仪采集其光谱图像，对蔬菜叶片进行对比分析，利用高光谱成像技术对蔬菜新鲜度检测进行了初步探讨。结果表明，蔬菜在失水过程中，高光谱图像能反映其外观形态及内部叶绿素的光谱曲线变化，并利用主成分分析法实现对不同品种蔬菜叶片的分类定性判别的划分。

陈菁菁等搭建了高光谱荧光成像农药残留检测系统，结合高光谱成像技术和荧光激发技术，在 400～1100nm 获取叶菜表面农药的高光谱荧光图像，探讨了有机磷农药毒死蜱的分子结构与荧光产生的关系，研究结果表明，毒死蜱在甲醇溶液中具有较强的荧光特性，在 437nm 附近产生荧光发射光谱，并且不同浓度的毒死蜱具有不同的荧光发射光谱峰值，研究结果为进一步开发和研究快速、精确的农药残留检测仪器奠定了理论基础。

3.2.3　粮食品质检测

1. 国外研究及应用现状

早在 2000 年美国农业部农业科学研究院尝试利用高光谱成像技术来测定由镰刀菌引起的小麦赤霉病，收集 Grandian、Gunner、Oxen 三个小麦品种 425～860nm 的图像，利用逐步判别法(STEPDISC)找到最佳波长 22 个，利用 DIS-CRIM 找到最佳波长比值为 568nm/715nm，预测 Grandian 小麦得赤霉病的预测错误率仅为 1.6%，但其他类型小麦预测错误率较高，该研究为可见波段检测小麦镰刀菌奠定了理论基础。Delwiche 等在此基础上补充了可见近红外波段 400～1000nm 和近红外波段 1000～1700nm 图像，利用 LDA 进行分类，预测准确率均达到了 95%。

Singh 等研究了近红外高光谱反射率图像检测小麦真菌感染的可行性，结果证明这种方法可以检测真菌感染的谷物，首先选取 3 个最重要的波段(1284.2nm、1315.8nm、1347.4nm)，然后应用 K-均值聚类和判别分析建立二级和四级分类模型，二级分类模型最大分类准确率为 100%，二级线性判别分类器对感染种子的识别准确率为 97.8%；四级线性判别分类器对感染种子的识别准确率为95%，正常种子的识别准确率为91.7%。Del Fiore等利用高光谱成像技术检测玉米真菌感染，采用主成分分析法选择出4个特征波长(410nm、470nm、535nm、945nm)，再通过方差分析和费舍尔显著性差异测试，玉米真菌感染检测的准确率达到95%。

2. 国内研究及应用现状

我国是世界上最大的粮食生产国家，主要包括水稻、小麦、玉米、花生等粮食作物。近年来，许多学者将粮食品质的无损检测作为研究重点。

Wang等利用高光谱成像技术对大米的质量和种类进行检测与识别，获取大米的高光谱图像，采用主成分分析法对图像感兴趣区域进行降维处理，提取垩白度和形状特征并利用PCA和反向神经网络(BPNN)建立大米种类识别模型，结果表明，基于光谱数据的BPNN模型的效果优于基于光谱数据的PCA模型，两种模型的识别准确率分别为89.91%和89.18%，基于数据融合的BPNN模型识别效果最好，准确率达到94.45%，结果证明高光谱成像技术检测识别大米的种类和质量是可行的。

表3-2为高光谱成像技术在农产品无损检测中的应用总结。

表3-2　高光谱成像技术在农产品无损检测中的应用总结

类别	对象	检测品质	模型	分析方法	波段范围/nm	预测精度
果蔬内部品质	哈密瓜	糖度	反射	PLS、SMLR	500～820	R_P=0.818
	苹果	糖度	反射	MLR	400～1000	R_P=0.911
	苹果	糖度	反射	PLS	400～1100	R_P=0.92
	蓝莓	SSC、硬度	反射	PLS	500～1000	R_{P1}=0.79、R_{P2}=0.87
	蓝莓	SSC、硬度	透射	iPLS	400～1000	R_{P1}=0.90、R_{P2}=0.78
	鸭梨	SSC	反射	CARS、PLS	1000～2500	R_{P2}=0.9082
	苹果	硬度	散射	PLS	524～1016	R_P=0.88
果蔬外部品质	小黄瓜	水分	反射	PLSR	900～1700	R_P =0.90
	蘑菇	冻伤	反射	PCA、LDA	400～1100	R_P =0.979
	苹果	擦伤	反射	SVM、SLOG	400～2500	R_P =0.90
	苹果	压伤	反射	PCA	550～950	R_P =0.98
	梨	碰压伤	反射	PCA	400～1000	R_P =0.97
	苹果	腐烂	反射	PLS、PCA	500～1100	R_P =0.98
	柑橘	腐烂	透射	MNF	400～1000	R_P =0.986
	脐橙	溃疡	反射	MLR	550～900	R_P =0.954
谷物品质	大米	种类识别	反射	SVM、LDA	400～1000	R_P =0.9445
	小麦	真菌感染	反射	PCA、BPNN	400～1000	R_P =0.978
	玉米	真菌感染	反射	PCA	400～1100	R_P =0.95

注：iPLS指间隔偏最小二乘法；PLSR指偏最小二乘回归。

3.3　拉曼光谱检测技术在农产品品质检测中的应用

拉曼光谱是一种分子非弹性散射光谱，通过分子转动、振动获得对称性、结构以及电子环境等相关信息。不同物质具有不同的拉曼光谱，在该效应的基础上能够通过对拉曼峰强、线性、谱线数目以及峰位的分析，在分子水平上对目标样品进行定量、定性的分析。拉曼光谱检测技术已经得到了多年的发展，在现今科技水平不断发展的过程中，该技术也因其自身特征受到了多个行业的关注与应用，并在不断地向着多方法联合使用方向发展，应用领域也从实验室转变到工农业生产，对农产品品质安全的检测提供了重要的支持，主要应用在果蔬质量安全检测、食用油品质检测和粮食品质检测等方面。

3.3.1　果蔬质量安全检测

1. 内外部品质检测

水果和蔬菜等日常食品含有丰富的维生素、纤维素和矿物质等，是现代健康生活中不可缺少的食品。将拉曼光谱检测技术应用于果蔬内部质量检测取得了一系列研究进展，国内外已有一些相关的应用性成果。采用拉曼光谱检测技术对果蔬的内部相关品质质量检测的研究在国内外取得很多应用性成果。

1) 国外研究及应用现状

Da Silva 等利用 NIR-FT-Raman 技术对玫瑰果中的类胡萝卜素等内部品质指标进行相关检测，取得很好的预测结果。Malekfar 等以番茄汁为研究对象，采用表面增强拉曼光谱(SERS)技术对其内部品质质量进行检测，采用银胶作为实验基底，检测出的番茄汁中碳水化合物等的拉曼光谱特征峰明显。Muik 等以冻伤的橄榄、地上捡的橄榄、发酵的橄榄、有疾病的橄榄和完好的橄榄为研究对象，采用 FT-Raman 和模式识别相结合的鉴别分析方法对其进行检测研究，研究结果表明，SIMCA 模型的预测效果很好，其准确率达到 92%以上。Trebolazabala 等为了确定番茄在拉曼光谱中的主要识别成分，采用便携式光谱仪和共焦显微拉曼光谱仪对两个成熟阶段(生和熟)的番茄直接进行了检测分析。研究结果说明，生番茄的主要识别成分是角质和表皮蜡，熟番茄的主要识别成分是β-胡萝卜素。

2) 国内研究及应用现状

王笑等对大蒜进行拉曼和红外光谱检测研究，检测得到蒜氨酸及其同系物的拉曼光谱图，从图中可看到在 1700～200cm^{-1} 蒜氨酸及其同系物具有明显的拉曼特征峰，和红外光谱比较而言，两者具有明显的差异。研究结果表明，红外光谱技术和拉曼光谱技术在蒜氨酸及其同系物的检测中具有可行性，是快速、简便的检测方法。该研究表明，拉曼光谱检测技术是一种快速、敏感、可靠的食品内部质量检测和表征方法。彭彦昆等利用实验室自行搭建的拉曼点扫描系统，以市售新鲜胡萝卜为研究对象，建立一种快速无损检测胡萝卜中的 β-胡萝卜素含量的预测模型。模型 R_C 和 RMSEC 分别为 0.9249 和 12.04mg/kg，R_P 和 RMSEP 分别为 0.9155 和 11.47mg/kg。基于拉曼光谱完全可以实现新鲜胡萝卜中 β-胡萝卜素含量的检测。

2. 农药残留检测

近年来，国内外众多学者以金属胶体为增强基底，采用表面增强拉曼光谱检测技术对农产品农药残留(包括亚胺硫磷、百草枯、氧化乐果、毒死蜱、甲基对硫磷及福美双等)进行研究。

1) 国外研究及应用现状

Aaron 等采用表面增强拉曼光谱检测技术对多菌灵进行定量分析，农药的浓度是 1×10^{-5}～

10×10^{-5}mol/L，在 1007cm^{-1}和 1242cm^{-1}处建立峰面积与甲基对硫磷浓度的定量模型，模型的预测相关系数为 0.855。Guerrini 以银溶胶为增强基底，分析氧化乐果和乐果的表面增强拉曼光谱特性，提出了乐果在银纳米粒子上可能被氧化而形成氧化乐果，检测出农药的浓度为 10^{-5}mol/L。Shende 等用表面增强拉曼光谱检测技术检测水果上农药残留，其检测限达到 10^{-6}mol/L。Lee 等使用表面增强拉曼光谱检测技术对农药甲基对硫磷进行定量分析，农药的浓度为 0～30mg/L，在 1080～1200cm^{-1}拉曼位移的范围内建立峰面积与甲基对硫磷浓度的定量模型，模型预测相关系数达到 0.991。

Vongsvivut 等以银溶胶作为表面增强基底，银纳米粒子的直径为 10～30nm，可以检测到地磷虫的浓度约为 10mg/L，发现地磷虫在 614cm^{-1}、1000cm^{-1}、1023cm^{-1}、1079cm^{-1}、1582cm^{-1}位置有拉曼特征峰。

2）国内研究及应用现状

吉芳英等以金/银核壳粒子为基底，在酸性、碱性及中性环境下获得不同浓度氧化乐果表面增强拉曼光谱，考察了基底表面分子吸附状态及酸碱环境对增强机理的影响，结果表明酸性环境对 2.0×10^{-10}mol/L 浓度的氧化乐果仍具有显著的增强效果。Tang 等以银溶胶为增强基底，检测三环唑、百草枯和氟硅唑混合的农药溶液，三种农药浓度分别为 0.01mg/L、0.1mg/L 和 2.85mg/L，根据三种农药的特征拉曼位移，可以对农药进行定性判别。刘燕德等以银包金胶体颗粒为增强基底，检测脐橙、苹果、葡萄以及梨等水果表皮的农药残留，结果表明银包金胶体粒子直径为 30nm、包裹厚度为 7nm 时的增强效果最好，能检测出浓度为 1.5mg/L 的毒死蜱、甲基对硫磷和福美双。

Klarite 芯片由一系列排列有序的二维光子晶体组成，光子晶体是通过离子束刻蚀技术在硅基底表面刻蚀出来的，刻蚀的晶体呈倒金字塔状，并在硅基底上镀金。Klarite 芯片使得表面等离子体效应可控，大大提高了拉曼信号强度，同时提高了拉曼信号的稳定性和重现性，其不足之处是对残留农药的增强具有选择性。刘燕德等使用 Klarite 芯片作为增强基底，对脐橙表皮乐果残留的拉曼光谱进行检测，结果表明脐橙表皮乐果样品在 Klarite 芯片上振动峰变化明显，峰强发生改变，且谱峰呈现展宽和频移，具有明显的增强效果。刘燕德等使用 Klarite 芯片作为增强基底，将采集的表面增强拉曼光谱与亚胺硫磷标准样品的拉曼峰位对比，在 501cm^{-1}、1014cm^{-1}、1272cm^{-1}和 1611cm^{-1}处的峰位得到增强。

3.3.2　粮食品质检测

粮食包括五谷杂粮中的五个大类：水稻、大豆、玉米、小麦、马铃薯。五谷的种植、 加工和储运过程易受真菌毒素污染，对人畜健康的危害不小，农药残留、转基因等问题更是不容小觑。目前传统的粮食品质检测方法存在灵敏度低、效率不高等缺点。拉曼光谱检测技术作为一种现代的无损检测技术应用在粮油检测上具有很多优点：①在不破坏被检测粮食的前提下对其进行质量评估；②可对粮食进行在线、实时检测，缩短检测时间和提高检测效率。这类新型的检测方法在粮食品质的快速分析、检测判别方面具有巨大的潜力，是未来粮食品质检测的重要发展方向。

1. 国外研究及应用现状

国外已经率先把拉曼光谱检测技术应用在了粮食品质优良的检测中。Tang 等利用超灵敏的表面增强拉曼光谱检测技术对水稻残留三环唑含量进行了测定。Hoonsoo 等应用拉曼光谱学研究了大豆中粗蛋白质含量和油分品质预测。该研究的目的是使用色散型拉曼光谱法制定一个最佳的预测模型以确定大豆的粗蛋白质含量和油分。Flores-Morales 等应用拉曼光谱检测技术对玉米中的淀粉品质进行了研究，并对比近红外光谱、交叉极化/魔角旋转固体核磁共振(CP/MAS 13C NMR)谱对玉米淀粉品质的研究，得出了不同拉曼特征峰下的最优检测方法。Anna-Stiina 等应用共焦显微拉曼光谱检测技术和光学拉曼光谱检测技术对小麦和大麦作物的胚乳细胞结构进行了研究以得到检测小麦作物品质安全的依据。Maria 等利用电子顺磁共振拉曼光谱检测技术对马铃薯淀粉热活化的活性自由基的形成机制做了深入的研究。

2. 国内研究及应用现状

国内应用拉曼光谱检测技术对粮食品质的检测还处于进阶阶段。朱文超等采用拉曼光谱检测技术对转基因水稻及其植物亲本进行了研究，初步设计了转基因水稻动态检测平台。李占龙等采用拉曼光谱分析了玉米种子不同部位的成分。

代芬等做了土豆样本的实验，采集并对拉曼光谱进行 PLS-DA。张克勤等研究并分析了五谷的营养成分，应用拉曼光谱检测技术来快速、高效地检测五谷粮食中主要营养成分(碳水化合物和蛋白质)及钾、钙、铁、锌等多种微量元素的含量。拉曼光谱分析测量表明，五谷中所含营养成分种类相同，主要为碳水化合物和蛋白质，但是各种成分含量存在明显差异，碳水化合物的特征峰较强，而蛋白质的特征峰弱，这就从拉曼光谱方法上说明了五谷中碳水化合物的含量明显高于蛋白质。

3.3.3 食用油品质检测

拉曼光谱因其优秀的指纹能力成为分析物质结构及其变化的强有力的武器。在油脂和脂肪工业中，湿化学法和气相色谱法等经典方法用于定量研究顺式与反式异构体的数量和不饱和度。随着傅里叶变换红外光谱技术的出现，拉曼光谱检测技术可能取代或者作为耗时的经典检测方法的补充，而且不产生有毒的化学废弃物。

1. 国外研究及应用现状

国外的 Vincent 等利用 FT-Raman 光谱来测定橄榄油中榛子油的含量，对油品及其皂化物质采集光谱，用于鉴别各种食用油脂以及检测油脂的掺杂。Barbara 等探讨了发生在一些食用油的脂质过氧化过程中的化学变化，显示出很好的相关性。Marigheto 等将线性判别分析与 ANN 相结合，FT-Raman 光谱对橄榄油的鉴别准确率为 93.1%。Yang 等对橄榄油掺杂的 FT-Raman 光谱进行鉴定，PLS 的预测相关系数高达 0.997，预测均方根误差仅为 1.72%。Hong 等采用 FT-Raman 光谱对食用油脂进行鉴别分析，来评价拉曼光谱对于油脂分析研究的表现。

东野广智等通过拉曼光谱仪和傅里叶变换近红外光谱仪，定性判别亚麻油各组分含量，通过对拉曼光谱特征频率和近红外光谱谱峰进行分析，发现可以区分亚麻油的各组分含量，为以后进行亚麻油的定性分析提供了参考。东野广智等以 FT-Raman 光谱实现了亚麻油组分定性分析，利用拉曼光谱检测了饱和酸和不饱和酸的光谱，并进行了对比区分，得出拉曼光谱对不饱和脂肪酸有较好的预测能力，尤其是对油酸和亚油酸以及 α-亚麻酸。

Didar 综合应用拉曼光谱仪和傅里叶变换近红外光谱仪，对面包中黄油和人造奶油的掺假进行定性判别，采用主成分分析法对原始光谱数据降维。主成分分析图表可将人造奶油、黄油及二者按相同质量的混合物很好地区别开来。Beattie 等采用拉曼光谱仪，以液态黄油中脂肪碘含量为检测指标，在 785nm 激光波长下，对顺式脂肪酸的预测效果最好。

2. 国内研究及应用现状

国内的冯巍巍等做了典型食用油的拉曼光谱研究。该研究介绍了一种基于光谱分析的食用油快速检测系统，为食用油安全检测提供了新的思路。

刘燕德等采用共焦显微拉曼光谱检测技术结合偏最小二乘法建立了芝麻油中花生油、大豆油、玉米油含量的拉曼光谱定标模型。周秀军等提出了一种基于最小二乘支持向量机的拉曼光谱快速鉴别橄榄油掺假的方法。

吴静珠等应用拉曼光谱检测技术结合 PLS-LDA 算法对 6 类食用油的 23 个样本进行单一食用油(橄榄油、花生油及玉米油)快速定性检测，光谱经过多种预处理方法处理后，大大提升了单一食用油的识别率，识别准确率大于 90%。结果显示，拉曼光谱检测技术结合 PLS-LDA 算法在单一食用油的定性识别方面具有很好的应用前景。邓平建等选用不同产地、不同品牌、不同批次的 8 种食品植物油为研究对象，采集两种激光波长(532nm 和 780nm)下的拉曼光谱，发现在 532nm 激光波长下油品信息量最大，各样品光谱之间差异显著，谱峰分离度较大。结果显示，各种油的判别准确率均大于 92%，甚至有几类油能达到 100%。结果表明，拉曼光谱聚类分析模型能实现花生油掺假的判别。

王翔等采用自适应迭代惩罚最小二乘法对采集到的植物油和动物脂肪油拉曼光谱的特性进行分析。采用多种预处理方法对拉曼光谱数据进行处理，获取有效光谱信息，进而分析比较，结果发现，动物脂肪油与植物油的拉曼光谱具有差异。因此，利用拉曼光谱检测技术可用于动物脂肪油与植物油的定性鉴别。邓之银等采用偏最小二乘和多输出最小二乘支持向量机回归算法对 91 个样品食用油进行分析，对食用油的三种脂肪酸(饱和脂肪酸、油酸、亚油酸)建立拉曼光谱数学模型。结果表明，多输出最小二乘支持向量机回归算法效果较好。因此，拉曼光谱和多输出最小二乘支持向量机回归算法相结合可用于食用油脂肪酸的检测分析。

3.4　机器视觉检测技术在农产品品质检测中的应用

机器视觉检测技术在农业领域的应用十分广泛，尤其是美国和日本对机器视觉检测技术进行过深入的研究工作，目前已广泛应用于指导农业实际生产工作，如农业智能检测、农产品品质快速无损检测等。机器视觉检测技术在农产品品质检测中的应用主要有水果、蔬菜的检测与分级，禽蛋、肉食类的检测与分级，经济作物(如烟叶、茶叶等)的检测与分级，谷物籽粒(如大豆、花生、玉米、大米等)的检测与分级。

3.4.1　水果检测与分级

机器视觉检测技术的迅速发展使得以机器视觉为基础的智能识别代替人的视觉识别具

有很大的优势和长远的发展前景。机器视觉分级可以进行果品尺寸、果重、颜色和外观缺陷的较为全面的分级。以重量为例，目前动态称重传感器技术和机器视觉检测技术在水果动态检测中均有相关研究。通常果重测量借助称重传感器来实现，在线检测中传感器受其本身工作特性影响，且动态高速等状态下果重测量(特别对体积和重量较小的水果检测)易受到外界振动、水果运动惯性等因素的影响。动态称重系统的实现通常需要精度高的传感器和复杂信号处理算法，这导致成本的增加和响应速度的降低，而基于机器视觉的水果重量分级通常基于果实图像来建立其重量预测模型，受外界因素影响小，成本也较低。

1. 国外研究及应用现状

Sofu 等基于机器视觉检测技术设计了一种苹果动态在线检测的分级装置，通过对苹果 RGB 图像的处理，基于苹果轮廓图像的最小外接矩形的面积构建了苹果重量的回归模型。该分级装置可按照苹果色泽特征、尺寸、重量和腐烂与否等指标进行分级。180 多个样本的测试试验(包括三种输送机速度和三个苹果品种)结果表明其平均分级精度为 73%～96%。Rehkugler 等利用机器视觉检测技术研究了苹果分级，用苹果的黑白图像检测其外部的缺陷，依据缺陷的等级标准进行分类。但由于较难获取水果全部表面的图像，加之水果外部缺陷情况多变复杂，并且处理方法上存在一些问题，该系统分级的误差较大，还有待进一步探究。

Blasco 等研究开发了基于机器视觉的水果自动分级系统。采用机器视觉检测技术针对橘子、桃、苹果的大小、颜色、表面缺陷等指标进行了在线检测评价，结果显示，基于苹果的大小和缺陷的检测分级率分别是 93%和 86%，经验证该系统的检测分级精度与人工分级相似。后来又采用一种区域分割算法进行了柑橘皮缺陷的计算机视觉检测，该算法的缺陷检测准确率达到了 95%。Avhad 提出了基于图像处理的水果颜色、尺寸等考虑不同属性的评分集成系统。在采集水果侧视图后使用颜色和大小进行分级，通过检测算法提取一些水果特征，根据这些特点实现分级。结果表明，该系统具有分级精度高、速度快、成本低等优点，在果品质量检测和分级领域具有良好的应用前景。

2. 国内研究及应用现状

安爱琴等采用机器视觉检测技术构建了一种苹果尺寸自动分级方法，利用 CCD 传感器的数码相机采集苹果样本的真彩图像，以 MATLAB 平台编程进行苹果数字图像处理，去除样本图像的背景，然后将其转化为二值图像进行平滑处理，并进行了特征量的提取和图像尺寸的标定，参照国家相应标准对苹果具体尺寸的等级要求验证了该方法自动分级的效果。实践测试表明，该方法分级的准确率较高，并且有较高的分级速度。陈艳军基于图像处理技术研究实现苹果最大横切面直径分级，并进行了分选试验。用 RGB 空间的 R-B 分割方法实现分割和滤波后，以行扫描提取苹果的轮廓。提出了 2 种苹果大小分级的模型：第一个模型以轮廓边缘上两点间距离的最大值作为分级参考；第二个模型以横切面中直径的最大值作为分级参考。通过试验，第一个模型的分级精度大于 93%，第二个模型的分级精度约为 87%，两个通道一起运行的分级速率可以达到 12 个/s。

颜秉忠等基于机器视觉检测技术搭建了大枣品质检测分级系统。通过将大枣的图像灰度化操作实现图像分割，提取大枣图像的轮廓；然后，以最小外接长方形的长宽值为大枣质量的特征参数，计算大枣重量并以此划分等级。试验结果表明，系统对各级大枣的识别准确率保持在92%～96%，平均精度为94%。单幅图像耗时0.5s，能满足自动分级要求；在传送带运行速度为0.5m/s、拍摄间隔为0.8s时，可实现20个/s大枣的分级速率。李国进等提出一种基于机器视觉和极限学习机(ELM)的芒果外观品质分级方法。对芒果RGB图像进行预处理后，提取芒果面积、等效椭圆长短轴之比、*H*分量均值和缺陷面积占比等特征参数，作为芒果等级的判别特征，建立ELM模型。结果表明，使用粒子群优化(PSO)算法优化后的ELM(PSOELM)模型比单纯的ELM、传统的BP和SVM模型的分级精度更高。屈婷等利用机器视觉检测技术检测猕猴桃外形尺寸，并分析了猕猴桃长轴、短轴、轮廓大小和其最小外接矩形与猕猴桃果重的相关性，结果表明猕猴桃的果重信息与其轮廓大小的相关性最高，建立了以轮廓面积预测果重的模型，并基于该模型实现了猕猴桃果重的分级。

3.4.2 蔬菜检测与分级

1. 国外研究及应用现状

国外从20世纪70年代末期便开始研究利用机器视觉对果实、蔬菜自动进行检测、分级的技术。除了进行外部品质检测外，还进行内部品质的无损检测，有些检测项目已经商品化，且能达到实时检测要求。

Heinemann等开发了一套用于马铃薯等级筛选的机器视觉检测系统。将尺寸和形状作为目标特征，对三种等级的马铃薯进行判别。结果发现，在静止状态下进行三次检测试验，其马铃薯等级判别准确率分别为98%、97%和97%；而在移动状态下以3个/min马铃薯的分选速率做三次检测试验时，系统的判别准确率则分别为80%、77%和88%，较静止状态有所降低。Lino等利用机器视觉检测技术测量柠檬的大小，检测结果显示，柠檬的外圆直径与其图像表面积的相关性高达0.8973；另外根据颜色对番茄进行等级判别，也取得了很好的分级效果。Mehrdad等设计了一个基于机器视觉的无花果干分级系统。试验前，专家将大小、颜色、裂缝程度作为参考指标，对无花果干样本进行感官评定，将其分为五个质量等级。通过分级系统，获取无花果干图像，提取每张图像中无花果干的直径、灰度值及裂缝面积，将其作为分级指标。结果显示，基于机器视觉的分级系统可以基本实现不同质量等级无花果干的判别预测，总准确率达95.2%。

2. 国内研究及应用现状

黄星奕等提出了基于机器视觉检测技术识别畸形秀珍菇的方法。结合畸形秀珍菇的形状异常特点，筛选出分形维数、相对位移、菌盖偏心率和菌柄弯曲度这4个特征变量，建立支持向量机模型识别畸形秀珍菇。结果表明，模型的独立样本预测集实测值识别准确率达96.67%，具有很好的识别效果。

丁筠等提出采用形态特征参数及染色后菌体区域的颜色特征参数统计值对蔬菜大肠杆菌进行快速识别，同时采用主成分神经网络模型来提高识别能力。提取了Hu不变矩、形状因子、密集度、饱和度等14个具有尺度、平移、旋转不变性的特征参数，提取主成分建立了基于主成分的3层BP神经网络模型。将其与普通神经网络模型比较的结果表明，基于主成分的3层BP神经网络模型简化了网络结构、减少了训练时间和计算量、提高了识别的准确率，对大肠杆菌的识别准确率达到91.33%。

朱黎辉等构建了球形果蔬图像数据库，提出了一种球形果蔬图像感兴趣区域提取方法。为模拟机器视觉观测图像，设计了球形果蔬拍摄图像采集箱，采集到苹果、柿子、梨子、番茄、天草柑等球形果蔬图像，每类图像均有三个等级。通过横向、纵向对比实验，获得了最优的基于机器视觉的球形果蔬自动化分级方法，分级准确率达 90%以上。

徐海霞等搭建了适用于菠菜图像采集的机器视觉检测系统，提出了基于机器视觉和电子鼻技术的菠菜新鲜度无损检测方法，利用自适应阈值法完成对整株菠菜的阈值分割，并将图像处理范围缩小至整株菠菜的后 2/3 区域，再通过形态学及区域差集运算实现对叶片区域的完整分割。从所得的叶片图像中提取出 18 个颜色特征变量，分别建立判别菠菜新鲜度等级的 *K*-近邻法模型和 BP 神经网络模型。其中，*K*-近邻法模型对训练集、测试集样本的判别准确率分别为 92.71%和 85.42%；BP 神经网络模型对训练集、测试集样本的判别准确率分别为 91.67%和 85.42%。

3.4.3　粮食品质检测与分级

1. 国外研究及应用现状

早在 20 世纪 70 年代，日本、美国等发达国家就采用计算机视觉技术开展对谷粒品质检验方面的研究，并大范围应用到玉米种粒的监测。在算法方面，Zayas 等研究了基于机器视觉检测技术的玉米种粒识别方法，用于判断完整和破损的种粒。该方法采用了玉米种粒的 12 个参数来识别玉米种粒的大小和形状，如面积、长度、周长、宽度等，并结合统计模式判断，识别准确率能达到 98%。Zayas 借助一系列形态学将完整的玉米种粒从破损的玉米种粒中挑选出来。

Ruiz-Altisenta 等研究了一种借助图像处理技术处理玉米的色泽和质构的变化来检测玉米物理特性的无损检测方法。Neethiraja 通过研究玉米生虫后营养物质和部位的损失情况来判断玉米的品质。DelFiore 则利用光谱成像技术快速准确地检测出被真菌毒素污染过的玉米颗粒，从而区分完好玉米颗粒与病变玉米颗粒。Paulus 利用主成分分析法和图像处理技术对劣质玉米籽粒进行在线检测，准确率可达 89%；Valiente-González 等结合机器视觉检测技术和主成分分析法对破损玉米籽粒进行分选，破损玉米籽粒检测准确率达 92%。

2. 国内研究及应用现状

成芳应用机器视觉技术对稻种质量无损检测进行系统研究，开发了基于 MATLAB 平台的图像分析系统，提出了针对稻种质量检验的专用图像预处理方法，以实现稻种尺寸、形状和颜色共 23 个基本特征参数的提取，并用 Kruskal-Wallis 检验进行单特征分析，用图形考察特征值分布，选择特征或经主成分分析选择最优特征组合。对于稻种常见缺陷如芽谷、霉变和裂颖，开发了高精度的识别算法。

刘兆艳利用计算机视觉技术对水稻种子的品种进行识别。对 II 优 7954、汕优浙 3、秀水 11 和舟 903 四个品种采用多特征阈值法，选择长度和内切圆半径这两个特征进行分类识别，识别准确率分别为 90%、80%、92%、100%。对 II 优 7954、汕优浙 3、秀水 11、籼优 5968 和舟 903 五个品种采用一个三层 BP 神经网络进行分类识别，其识别准确率分别可达 80.3%、73.5%、85.4%、77.6%、75.0%。陈兵旗等设计了基于传送带、光电触发图像采集和图像处理与分析的水稻种子精选方案。在种子精选过程中，判断了工位有无种子、种子的几何参数是否合格以及种子是否发霉、破损。种子类型检测准确率达到 100%，工位有无种子的平均检测准确率达 91.4%，种子的几何参数的平均检测准确率达 88.9%，种子是否发霉和破损的平均检测准确率达 76.8%。

梁秀英开展了基于机器视觉检测技术的玉米产量相关性状参数在线检测系统研究，为玉米育种、栽培及植物新品种特异性、一致性和稳定性测试等科研实践提供快速数据采集方法并验证了系统精度。

3.4.4　经济作物检测与分级

机器视觉检测技术为茶叶、烟草等经济作物加工检测的自动化提供了一种可行方式。茶叶、烟草异物检测技术和自动分级技术受到了国内外广大研究人员的关注，并取得了一系列研究成果。

1. 国外研究及应用现状

印度学者 Borah 通过检测不同发酵时间的红茶茶汤颜色的变化，结合 BP 神经网络算法与 HSI(Hue-Saturation-Intensity)颜色空间信息建立红茶茶汤发酵程度检测模型。Amit 等在“亮”与“暗”两种光照条件下分别提取茶叶颗粒纹理特征中的熵、对比度、同质性、相关性和能量。对比 PCA 处理后数据表明，在“暗”光照条件下，纹理特征具有更好的区分度，可以更好地用于快速识别。Gill 等使用了一种基于灰度空间依赖性的纹理特征来区分四种等级的红茶的技术。将茶叶图像进行小波分解，计算子图像的统计特征。应用多层感知器(MLP)技术进行数据分类，实现了 82.33%的分类准确率。Avicienna 等应用机器视觉研究了标准化质量评估方法。使用具有七个节点(一个隐藏层)神经网络分类器对红茶图像进行分类，利用三个等级的红茶样品，建立了机器视觉检测系统来划分红茶的质量等级。Borah 等以 8 种等级的切碎-撕裂-卷曲红茶(CTC 茶)作为研究对象，提出一种新的纹理特征评价方法，在相同颗粒尺寸的情况下提取纹理特征(对比度、熵和能量)，将图像的纹理特征信息与其他组的信息共轭构成新的特征，再分别利用 MLP 网络和学习矢量量化(LVQ)建立模型，精度高达 74.67%和 80%。

Bhattacharyya 等以采摘后的红茶叶片为对象，经过枯萎处理后，研究红茶叶片的颜色从绿色变为棕色、草味变为花香味的发酵过程，用机器视觉的颜色特征和电子鼻检测气味的方法，运用马氏距离法(MDM)建立颜色和气味两种参数与发酵时间的模型，并将结果与比色测试和人类专家评估的结果相比较，结果表明马氏距离法更加客观可靠。Suprijanto 以印度红茶为研究对象，使用带有照明器的标准盒和 5 倍放大的数字显微镜来捕获茶颗粒的细节，标记每个颗粒，提取其周长、面积、弯曲能量、R 分量和 B 分量 5 个特征，用 30 个茶叶颗粒训练 ANN，建立特征与茶叶颗粒品质的模型，另外 30 个茶叶颗粒的测试结果显示 ANN 识别品质 100%与感官方法相匹配。

2. 国内研究及应用现状

在茶叶品质检测与分级技术研究方面，徐海卫等以名优茶作为研究对象，以机器视觉为工具，从预处理后的茶叶图像中结合 Tamura 方法和灰度共生矩阵(GLCM)提取平滑度、相关性、熵、能量等 12 项纹理特征，通过人工神经网络建立茶叶分类模型。刘洪林利用机器视觉对三个等级的工夫红茶进行研究，依次提取干茶、茶汤和叶底图像共计 18 个颜色特征，应用 DSP7.05 软件与 BP 网络遗传算法建立茶叶品质评价模型，识别准确率达 93%。洪文娟等利用机器视觉分别建立了 3 种模型：利用颜色与纹理特征建立二次回归模型；利用 Manhattan 距离建立标准直方图与 RGB 分量直方图的匹配度模型；通过 HSI 颜色空间下的 H 直方图相位角频度累计值建立相关性模型。与电子鼻技术建立的 PLS-BP 模型进行对比，机器视觉的三种模型判别性能更优。

高达睿先以铁观音为研究对象，对 YUV 颜色模型和 RGB 颜色模型进行比较，利用自适应阈值法解决了不同颜色和型号茶叶的色斑，接着以 3 个等级的安徽六安瓜片设计分选系统，通过优化图像处理算法，提高提取特征的可识别精度，利用 BP 神经网络建立模型，分选准确率达到 90%以上。余洪等以碧螺春为研究对象，将 72 个茶叶样本分为四个等级，首先利用 PCA 法对数据降维，然后通过 PSO 方法优化 LS-SVM 模型，实验证明 PCA-PSO-LS-SVM 模型的测试集识别准确率高达 91.67%，高于传统 SVM 模型。宋彦等基于机器视觉检测技术，分别提取 7 个品质等级的祁门工夫红茶叶片图像的 6 个形状特征，利用特征数据直方图作为特征向量，分别建立了 SVM、BP 神经网络、LS-SVM、ELM 模型，对比后发现 LS-SVM 模型效果最好，总体精度高达 95%。

在烟草检测技术研究方面，李斐斐针对近红外和可见光烟叶图像特征，结合数字图像处理和模式识别的理论知识，实现了烟叶梗茎自动检测及烤烟中杂物的识别分类等模块的算法，建立了基于机器视觉的烟叶除杂系统。李海杰基于机器视觉检测技术研究了烟草异物检测、烟叶图像去噪、正副组烟叶分类、正组烟叶分级等烟草图像处理方法，提出了一种基于非局部相似性交叉熵的含噪图像阈值分割算法，并将其直接应用于含噪烟草图像的异物检测。赵树弥等针对送烤前对烟叶分级的非重视度和非客观性等问题，提出基于机器视觉检测技术的烟叶图像检测分类方法并对烟叶编烟送烤前进行成熟度划分，设计全自动化的鲜烟叶检测分级装置。该装置的机械结构由自动上样抓取烟叶机构、烟叶输送台、检测机构、分拣机构 4 个部分组成。自动上样的烟叶在传送带上被 CCD 检测并进行图像处理。该装置检测分类的平均速度为 2～3s/片，满足现场即时检测要求。

第二篇　关键技术篇

第4章　近红外光谱检测技术及应用

4.1　近红外光谱检测技术原理与特点

4.1.1　近红外光谱检测原理

近红外(Near Infrared，NIR)光是一种在可见光区和中红外光区之间的电磁波，其波长为780～2526nm，是人类最早认识的非可见光。近红外光谱技术作为一种分析手段是从20世纪50年代开始的，并在80年代以后不断发展，如今已经广泛应用于各个领域，如石油化工、农业、医药等。近红外光谱能够对产品进行无损检测，充分地体现了近红外光谱技术的价值所在，也使得该技术不断地向前发展。现代近红外光谱检测技术是将光谱测量技术、计算机技术与基础测试技术有机结合，利用近红外光谱反映的样品性质数据与用标准方法测得的数据，建立样品分析模型，然后通过对未知样品光谱的测定和建立的校正模型来快速预测其组成或性质的一种分析方法。近红外光谱在电磁波谱中的位置如图4-1所示。

近红外光谱区的信息主要是分子内部原子间振动的倍频与合频的信息，几乎包括有机物中所有含氢基团(如C—H、O—H、N—H)的信息，信息量极为丰富。这是近红外光谱检测技术能够用来分析有机化合物的基础，由于倍频和合频跃迁概率低，而有机物质在近红外光谱区为倍频与合频吸收，所以消光系数弱、谱带重叠严重。因此，从近红外光谱中提取的有用信息属于弱信息和多元信息，需要充分利用现有的光电技术、电子信息技术和计

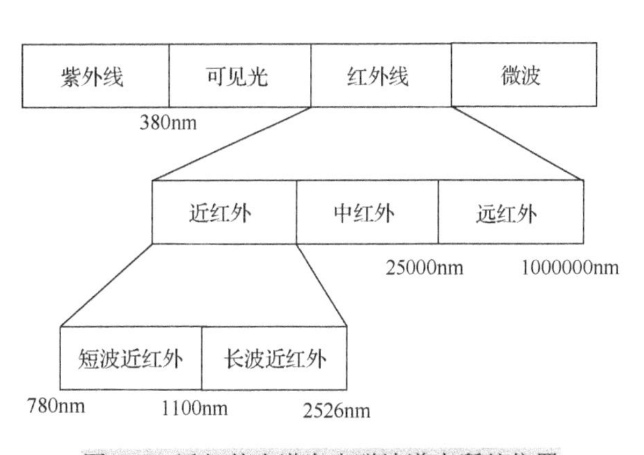

图4-1　近红外光谱在电磁波谱中所处位置

算机技术进行处理。在近红外光谱的应用中我们所关心的是被测样品的组成或各种物化性质。因此，如何提取这些有用信息是近红外光谱检测技术的核心。

近红外光谱检测技术的基本原理主要是样品在近红外光谱区的吸收强度与吸光粒子数之间存在的关系，样品吸光粒子数与通过的总光粒子数的关系遵循比尔定律。比尔定律又称为物质对光的吸收定律(简称吸光定律)，表达式如下：

$$A = -\lg\frac{I}{I_0} = \varepsilon bc \tag{4-1}$$

式中，A 为吸光度；I 为穿过溶液之后的光强；ε 为摩尔吸光系数；I_0 为初始的入射光强；c 为待测组分浓度；b 为光程。

4.1.2 近红外光谱检测特点

近红外光谱检测技术目前已经在工农业生产过程和质量监测领域扮演着重要的角色，具有以下特点。

(1) 测试方便。由于近红外光谱吸收强度弱，对大多数类型的样品，不需要进行任何处理，便可以直接进行测量，不破坏试样、不用试剂、不污染环境。

(2) 仪器成本低。它非常适用于在线分析，近红外光比紫外光长，较中红外光短，所用光学材料为石英或者玻璃，仪器和测量附件的价格都比较低。

当然除了以上优点，近红外光谱检测技术也存在一定的局限性。

(1) 近红外光谱检测几乎都是基于化学计量学建立模型的间接方法。建立一个稳健准确的模型需要投入一定的人力、时间、精力，对于经常性的质量监控是比较合适的，但是在非常规性的分析领域并不太适用。

(2) 物质一般在近红外光区的吸收系数较小，其检测限度在 0.1%左右，对于痕量分析往往不太适用。

4.2 近红外光谱检测系统

4.2.1 近红外光谱检测方式

近红外光谱检测技术在水果和蔬菜外观(如表面缺陷、表面色泽)和内部成分(如可溶性固形物含量、糖度、坚实度、酸度和干物质含量)等方面的检测具有快速和无损检测的优点。近红外光谱检测技术在其他种类农产品品质检测中的应用同样非常广泛，主要包括农产品内部品质的检测、内部成分的定量分析等。一般固体样品既可以用反射法测量又可以用透射法测量，粉状物料检测多用长波近红外光谱反射法，液体样品多用短波近红外光谱透射法。同样地，近红外光谱对鲜果的动态检测方式主要为漫反射、透射和漫透射三种，如图 4-2 所示。

1. 反射检测方式

反射检测方式是将检测器和光源置于样品同一侧，检测器所接收的光是样品以各种方式反射回来的光。物体对光的反射又分为规则反射(镜面反射)与漫反射。规则反射指光在物体表面按入射角等于反射角的反射定律发生的反射，其光谱信息最易实现且反射率较高，能够用于生产分级线上，但校正模型易受样品表面特性影响，针对不同类型样品，需要修正其校正模型。漫反射是光照射到物体后，在物体表面或内部发生方向不确定的反射。应用漫反射进行检测的方式称为漫反射检测。它是一种介于反射与透射之间的检测方式，其特点是接收的光谱信息反映样品内部组织特性。因此，国内外大多数研究学者采用漫反射检测方式进行基础方法研究。

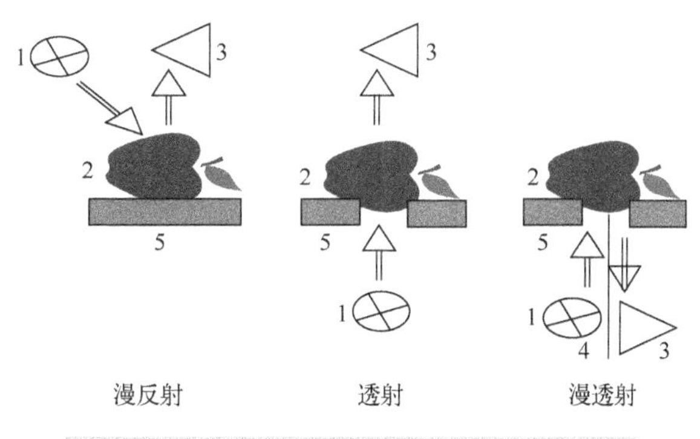

图 4-2　近红外光谱动态在线采集的三种方式

1-光源；2-样品；3-检测器；4-挡光板；5-承载台

2. 透射检测方式

透射检测方式是将待测样品置于光源与检测器之间，检测器所接收的光是透射光或与样品分子相互作用后的光，其特点是不容易受样品表面特性的影响，接收的光谱信息能够反映样品内部组织信息。但光透射样品的数量少，需要较高能量的光源，因此较难应用在动态生产分级线上。透射检测方式下，光源与检测器在样品的两侧，所采集的是完全穿透样品后的光谱信息，基本上反映样品内部品质信息。漫透射检测方式主要由多个光源组合成光源系统对样品不同位置进行照射，检测器可以接收样品大部分品质信息，可以很有效地检测样品内部品质。

不同的检测方式利用的波长范围也不同。波长大致分为特征波长、短波(760～1100nm)、中波(1100～1800nm)、长波(1800～2400nm)和全波 5 种。特征波长用于特定成分、质构的测量分析。短波常结合透射或漫透射检测方式，测量对象多为单个物料的深层特征，以获取内部或深层信息为主。长波多与漫反射检测方式并用，以获取浅层信息，如苹果、桃等糖度，在水果品质近红外光谱检测的相关研究中有较多应用。

4.2.2　近红外光谱检测分析步骤和方法

近红外光谱检测流程如下：①分别通过漫反射或透射检测方式采集具有代表性的样品近红外光谱；②进行样品光谱数据的预处理，以消除样品大小对数学模型精度的影响；③利用国家或国际认证的标准理化分析方法，分别测定样品内部各种成分的准确含量；④利用化学计量学方法提取样品光谱的各成分相关特征信息，建立样品内部成分与近红外光谱关系的数学模型；⑤在相同条件下采集未知样品的近红外光谱；⑥根据建立的数学模型来预测未知样品的内部成分含量。

近红外光谱在线检测样品的品质实际上是一种间接性检测技术，主要的检测过程大体分为两大步骤：校正模型的建立和未知样品的验证，其流程如图 4-3 所示。首先确定近红外光谱检测样品品质的实验方案；其次选定实验检测设备，购买实验样品并选择代表性样品；然后动态采集样品的光谱数据，测定实验样品待检测品质的真实值；最后构建模型，对未知样品进行验证。

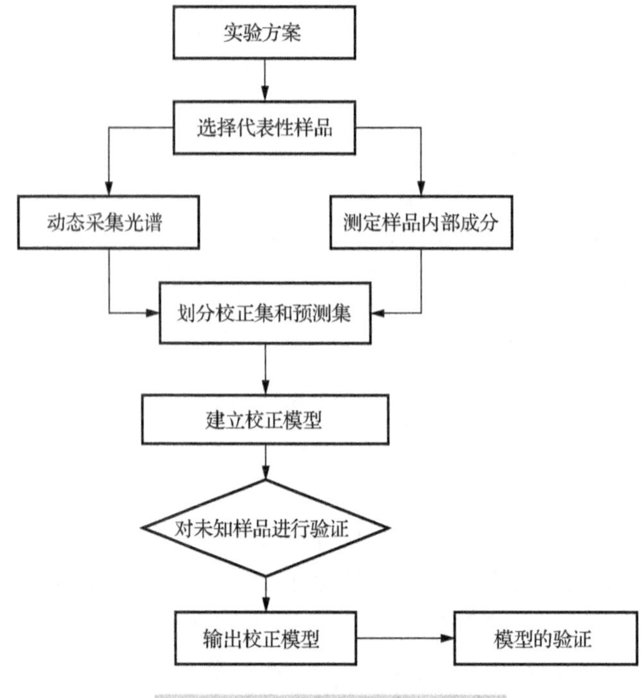

图 4-3　近红外光谱检测样品流程

通常建立数学模型的方法有很多种，在利用近红外光谱检测样品时，通常用多元校正方法建立校正模型。多元校正主要分为线性校正方法和非线性校正方法两种，线性校正方法包括 MLR、PCR 和 PLS 等，非线性校正方法包括局部权重回归(LWR)、ANN 和 SVM 等。在线性校正方法中 PLS 比较广泛地用于近红外光谱检测模型的建立；在非线性校正方法中 SVM 也越来越多地应用于近红外光谱检测模型的建立。

4.3　近红外光谱检测关键技术

4.3.1　近红外光谱预处理方法

有效的预处理方法可以适当去除样品近红外光谱中的无关信息变量，如系统噪声、样品背景和杂散光，以及消除光谱中基线的偏移和漂移等，从而保证光谱数据和品质组分之间良好的相关性，提高校正模型的预测能力和稳健性。常用的预处理方法有平滑(Smoothing)、求导(Derivative)、多元散射校正(Multiplicative Scatter Correction，MSC)、标准正态变量变换(Standard Normal Variate Transformation，SNV)等。

4.3.2　近红外光谱定量分析方法

近红外光谱定量分析即在待测样品的化学浓度与其光谱响应值之间建立定量关联关系。在近红外光谱分析中常用的建模方法包括多元线性回归(Multiple Linear Regression，

MLR）、主成分回归（Principal Component Regression，PCR）和偏最小二乘（Partial Least Squares，PLS）等。

1. MLR

MLR又称逆最小二乘法，或P矩阵法。由比尔定律，有

$$Y = XB + E \tag{4-2}$$

式中，Y为校正集浓度矩阵$(n \times m)$，由n个样本、m个组分组成；X为校正集光谱矩阵$(n \times p)$，由n个样本、p个波长组成；B为回归系数矩阵；E为浓度残差矩阵。B的最小二乘解为

$$B = (X^{\mathrm{T}}X)^{-1}X^{\mathrm{T}}Y \tag{4-3}$$

通常，在MLR中只需知道样品中某些组分的浓度，就可以建立其定量模型。要求就是选择好对应于被测组分的特征光谱吸收波长。MLR适用于线性关系特别好的简单体系，不需考虑组分之间相互干扰的影响，计算简单，公式含义较清晰。

MLR也有自身的缺点，基于对方程维数的要求，参加回归的变量数（向量数）不能超过校正集的样本数。因此，MLR使用的变量数受到限制。

2. PCR

PCR是采用多元统计中的PCA法，首先对混合物光谱矩阵X进行分解，然后选取其中的主成分来进行多元线性回归分析。PCA的中心目的是将数据降维，将原变量进行变换，使少数新变量为原变量的线性组合，同时，这些变量要尽可能多地表征原变量的数据特征而不丢失信息。经转换得到的新变量是相互正交的，互不相关，以消除众多信息共存中相互重叠的信息部分。

3. PLS

PLS的数学基础是PCR。在PCR中，只对光谱阵X进行分解，消除无用的噪声信息。同样，浓度阵Y也包含无用信息，应对其作同样的处理，且在分解光谱阵X时应考虑浓度阵Y的影响。PLS就是基于以上思想提出的多元回归方法。

首先对光谱阵X和浓度阵Y进行分解，其模型为

$$\begin{cases} X = TP^{\mathrm{T}} + E \\ Y = UQ^{\mathrm{T}} + F \end{cases} \tag{4-4}$$

式中，T和U分别为X和Y的得分矩阵；P和Q分别为X和Y的载荷矩阵；E和F分别为X和Y的PLS拟合残差矩阵。

然后将T和U作线性回归，其中B为关联系数矩阵：

$$\begin{cases} U = TB \\ B = (T^{\mathrm{T}}T)^{-1}T^{\mathrm{T}}U \end{cases} \tag{4-5}$$

在预测时，首先根据P求出未知样品光谱阵$X_{未知}$的得分$T_{未知}$，然后得到浓度预测值：

$$Y_{未知} = T_{未知}BQ \tag{4-6}$$

实际上，PLS把矩阵分解和回归并为一步，即X和Y的分解同时进行，并且将Y信息引入X分解过程中，在每计算一个新主成分之前，将X得分和Y得分进行交换，使X主成分直接与Y关联，这就克服了PCR只对X进行分解的缺点。

在使用PLS建立校正模型时，关键的问题之一是如何确定模型的主成分数。如果建立

模型时使用的主成分数过少，就不能完全反映未知样品被测组所产生的光谱数据变化，其模型预测准确度就会降低，易出现“欠拟合”现象。若使用过多的主成分建立模型，会将一些代表噪声的主成分加到模型中，使模型的预测能力下降，易出现“过拟合”现象。因而选择合适的主成分数对建立一个好模型至关重要。通常选用交叉验证(Cross Validation，CV)方法来确定最佳主成分数。

4. PLS-DA

多变量数据分析中的判别分析法是根据已知样本集选定适合的判别准则，建立定性分析模型，最后用于判定未知样本。近红外光谱判别分析中判别偏最小二乘法(Parts Last Square-Discriminant Analysis，PLS-DA)是一种基于判别分析的 PLS 算法建立的样本分类变量与近红外光谱数据间的回归模型，因此需要按照样本新鲜度类别特征，赋予校正集样本的分类变量 Y，并且以变量 Y 为二进制变量来取代浓度变量，即 PLS-DA 用来计算光谱变量 X 与分类变量 Y 的相关关系，取得 X 和 Y 的最大协方差。为了决定类归属，Y 必须能描述特定种类的样品，一般可以用“1”和“0”来表示属于某一类或者不属于某一类，然后通过设定一个临界值来判定归属。其基本判别过程如下。

(1) 建立培训集样本的分类变量(Category Variable)。

(2) 进行分类变量与光谱数据的 PLS 分析，建立分类变量与光谱数据间的 PLS 模型。

(3) 根据培训集与分类变量建立的 PLS 模型，计算验证集(未知样本)的分类变量值＜(Y_p)：①当 $Y_p \geqslant 0.5$，且偏差＜0.5 时，判定样本属于该类；②当 $Y_p < 0.5$，且偏差＜0.5 时，判定样本不属于该类；③当偏差≥0.5 时，判定该样本不稳定。

4.3.3 数学模型的评价指标

当近红外光谱校正模型建立好后，有必要对建立的模型进行评价，以判定其自身相关性与预测能力。通常评价指标有相关系数、校正均方根误差和交互验证均方根误差。设 I_C 为样品中校正集的个数，I_P 为样品中预测集的个数，$\hat{y}_i$ 为样品(包括校正集或预测集)的预测值，y_i 为样品(包括校正集或预测集)的参考值，y_m 为样品(校正集或预测集)的平均值。

(1) 相关系数包括校正相关系数(Correlation Coefficient of Calibration，R_C)、交叉验证相关系数(Correlation Coefficient of Cross-Validation，R_{CV})、预测相关系数(Correlation Coefficient of Prediction，R_P)。

$$R_C, R_{CV}, R_P = \sqrt{\frac{\sum_{i=1}^{n}(\hat{y}_i - y_i)^2}{\sum_{i=1}^{n}(\hat{y}_i - y_m)^2}} \tag{4-7}$$

(2) 校正均方根误差(Root Mean Square Error of Calibration，RMSEC)。

$$\text{RMSEC} = \sqrt{\frac{1}{I_C}\sum_{i=1}^{I_C}(\hat{y}_i - y_i)^2} \tag{4-8}$$

(3) 预测均方根误差(Root Mean Square Error of Prediction，RMSEP)。

$$\text{RMSEP} = \sqrt{\frac{1}{I_P}\sum_{i=1}^{I_P}(\hat{y}_i - y_i)^2} \tag{4-9}$$

4.4　应用案例——鸡蛋内部品质及新鲜度判别傅里叶近红外光谱检测研究

鸡蛋是一种具有较高营养价值的食品，含有人体所必需的蛋白质、脂肪、类脂质、矿物质及维生素等营养物质，且被消化吸收率高，堪称优质营养食品，也是人们日常饮食的重要组成部分。随着鸡蛋生产的规模化和产业化，鸡蛋品质的提高和改良备受关注，鸡蛋品质检测包括内部品质(蛋黄颜色、血斑、肉斑、蛋白高度、蛋白 pH 和哈夫单位等)检测和外部品质(蛋形、重量、蛋比重、蛋形指数、蛋表面破损和鸡蛋的壳色等)检测。此外，生产和销售环节也以蛋品质测定结果作为鸡蛋分级的主要依据，其中蛋品新鲜度指标哈夫单位是分级标准中最重要的一项指标。因此，发展鸡蛋新鲜度的检测方法对科研、生产有非常重要的理论与应用价值。无损检测技术是未来一个重要的研究方向，急需提高传统的检测精度以及效率，因此，急需建立一种能够应用于鸡蛋品质监督和鸡蛋市场分级的快速无损检测方法。

本案例利用傅里叶近红外光谱检测技术对鸡蛋品质进行无损检测，探讨利用该技术对鸡蛋品质指标进行评价的可行性。

4.4.1　实验部分

1. 样品采集

试验样品为 60 个当日产的褐色新鲜鸡蛋，采购自江西农业大学饲料科学研究所。样品采集后集中保存，将采购来的样品放置于温度为 24℃、湿度为 70%的恒温环境室中存储，将 60 个鸡蛋样品分成 6 小批次，每小批次 10 个鸡蛋。对应存储天数为 0、3、6、9、12、15 进行相应批次的试验测量。

2. 光谱扫描

采用傅里叶近红外光谱仪(德国 Burker 公司)作为光谱测定仪器来采集鸡蛋样品的漫反射光谱。样品的光谱采集部位选为鸡蛋的尖头部位。光谱扫描范围为 4000～12000cm^{-1}；扫描次数为 25；背景扫描次数为 25；分辨率为 8cm^{-1}。样品漫反射光谱采集原理见图 4-4。

光谱测定仪器预热半小时之后进行样品检测。为了减少样品光谱采集误差，每一个鸡蛋样品重复扫描 3 次，其平均光谱作为样品的近红外光谱，不同存储天数下的每批次样品测量时均扫描一次背景。

3. 参考值的测定

(1) 鸡蛋样品的蛋形指数由游标卡尺测定，先测量每个样品的纵横径，再计算纵横径之间的比值：蛋形指数=纵径值/横径值。

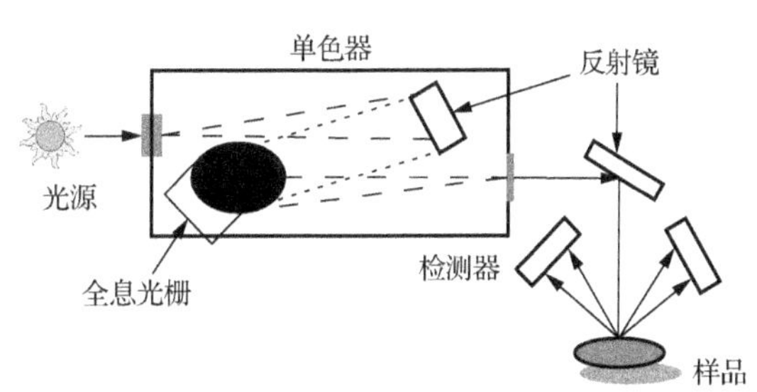

图 4-4　样品漫反射光谱采集原理

(2) 利用电子天平(型号：6102，余姚纪铭称重校验设备有限公司)测量鸡蛋的重量，利用高度游标卡尺(规格：0～125mm，上海量具刃具厂)测量鸡蛋的蛋白高度。哈夫单位

(Haughty Unit，HU) 由整蛋的重量和蛋白高度通过公式计算得来，公式如下：

$$HU = 100\lg(h - 1.7w^{0.37} + 7.6) \tag{4-10}$$

式中，h 为鸡蛋样品的蛋白高度；w 为鸡蛋样品的整蛋重量。

(3) 利用 pH/温度计测量鸡蛋样品的酸碱性，将光谱采集完后的鸡蛋样品进行破坏性试验，再将破坏后的鸡蛋样品进行蛋白和蛋黄的分离，将分离出来的蛋白放置于玻璃器皿中，将 pH/温度仪的探头置于器皿中对蛋白 pH 进行测定。检测之前，先利用 pH 缓冲液对仪器进行 pH 校正，本案例中的缓冲液采用 pH4 和 pH7。

4. 模型的建立与验证

利用 OPUS (Bruker 公司) 分析软件，采用 PLS 建立近红外光谱与鸡蛋新鲜度各参数指标之间的定标模型，采用内部交互验证的方法，最佳因子数 (LV) 由留一交互验证法 (LOO-CV) 确定。采用决定系数 R^2、交互验证标准误差 SE_{CV} 来评价模型效果。

4.4.2　建模与分析

1. 参数数据分布

表 4-1 为鸡蛋样品的测量参数分析结果。样品的哈夫单位为 29.18～103.20，蛋白 pH 为 8.15～9.81，蛋白高度为 1.753～10.60mm，蛋形指数为 1.18～1.42mm。从表 4-1 中可见，哈夫单位和蛋白高度的变异系数都较大，说明这两个参数的对应值的分布离散性很大，符合鸡蛋样品随着存储天数的增加新鲜度不断下降的变化趋势。每种测量参数下样品集的平均值基本接近整个样品集范围的中间值。可见利用样品集所建立的模型适配性很大(稳定性强)，能较好地用于预测样品。

表 4-1　鸡蛋样品测量参数分析结果

测量参数	最大值	最小值	平均值	标准差	变异系数/%
哈夫单位	103.20	29.18	69.25	21.09	30.46
蛋白 pH	9.81	8.15	9.30	0.44	4.68
蛋白高度	10.60mm	1.75mm	5.41mm	2.61mm	48.23
蛋形指数	1.42mm	1.18mm	1.30mm	0.06mm	4.33

2. 组内相关性

鸡蛋样品随着存储天数的不同，其内部品质会发生巨大的变化，各测量参数间可能也存在相应的变化关系，各测量参数间组内相关性分析结果如表 4-2 所示。

表 4-2　鸡蛋样品各测量参数间相关性

	蛋白高度	蛋形指数	哈夫单位	存储天数	蛋白 pH
蛋白高度	1	0.0022	0.9476	0.8153	0.7365
蛋形指数	0.0022	1	0.0016	0.0068	0.0000
哈夫单位	0.9476	0.0016	1	0.8127	0.6174
存储天数	0.8153	0.0068	0.8127	1	0.6176
蛋白 pH	0.7365	0.000	0.6174	0.6176	1

从表 4-2 中可知，蛋白高度、哈夫单位、蛋白 pH 与存储天数都存在较高相关性，说明这些测量参数随着存储天数的增加会发生相应的变化，符合新鲜蛋存储变化趋势，蛋白高度随着存储天数的增加逐渐变薄，蛋白 pH 随着存储天数的增加上升趋势逐渐趋于平衡。哈夫单位与蛋白高度间存在高度的相关性，相关系数达到了 0.9476，接近 Murray 报道的结果。这主要归结于哈夫单位由蛋白高度和蛋重计算得来。其中蛋形指数与存储天数间几乎无相关性，说明蛋形指数不会随着存储天数的变化或内部品质的变化而发生任何变化，它与存储天数的变化没有关联。

3. 主成分分析

主成分分析的目的是将数据降维，以消除众多信息共存中相互重叠的信息部分，通过对原始大量光谱变量进行转换，使数目较少的新变量成为原变量的线性组合，新变量能最大限度地表征原变量的数据结构特征，并不丢失信息，同时主成分空间的大小可以表示样品集的信息范围或者数学模型的适配范围。60 个鸡蛋样品存储天数为 0、3、6、9、12、15 时，对应批次的光谱主成分空间分布及聚类分析如图 4-5 所示。

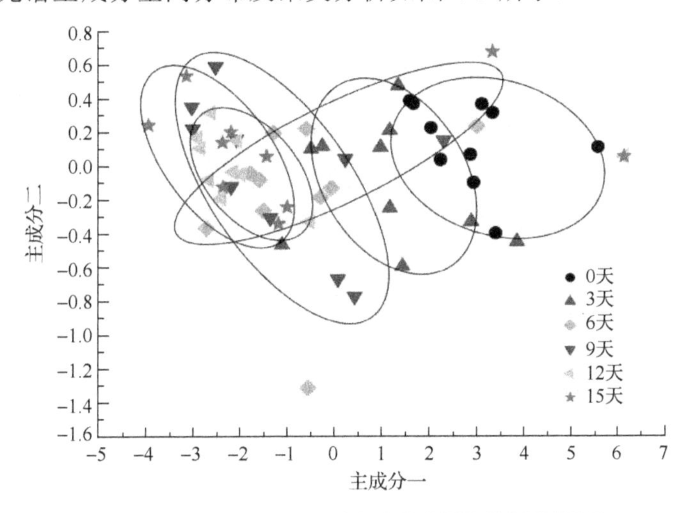

图 4-5 不同存储天数下鸡蛋样品的 PCA 散点图

从图 4-5 中可以看出前 2 个主成分的累计可信度已达到 97%，表示这 2 个主成分能够解释原始波长变量的 97%。同时可以看出不同存储天数的 6 小批次样本有明显的分类，说明主成分一、二对不同存储天数的 6 小批次鸡蛋样品具有较好的聚类作用。能对不同存储天数的 6 小批次样品进行定性分析。随着存储天数的增加，批次样品间信息产生了一定的跨度与离散性，存储 0 天和存储 15 天的 2 小批次样品间的跨度与离散性最大，但是随着存储天数的增加，批次样品间的跨度与离散性逐渐减少，具有重叠的趋势。存储 9 天、12 天和 15 天 3 小批次间的主成分分布具有明显的重叠性。这说明鸡蛋样品随着存储时间的增加，内部品质发生了一系列的变化，当存储时间持续增加时，鸡蛋样品内部品质趋于平衡。

4. 光谱数据预处理及模型优化

首先采用 PLS 对原始光谱进行预处理，建立鸡蛋样品各测量参数的定标模型，模型检测结果见表 4-3。

表 4-3　原始光谱下各测量参数建模及预测结果

测量参数	LV	校正集		验证集	
		R_C^2	RMSEC	R_{CV}^2	RMSECV
哈夫单位	10	84.62	9.08	43.68	15.7
蛋白 pH	6	57.14	0.30	34.67	0.35
蛋形指数	4	24.89	0.05	21.09	0.05
存储天数	10	91.96	1.61	74.28	2.6

从表 4-3 中可以看出，利用全波段的原始光谱对各测量参数的建模效果很不理想。这是因为光谱实际测量过程中不仅包括与鸡蛋品质相关的各种信息，还包括仪器噪声、外界干扰等，导致参与建模的光谱信息存有大量的无用信息。因此，需要对原始光谱进行适当的预处理以及优化，将鸡蛋品质信号和噪声分离，最大限度地提取鸡蛋品质的有效信息。

通过对原始光谱结合测量参数的实际值对样品光谱的有效区间进行优化，经过对全波段优化扫描发现：各测量参数对应信息量丰富的光谱波段，因而利用相应信息波段进行对应测量参数的数据处理。本案例分别运用多元散射校正、最大/最小归一化、一阶导数和二阶导数、减去一条直线法、一阶导数+减去一条直线法、消除常数偏移量等预处理方法对原始光谱进行预处理。用每次剔除一个光谱点的方法进行交互验证，然后分析光谱异常点和杠杆系数，进一步优化模型。对所有测量参数模型优化后的效果见表 4-4。

表 4-4　光谱对应最佳预处理方法优化后建模及预测结果

测量参数	优选波段/cm^{-1}	最佳预测方法	LV	校正集		验证集	
				R_C^2	RMSEC	R_{CV}^2	RMSECV
哈夫单位	7501.9～4246.6	一阶导数+减去一条直线法	10	0.92	6.48	0.86	7.52
蛋白 pH	11995.3～7498.1, 5777.8～5450	减去一条直线法	4	0.86	0.16	0.84	0.17
蛋形指数	6101.8～5450, 4424～4246.6	减去一条直线法	4	0.31	0.05	0.26	0.05
存储天数	11995.3～9746.7, 5176.1～4246.6	消除常数偏移量	8	0.98	0.66	0.92	1.37

由对光谱进行优化预处理后筛选出来的最优参数组合确定样品各测量参数的校正预测模型。运用一阶导数+减去一条直线法光谱预处理对哈夫单位和蛋白 pH 模型结果最好，哈夫单位模型的相关系数 R^2_{CV} 为 0.86，但是交互验证均方根误差 RMSECV 较大(为 7.52)，这可能由于试验样品数目不足，基数较大。蛋白 pH 模型的相关系数 R^2_{CV} 为 0.84，交互验证均方根误差 RMSECV 为 0.17。运用减去一条直线法光谱预处理对存储天数模型结果最好，相关系数 R^2_{CV} 为 0.92，交互验证均方根误差 RMSECV 为 1.37。

对于蛋形指数这一指标，光谱优化前后都对其建模效果非常差，其建模及预测的相关系数 R^2 为 0.26～0.31。造成其建模效果非常差的主要原因是蛋形指数主要反映鸡蛋的外壳轮廓信息，鸡蛋壳的主要成分是碳酸钙，内部 C—H、O—H 等基团含量相当少，而近红外光谱区主要对 C—H、O—H 等基团具有很强的信息吸收，因而蛋形指数在近红外光谱区不具有直接的强信息或者信息，其不适合用近红外光谱分析，将不再对其进行进一步的研究。

5. 模型验证

本案例采用 LOO-CV 对建立的测定模型进行模型验证，用预测值与实测值差异性来评价哈夫单位、蛋白 pH、存储天数的预测能力。经过最佳光谱预处理方法后，获得鸡蛋品质哈夫单位、蛋白 pH 和存储天数指标间的模型验证效果，如图 4-6 所示。

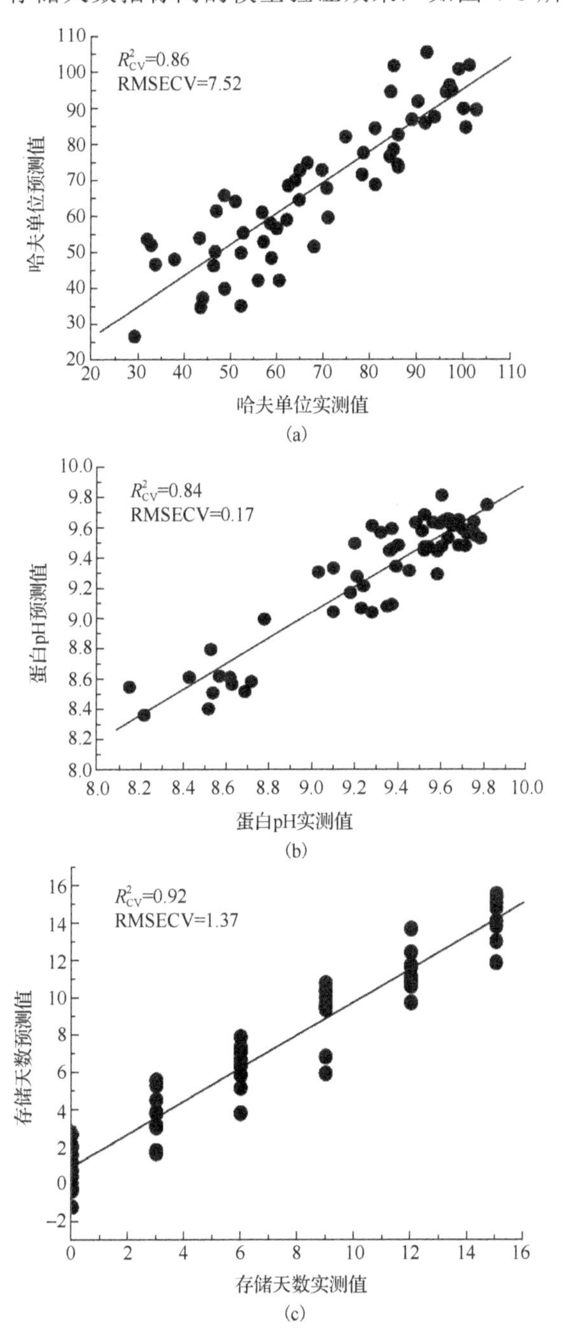

图 4-6　鸡蛋品质测量参数的实测值与预测值间的相关系数图

4.4.3　应用效果

本案例应用傅里叶近红外光谱技术获取各鸡蛋品质的特征光谱信息，利用 PLS 建立鸡蛋哈夫单位、蛋白 pH、蛋形指数和存储天数的数学模型。利用傅里叶近红外光谱对蛋形指数建模预测效果极差，预测结果相关系数 R^2_{CV} 仅为 0.26，交互验证均方根误差 RMSECV 为 0.05。因而蛋形指数在近红外光谱区不具有直接的强信息或者信息，其不适合用近红外光谱分析。其他测量参数的数学模型的预测效果较好，哈夫单位的相关系数 R^2_{CV} 为 0.86，RMSECV 为 7.52，蛋白 pH 的相关系数 R^2_{CV} 为 0.84，RMSECV 为 0.17。存储天数的相关系数为 R^2_{CV} 为 0.92，RMSECV 为 1.37。试验研究表明，应用傅里叶近红外光谱技术对鸡蛋品质进行无损检测研究是具有可行性的，为进一步研究近红外光谱技术在鸡蛋品质上的应用奠定了一定的理论基础。

第 5 章　高光谱检测技术及应用

5.1　高光谱检测技术原理与特点

5.1.1　高光谱检测原理

高光谱检测技术利用的波谱区间为可见光(400～760nm)和近红外(760～2500nm)光谱区间。该光谱区间内的光谱信息具有量大、范围广、精度高、强度弱和谱峰重叠等特点。具体来说，高光谱检测技术的特点是光谱的分辨率非常高，其分辨率一般为 10nm 左右；高光谱数据可以完全涵盖地物的探测谱段(400～2500nm)，可以有效地反映不同地物离子、原子和分子的晶格振动信息，从而大幅度提高精细信息的表达能力，使得基于高光谱信息分析和探测地物属性成为可能。

光谱成像系统的工作原理为:通过光源对放置于电控位移平台上的待测样品进行照射，光子与样品发生相互作用后所发出的光通过相机镜头被光谱相机捕获，从而获得一维影像和相关的光谱信息，由于电控位移平台承载着待测样品进行连续运动，进而获得连续的图像和实时的光谱信息，光谱图像采集完毕后所获得的数据被计算机记录并最终获得一个既包含光谱又包含图像的三维立方体数据。获得待测样品的相关数据后，运用相关的数据处理和建模方法对数据进行分析，通过后续开发最终可对水果外部损伤和内部品质等进行自动化分选。

5.1.2　高光谱检测特点

相比之前的化学分析方法，高光谱检测技术拥有如下优势：①测试过程简单，没有烦琐的前处理和化学反应过程；②测试速度快，大大缩短了测试的周期；③测试过程没有污染，可有效避免传统化学分析中产生的废气、废液和废渣污染；④测试人员专业化要求较低，操作简单；⑤对样品的检测无损伤，可以在不破坏动植物活体和微生物生存的情况下进行测试；⑥重复性高，并且可以实现在线分析。

5.2　高光谱成像系统

5.2.1　高光谱成像装置

高光谱成像系统设备的结构如图 5-1 所示，盖亚是北京卓立汉光仪器有限公司的 Image-λ“谱像”系列高光谱分选仪，结构如图 5-2 所示。光谱采集设备的成像原理及主要核心部件基本相同，系统硬件主要包括成像光谱仪、光源、电控位移平台和计算机，但也存在许多不同之处，如波段范围、光源结构、电控位移平台等。

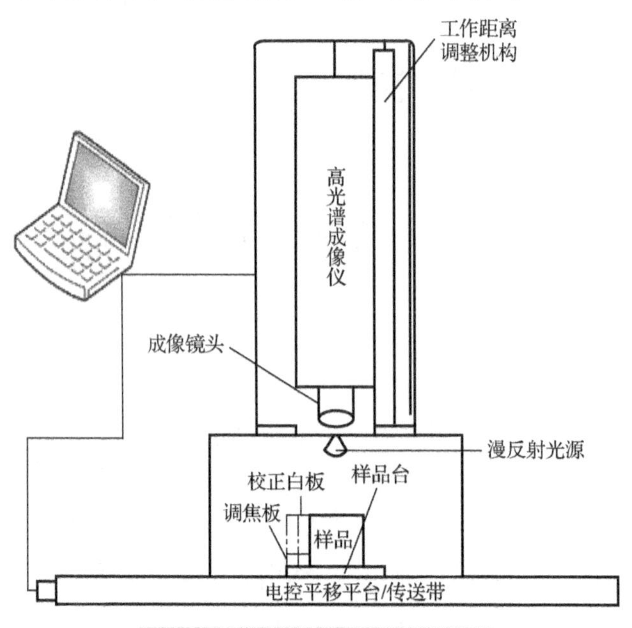

图 5-1　高光谱成像系统——盖亚

高光谱成像技术的优势在于采集到的图像信息量丰富、识别度较高以及数据描述模型多。在波长为 400～2500nm 的波段范围内，利用成像光谱仪在光谱覆盖范围内的多条光谱波段对待测物体进行连续成像。在获得物体空间特征图像的同时也获得了物体的内部光谱信息。不同的物体具有不同的反射光谱，即“指纹效应”。高光谱成像技术就是根据这个原理来分辨不同的物质信息。

高光谱成像系统除了成像光谱仪、光源、电控位移平台等核心部件外，其他配件也起着重要的作用。实验室所搭建的光谱采集设备与盖亚光谱采集系统相比结构较为简单，外观的主体为一个铁箱，铁箱分为上下两部分。其中上面部分为光谱图像的采集装置，主要有光源和电控位移平台，而下面部分用于存放电源和电控位移平台控制器以及数据传输线等。铁箱旁边放置的计算机用于实现对光谱成像系统的控制，其中光源的亮度和光源的高度均不可调整。

图 5-2 为盖亚高光谱成像系统的实物图。图 5-2(a) 中序号 1～4 所代表的分别是工作距离标尺、工作距离调整按钮、溴钨灯光源组调整按钮、窗口，序号 5 和 6 均为遮光罩。图 5-2(b) 上半部分为高光谱成像系统外箱主体的背面结构，序号 7～9 分别代表系统总开关、电机控制线和相机通信线，下半部分为序号 1 的局部放大图。图 5-2(c) 和 (d) 的上半部分分别为图 5-2(a) 中序号 3 和 2 的局部放大图。图 5-2(c) 中的按钮分别是光源中上光源与下光源的开关，对应的下面的两个旋钮分别为光源调节旋钮，用于调节光强。图 5-2(d) 中上半部分的按钮代表电动升降台电源开关，左边的电动升降台按钮在电动升降台电源打开之后用于工作距离的调整。图 5-2(d) 中序号 10 代表光谱相机的安装孔系，可通过安装光谱相机的不同位置，可在较小范围内调整距离，以扩大工作距离调整机构的范围。序号 5 和 6 所表示的遮光罩的作用是避免环境光对采集样品结果的影响。

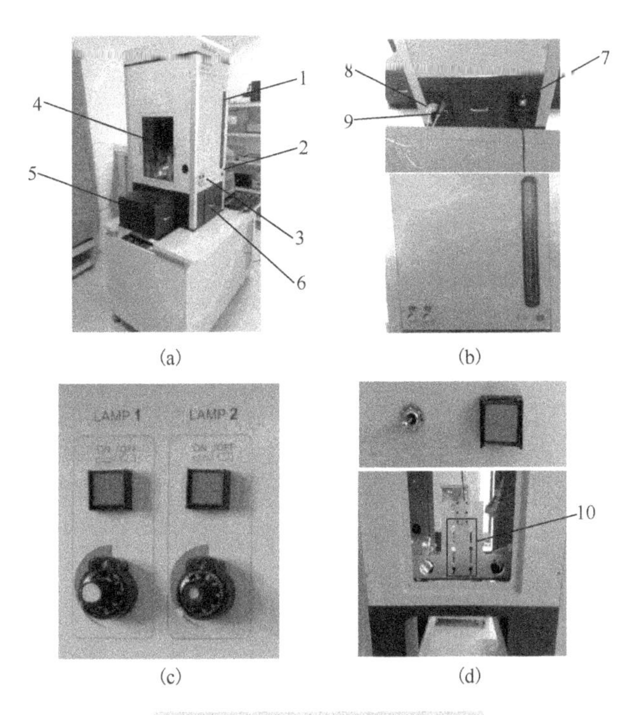

(a)　(b)　(c)　(d)

图5-2　高光谱成像系统实物图

5.2.2　高光谱图像采集流程

为了消除基线漂移对图像采集质量的影响，对样品采集图像之前需要先对高光谱成像系统进行预热，预热时长为30min左右。为保证图像采集质量，需对成像系统进行相关参数设置。经过多次的测试和调整，最终确定实验室所搭建的高光谱成像系统摄像机的曝光时间、光谱分辨率和平台的移动速度等相关参数。实验所用的光谱采集软件与盖亚系统配套使用，为SpecView光谱采集软件。

在采集样品的光谱图像之前，需要做一定的准备工作。在确保光源、电源和信号连接线等正常后，打开SpecView软件并设置相关参数。为获得最佳的高光谱图像，同样需要对图像采集系统的参数进行多次调试以确定最佳的参数设置，如设置曝光时间、光源亮度以及样品到镜头距离等参数。盖亚系统的主要采集参数常设置如下：曝光时间为20ms，平台的前进速度为18mm/s，回程速度为20mm/s，光谱分辨率为2.44nm，相机像素为1392×1040。参数设置完毕后还需要对图像进行调焦处理，目的是获得物品最清晰的光谱图像。一切就绪后，利用SpecView软件对实验样品的光谱图像进行采集，采集的过程中确保样品标号的一面最大限度地面向相机镜头，同时样品不能超出光谱图像采集系统的采集范围。

利用SpecView软件采集物品的光谱图像的具体过程如下。

(1) 接通电源，打开设备开关、光源和计算机并启动SpecView软件，测试相机是否可以和计算机连通，电控位移平台是否可以进行正常的移动。

(2) 在软件界面单击“采集控制”按钮，对电机参数、相机参数和采集窗口进行设置，如图5-3所示。

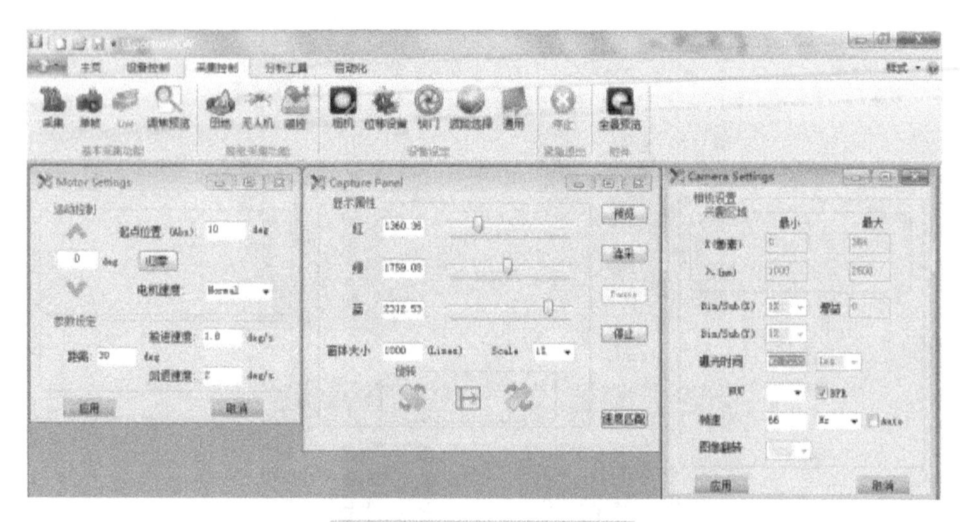

图 5-3　高光谱图像采集窗口

(3) 相关参数设置完毕后单击“调焦预览”按钮，如图 5-4 所示。开始调焦之前，在相机镜头下放置白色参比板，用来衡量调焦效果。放置完毕后，利用系统上镜头旋钮来调整光谱成像仪与实际物体之间的距离，通过观察计算机上所显示图像的某一波长下的反射峰值是否达到比较锋利的程度来确定系统是否处在焦点上。当处在焦点上时，图像最为清晰，调焦完毕。

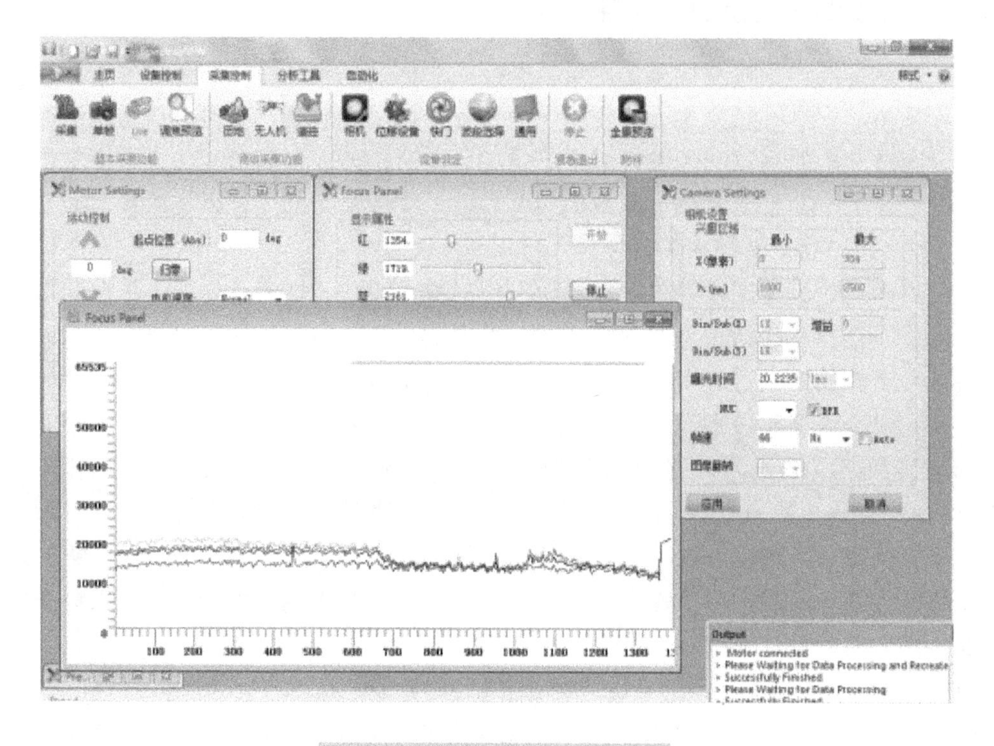

图 5-4　图像采集的调焦预览窗口

(4) 设置文件存储路径后，在采集窗口单击“开始”按钮，系统开始对实验样品进行图像的采集，待样品图像全部呈现在显示屏中时单击“停止”按钮。此时系统会自动生成相应的文件并存储在设置好的文件存储路径里，如此往复，完成对所有实验样品的图像采集。

所采集的图像块既包含特定像素下的光谱信息也具有特定波长下的图像信息，如图 5-5 所示。

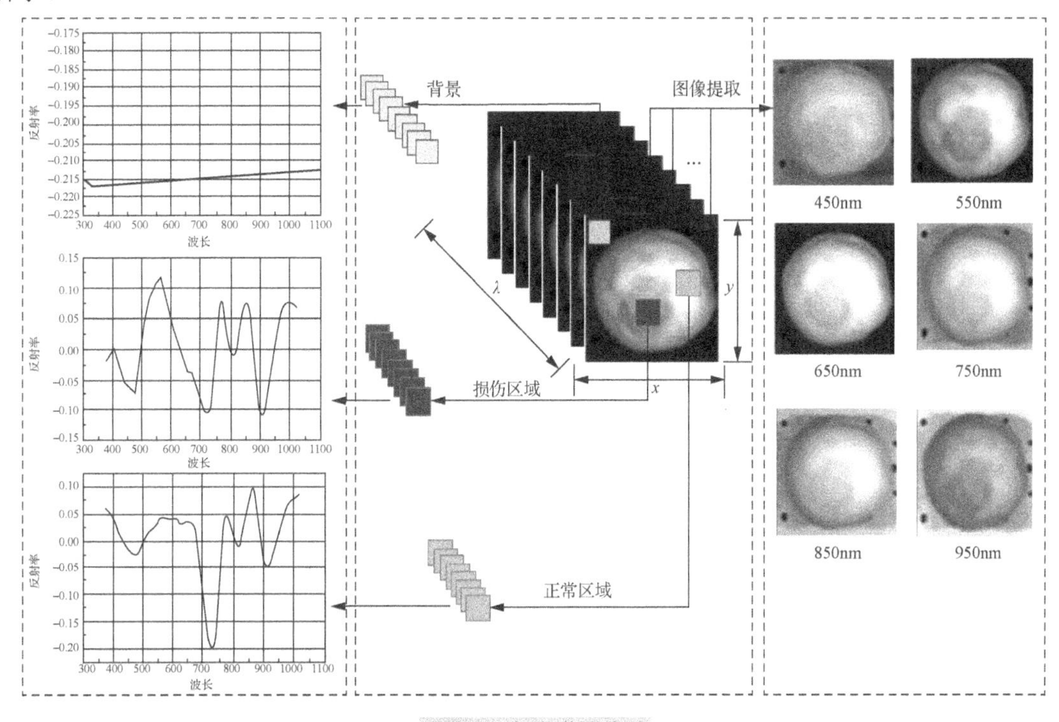

图 5-5　高光谱图像块

5.3　高光谱检测关键技术

5.3.1　样品高光谱图像校正

对样品高光谱图像采集完成后需要对其进行校正处理，目的是避免光源在各波段下的分布不均现象以及 CCD 相机中暗电流对采集图像质量的影响。光谱图像校正之前需要先获得校正的参比，利用实验室所搭建的光谱图像采集系统获取参比的过程如下：①将 CCD 相机的镜头盖盖上相机镜头采集一段全黑的图像；②去掉镜头盖让相机采集白色参比板（聚四氟乙烯）的图像，采集完毕后进行保存；③利用全黑和全白的图像对所采集实验样品的原始图像进行校正。其校正公式如下：

$$R_{\lambda}=\frac{I_{\lambda}-H_{\lambda}}{B_{\lambda}-H_{\lambda}} \tag{5-1}$$

式中，R_{λ} 为标定后的数据；H_{λ} 为全黑数据；B_{λ} 为全白数据；I_{λ} 为原始数据。待对所有光谱图像校正完毕后，方可进行下一步分析处理。

利用盖亚系统对实验样品的原始数据进行校正的原理与前者相同，不同之处在于获取参比的方式。具体的操作过程如下：①关掉 SpecView 软件中相机快门，让成像系统采集一幅全黑的高光谱图像并保存；②打开相机快门，对白色参比板采集一幅全白的高光谱图像并保存；③利用软件中分析工具选项对所有采集的实验样品的原始高光谱图像进行校正，其校正公式如式(5-1)所示，校正完毕后方可对数据进行下一步分析处理。

5.3.2　实验样品光谱的提取

对实验样品原始高光谱图像校正完毕后，即可对其高光谱图像进行光谱的提取。本书对实验样品的光谱提取是通过ENVI4.5软件获得的。首先通过软件打开格式为raw的样品头文件并打开其图像，然后利用鼠标在图像上选取感兴趣区域。该软件提供了多种感兴趣区域的提取形状，如椭圆、矩形等。感兴趣区域被选定之后，ENVI软件的感兴趣区域窗口显示出所选择区域的形状、像素等信息。如图5-6所示。单击感兴趣区域窗口下方的Stats按钮可以计算出感兴趣区域的平均光谱，如图5-7所示，其中白色光谱即感兴趣区域的平均光谱。获得光谱之后通过转换使得光谱保存为txt格式，为后续的数据处理做准备。

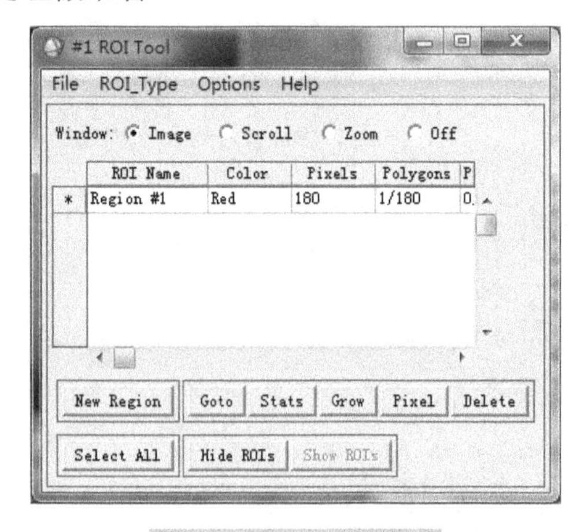

图5-6　感兴趣区域窗口

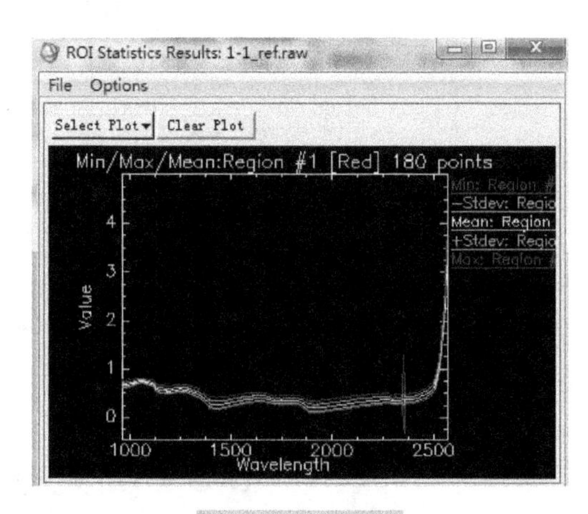

图5-7　光谱窗口

5.3.3　高光谱检测技术分析预处理

高光谱检测技术预处理主要针对特定的样品体系对异常样品进行剔除，消除光谱噪声，优化光谱范围，筛选数据变量，以降低非目标因素对光谱的影响，为建立光谱校正模型和预测未知样品信息奠定基础。预处理过程分为两方面：①样品预处理，包括异常样品的剔除和建模集样品的筛选。异常样品的剔除通常基于预测浓度残差、马氏距离、主成分得分聚类等标准。建模集样品的筛选多是基于常规的建模样品挑选法，如Kennard-Stone法、含量梯度法等。通过筛选，可以有效降低测量基础数据的样品数，降低建模成本。②光谱预处理，包括光谱噪声消除和光谱特征提取。采集的光谱除样品特定组分的信息外，还包含其他无关的信息和噪声，如电噪声、杂散光和样品背景等。通过化学计量学方法建立校正模型时，消除光谱噪声十分必要，常用的方法有光谱的平滑、小波变换、光散射校正、求导、正交信号校正等。另外，通过光谱范围的优化和特征波段的提取，可以有效剔除不相关的变量，提高运算效率和预测能力，从而建立稳健性更好的校正模型。常用的波长选择方法有遗传算法、间隔偏最小二乘法、逐步回归法、相关系数法等。

5.4 应用案例——基于高光谱检测技术的黄桃损伤和可溶性固形物含量检测应用

黄桃的营养十分丰富，含有丰富的抗氧化剂，如α-胡萝卜素、β-胡萝卜素等，经常食用可以起到抗自由基、提高免疫力的作用。但是目前对于黄桃的采摘以人工为主，采摘的过程中黄桃比较容易受到磕碰和剐蹭等损伤，此外运输过程中也会产生一定的破损。在很大程度上影响了黄桃的市场销售。尽管目前已经有较为先进的机器可以根据水果的表面缺陷进行分级，但是检测水平大多还处于初步阶段，尤其对轻微损伤的检测。水果轻微损伤在发生初期与正常组织的颜色差别不大，仅仅依靠肉眼难以识别。但随着时间的延长，损伤区域会进一步褐变和腐烂，甚至会传染给邻近的水果，导致水果的品质下降。因此，对水果表面损伤进行快速无损检测显得尤为重要。

很多学者利用高光谱成像技术结合不同的算法来对水果的品质(如水分、糖酸度、硬度、隐性损伤、腐烂、变质、虫害等)进行检测，却少有研究者对缺陷和品质同时进行检测。在实际生产加工过程中，大多需要对水果的缺陷和某种指标含量同时进行检测。基于这一出发点，本案例利用高光谱成像技术初次尝试对黄桃损伤和可溶性固形物含量同时在线检测，对以后水果品质的两个及以上指标同时检测提供参考。

5.4.1 实验部分

1. 实验材料

试验所用的黄桃样品来自河北省某果园。试验前先对样品进行挑选，去除表面损伤和畸形的样品，然后对黄桃表面进行清洁处理并编号，操作完成后将其置于25℃的环境中保存12h，目的是使样品温度与室温基本一致。黄桃正常样品如图5-8所示，对于实验中所需要的表面损伤果，采用人为模拟实际生产运输过程中黄桃所受到的碰撞挤压，利用四氟乙烯球撞击已经标号的黄桃缝合线光滑面和凸起面。撞击完成后，静放30min左右黄桃表面的正常区域和碰伤区域会产生明显区别。撞击后的黄桃样品和撞击示意图分别如图5-9和图5-10所示。

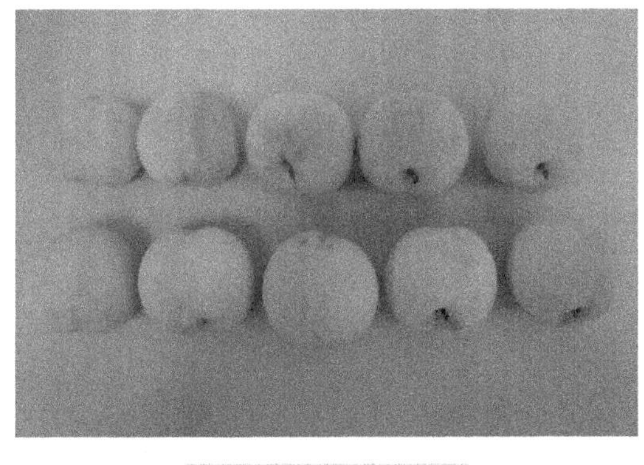

图5-8 黄桃正常样品

图5-9 黄桃损伤样品

如图 5-10 所示，小球的质量约为 0.38kg，置于斜坡上方让其自由滚下，其中斜坡的高度 H 约为 108mm，角度 β 约为 13°，忽略小球与斜坡表面的摩擦力，根据相关公式计算出小球对黄桃的碰撞能量约为 0.4J。图 5-11 为黄桃正常果和损伤果的 RGB 图像。试验中共有样品 170 个，剔除 1 个异常样品，损伤样品为 42 个。剩余 127 个正常样品则用于对可溶性固形物含量的预测，按照约为 3∶1 的比例对正常样品进行建模集与预测集的划分。正常样品的建模集和预测集分别为 97 个和 30 个。

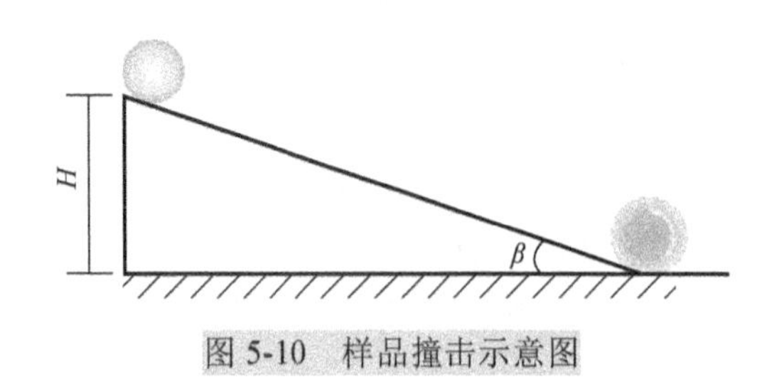

图 5-10　样品撞击示意图

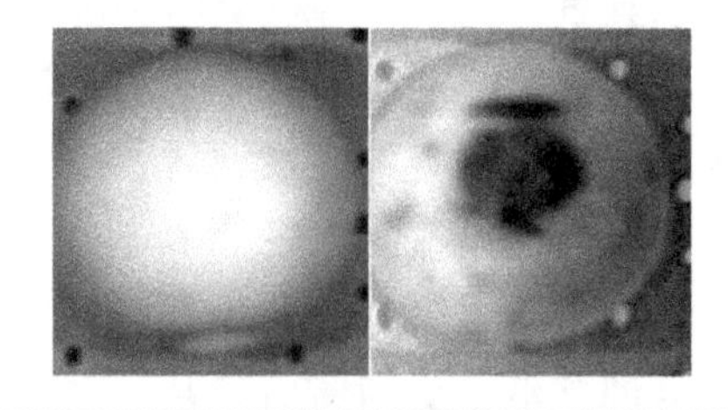

图 5-11　黄桃正常果和损伤果的 RGB 图像

2. 图像采集

在采集数据之前，系统需要提前预热 30min 左右，目的是消除基线漂移对图像采集质量的影响。同时需要对成像系统的参数进行调整，以确保图像清晰且不失真，经过对参数的多次设置和优化最终确定光谱分辨率为 2.8nm，范围为 380～1080nm；摄像机曝光时间为 20ms，分辨率为 1344 像素×1024 像素；光谱辐射能量的间隔为 2.4nm 左右；平台移动速度约为 15mm/s。调整完毕后，每次在电控位移平台上放置一个黄桃样品。图像采集过程中，线阵探测器在光学焦平面的垂直方向上做横向扫描，从而获取整个光谱区域扫描的每个空间像素的光谱信息。与此同时，样本随着电控位移平台做垂直于摄像机的纵向平移。最终完成一个黄桃样本的采集。所采集的图像块既包含特定像素下的光谱信息也具有特定波长下的图像信息。

1) 数据分析与处理平台

试验中高光谱数据的采集均由 SpectralClube(Spectral Imaging Ltd.，芬兰)完成，后续的数据处理基于 ENVI.4.5(Research System Inc.，美国)、MATLAB 2012a(The MathWorks Inc.，美国)、OriginPro 8.5(OriginLab，美国)以及 Excel 2011(Microsoft，美国)软件。

2) SSC 真实值的测定

试验中采用折射式数字糖度计(PR—101a，日本)对黄桃正常样品 SSC 真实值进行测量。测量前，首先需要检查糖度计中所用电池电量是否充足，电量不足容易导致测量结果与真实值的偏差较大。然后将糖度计擦干，用纯净水标定，使其为 0。进行糖度测量时，取样品光谱采集部位约 6mm 处深的果肉进行挤汁并将其滴于糖度计上的检测窗口，重复操作测量 3 次，然后记录数据。

5.4.2　建模与分析

1. 光谱提取与分析

由于每个黄桃图像上任何一点的像素都存在全波段每一个波长点的信息，为了更好地对比损伤和正常黄桃样品的光谱信息，所选取的感兴趣区域(ROI)均由约 120 像素组成。

此外，为了使对比更具有代表性，在同一个黄桃样品图像上分别选取损伤和正常的感兴趣区域。图 5-12 为一个黄桃样品的正常和损伤感兴趣区域的平均光谱曲线对比图。因为当波长小于 450nm 和大于 1000nm 时光谱曲线受到噪声的影响较大，所以取波长为 400～1000nm。

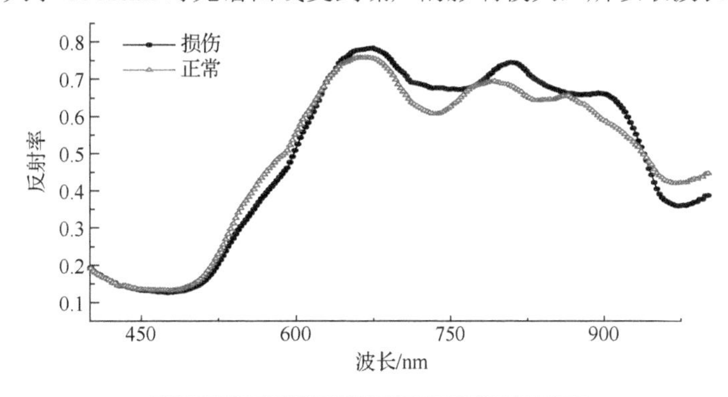

图 5-12　黄桃感兴趣区域平均光谱曲线

从图中可知，黄桃损伤区域的光谱反射率总体比正常区域高。在 675nm 和 780nm 处，损伤区域的反射率比正常区域高，可能是由于损伤导致果皮表层细胞的水分增多，因而反射率增加。而在 740nm 处存在吸收峰可能的原因是在此处的光为橙红色，与黄桃颜色相近，吸收较多。

2. 特征波段的选取

由于高光谱图像中所包含的数据信息量非常大，要寻找最能表征黄桃损伤的特征波长下的图像就必须采用相关的算法来对数据进行处理。主成分分析法对于增强信息含量、隔离噪声、降低数据维数以及消除原始数据中的冗余信息非常有效。常用于特征波段的筛选。图 5-13 为对 400～900nm 波段进行主成分分析后所得到的正常和损伤图像。图像中选取了前五个主成分图像，从图像中可以看出前三个主成分都不能完全反映出黄桃样品的真实信息，而 PC4 和 PC5 均可以反映出样品的全部信息。但通过观察 PC4 和 PC5 图像发现，PC4 能更清晰和更准确地反映出样品的真实信息。因此，PC4 更适合样本的分割和信息提取。通过对 PC4 特征向量的分析，进一步筛选出可以实现样品在线分级的最佳特征波长。

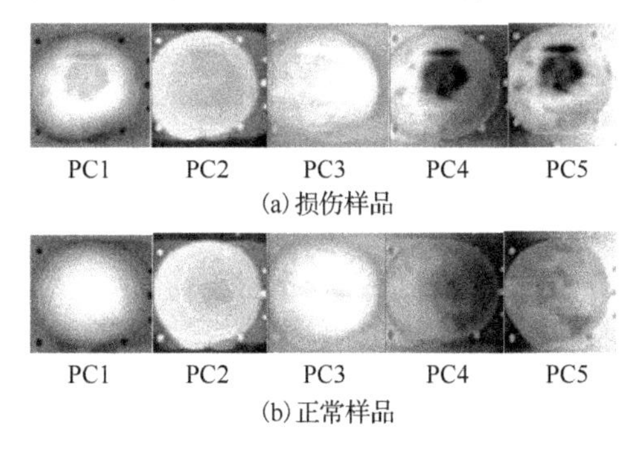

图 5-13　主成分分析得到的前 5 个主成分图像

为了得到能够表征光谱图像的最佳波长，根据主成分分析所得到的主成分图像的特征向量，绘制图像光谱曲线权重系数图。如图 5-14 所示，在波长 550nm、730nm 处正常和损伤样品的峰或者谷存在较大的差异，代表这两个波段处对 PC4 图像的贡献率较大。

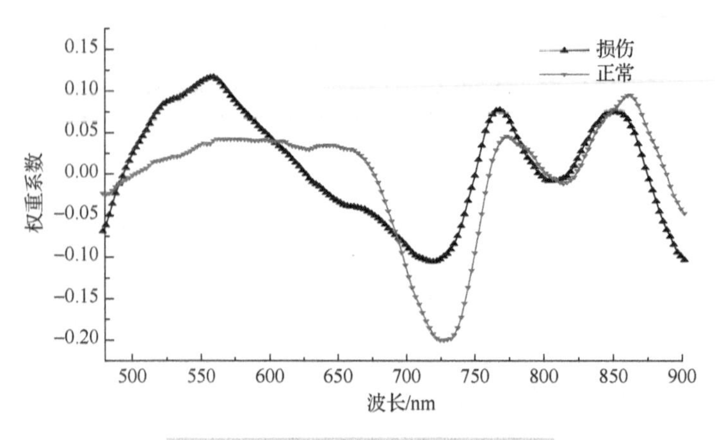

图 5-14　PC4 图像光谱曲线权重系数

3. 缺陷定性判别模型

根据 550nm 和 730nm 处的特征波长获取每一个黄桃样品的 RGB 图像，结合二值化算法、掩膜、阈值分割以及其他图像处理算法计算出每一个黄桃样品的伤比率。判定样品是否损伤的标准为：利用上述相关算法对所有黄桃样品进行伤比率的计算，如果计算出的伤比率大于 0 则被判定为损伤，相反，若伤比率为零则被判定为正常。图 5-15 分别为一个损伤代表性样品和一个正常代表性样品分别在 550nm 处和 730nm 处的 RGB 图像。对所有样品的定性判别结果如表 5-1 所示。

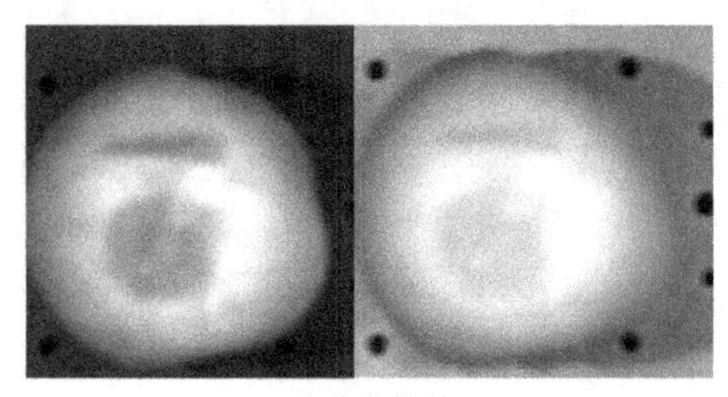
(a) 损伤黄桃样品

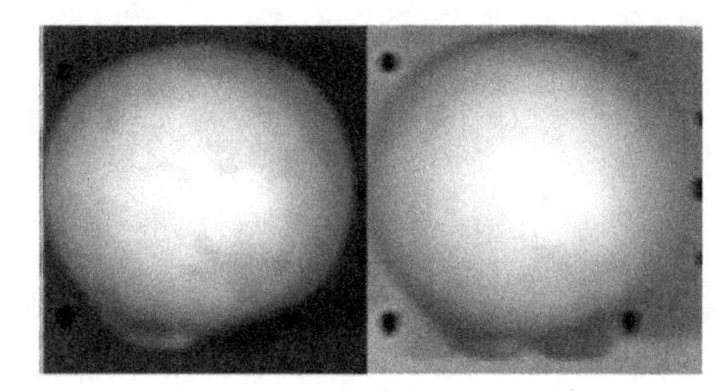
(b) 正常黄桃样品

图 5-15　550nm 和 730nm 处的 RGB 图像

表 5-1　损伤果和正常果样品检测结果

类别	数量/个	550nm 处误判数量/个	准确率/%	730nm 处误判数量/个	准确率/%
损伤样品	42	9	94.6	24	85.8
正常样品	127				

从表中可知，利用 550nm 处的特征波长结合主成分分析法以及相关图像处理算法对样品损伤的判别准确率达到 94.7%，而利用 730nm 处的特征波长对样品的判别准确率仅为 85.8%，效果不是最佳。因而在实际生产过程中只需要用 550nm 处的特征波长对水果进行判别分级。

4. PLS 定量分析模型

在对水果进行实际在线分选并对含量进行预测时，为了得到最佳的预测结果，在进行预测前需要利用一系列预处理方法(如平滑处理、多元散射校正及一阶线性等)对数据进行预处理，但通过对比预测结果发现，对原始数据不加任何预处理得到的预测效果最佳。如图 5-16 所示，采用 97 个样品作为建模集，其 R_C 为 0.855，RMSEC 为 0.897。预测集的样本为 30 个，以此来检测 PLS 定量分析模型的预测能力。预测集的 R_P 为 0.792，RMSEP 为 0.976。图 5-16 和图 5-17 分别为建模集模型预测散点图和主成分因子数决定图。最佳主成分因子数(PC)是由留一交互验证法来确定的，主成分因子数过高时会出现“过拟合”，导致预测精度降低；过低时则可能会忽略部分有效信息，出现“欠拟合”，同样导致预测精度的降低。本案例最终确定的 PC 值为 15。

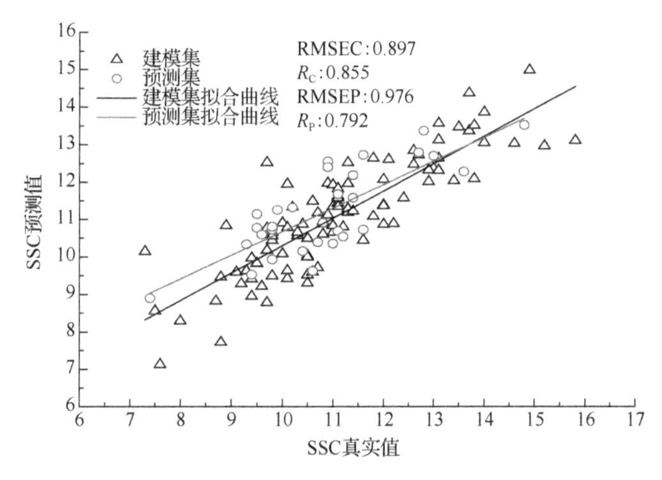

图 5-16　建模集和预测集黄桃 SSC 预测值与真实值的关系

图 5-18 为 SSC 回归系数图。光谱变量在 PLS 定量分析模型中的权重越大，回归系数越大。正回归系数对应的光谱变量越大，样品 SSC 越高。相反，负回归系数对应的光谱变量越大，样品 SSC 越低。PLS 定量分析模型的截距 b 为 13.77。图 5-19 为黄桃损伤和 SSC 无损在线检测流程图。

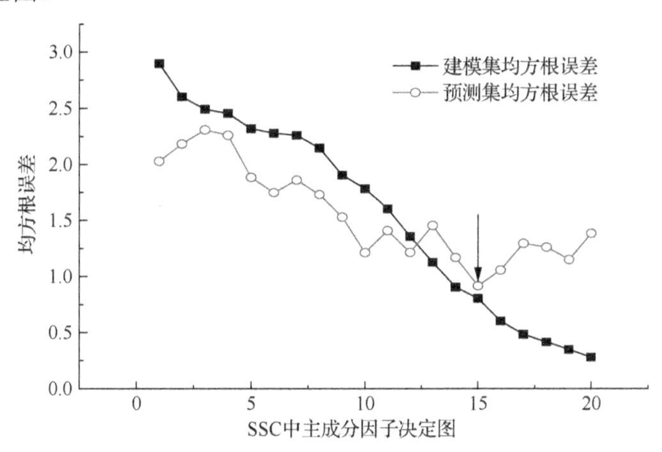

图 5-17　SSC 中主成分因子数决定图

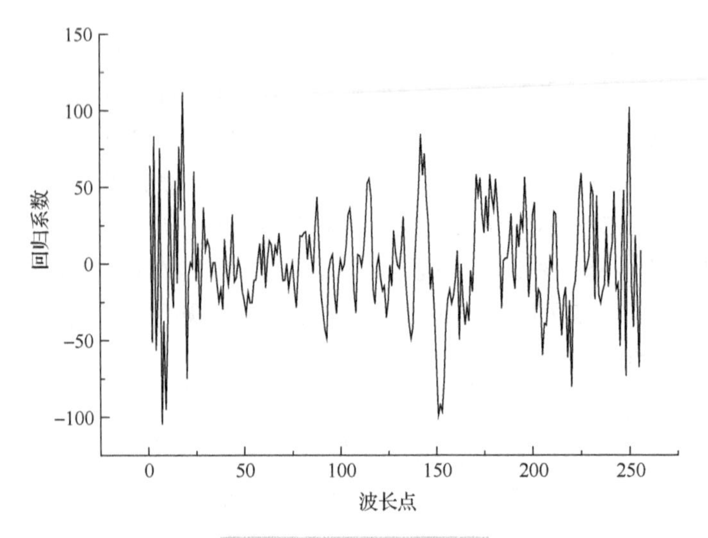

图 5-18　SSC 回归系数图

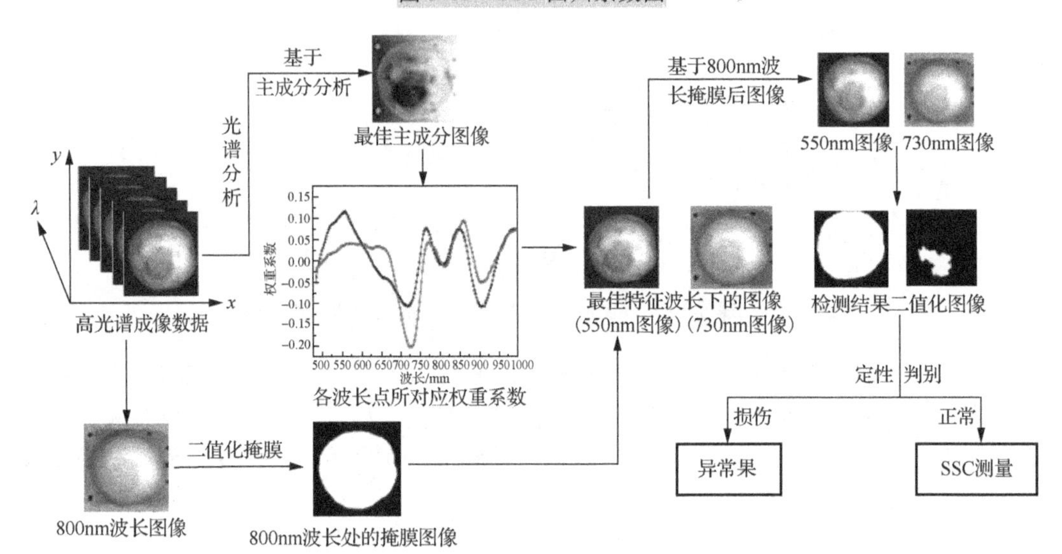

图 5-19　黄桃损伤与 SSC 在线检测流程图

5.4.3　应用效果

本案例利用高光谱成像系统采集黄桃损伤和正常样品的高光谱图像，结合主成分分析法以及相关的图像处理算法对所得高光谱图像进行定性判别，并通过 PLS 定量分析模型对正常样品的 SSC 进行预测。通过试验得到了 2 个特征波长(550nm 和 730nm)，利用此特征波长对正常和损伤黄桃样品进行定性判别。结果显示，550nm 处光谱图像的识别准确率达到 94.6%，而在 730nm 处光谱图像的识别准确率仅为 85.7%。对样品进行定性判别后，利用 PLS 定量分析模型对正常样品的 SSC 进行预测。其中 97 个样品用作建模集，剩余 30 个用于预测集。定量分析模型的预测均方根误差(RMSEP)和预测相关系数(R_P)分别为 0.976 和 0.792。本案例实现了利用高光谱成像系统对黄桃损伤的定性判别和 SSC 的同时在线检测，可以为后续基于高光谱图像对水果的定性判别和定量预测的同时在线检测提供参考和依据。

第 6 章　拉曼光谱检测技术及应用

6.1　拉曼光谱检测技术原理与特点

6.1.1　拉曼光谱检测原理

拉曼光谱(Raman Spectrum)是散射谱，通过分子振动反映不同被测物的化学组成和分子结构。不同物质的拉曼光谱不同，所以它具有指纹性，同时对油类分子亲和力强。拉曼光谱已应用在肉类食品热加工温度检测、食品危害成分识别中，并取得了较好的成果。同时国外将拉曼光谱用于孢子识别、蛋白质生理过程、哺乳动物癌细胞辨别等的研究。在拉曼光谱测定时，使用的激发波长远离化合物的电子吸收光谱带。若改变激发波长使之接近或者落在化合物的电子吸收光谱带内，样品分子吸光后跃迁至高电子能级并立即回到基态的某一振动能级，某些拉曼谱带的强度将大大增强，这种现象称为共振拉曼效应，它是电子态跃迁和振动态耦合作用的结果。

当一些分子被吸附到某些粗糙金属(如金、银、铜)的表面时，它们的拉曼信号强度会增加 10^4～10^6 倍，这种不寻常的拉曼散射增强现象称为表面增强拉曼散射效应。目前 SERS 技术已经广泛应用在腐蚀和催化的中间产物、金属及热分解过程的研究，毒品的鉴定，果蔬表面农药残留的检测以及墨迹中微量成分的分析等。

6.1.2　拉曼光谱检测特点

拉曼光谱和近红外光谱一样，都可以提供分子振动频率的信息，但是它们的物理过程不同，所以拉曼光谱具有近红外光谱不具备的优越性：①拉曼光谱的频率位移不因光源功率的改变而改变，可以根据实际样品选择光源；②拉曼光谱选择激光为光源，其特点是方向性好，样品很少时依然可以检测；③拉曼光谱的检测不受样品中的水的影响，是水溶液中生物样品和化学物质的理想检测工具；④在分子结构分析中，近红外光谱与拉曼光谱互补，能得到不同的信息，可以鉴别特殊的结构特征或特征基因。

SERS 具有如下特点：①具有更大的增强因子，其强度要高几个数量级；②物质分子的 SERS 频率变化很小；③适合水溶液检测，且被测物浓度低。

但是拉曼光谱也存在以下不足之处：①不同振动峰重叠和拉曼散射强度容易受光学系统参数等因素的影响；②荧光现象会对傅里叶变换拉曼光谱分析造成干扰，甚至会将拉曼信号湮没；③在进行傅里叶变换拉曼光谱分析时，常出现曲线的非线性的问题；④任何物质的引入都会对被测体系带来某种程度的污染，这等于引入了一些误差的可能性，会对分析的结果产生一定的影响；⑤目前拉曼光谱的标准图谱库远没有近红外光谱丰富，在鉴定有机化合物方面会受到一定的影响。

6.2 拉曼光谱检测系统

与近红外光谱仪相比，拉曼光谱仪发展比较缓慢。早期拉曼光谱仪以汞弧等作为激光光源，拉曼信号十分微弱。直到 1960 年，激光为拉曼光谱仪提供了理想的光源，使拉曼光谱仪得到快速的发展。图 6-1 是拉曼光谱仪的示意图，它主要由以下基本部分组成：可见激光光源、信号探测器、谱图采集和图像处理系统等。

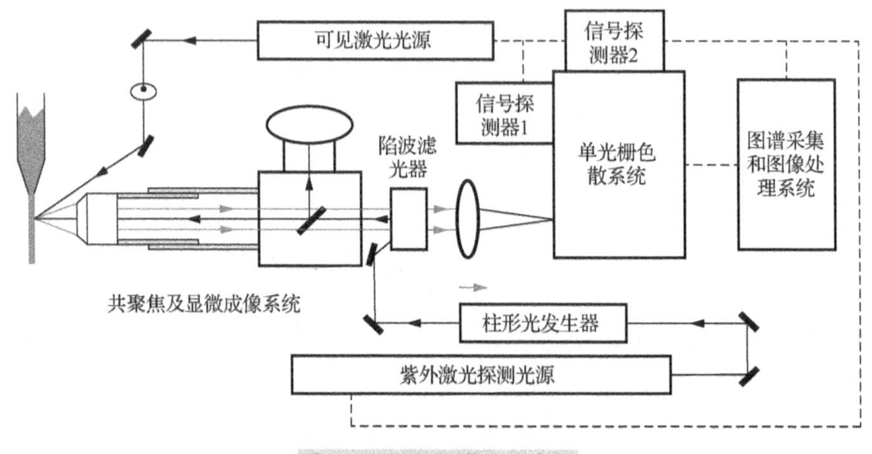

图 6-1　拉曼光谱仪示意图

Bruker 显微拉曼光谱仪的激发波长为 785cm^{-1}，功率为 10mW，显微镜头选用 10 倍物镜，其实物图如图 6-2 所示。该光谱仪能够通过自动化系统控制和光学调整，以保证拉曼系统的功能，稳定获取高精度的实验检测数据。

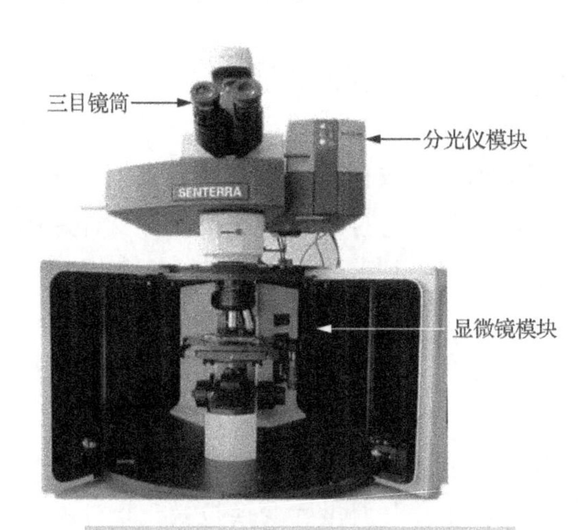

图 6-2　Bruker 显微拉曼光谱仪实物图

6.3　拉曼光谱检测关键技术

6.3.1　SERS 采集荧光去除方法

SERS 技术由于具有高检测灵敏度，得到了较多的推广和应用。但通常在溶液的 SERS 采集时依旧伴有较强的荧光，这是由溶液中很强的实验场荧光干扰背景造成的。实际 SERS 溶液数据采集时，人们运用不同的避开或者消除荧光的方法。通常避开荧光的方法有采用长波段的激发光，以及采用脉冲激光同时在限定时间收集拉曼信号。常用的消除荧光的方法有移频激发法、频域滤波消除法、曲线拟合消除法等。

常用的消除光谱荧光信息的移频激发法用两个差距小的激发光源激发 SERS 样品获得两个光谱，因荧光的峰比拉曼的峰宽很多，故可近似认为激发光的小部分差距不会引起荧光变化，将得到的两个光谱相减即可消除一样的荧光背景，同时两个拉曼峰不受影响，相减后的光谱经过重建获得了仅保存拉曼峰的光谱图。以高斯型(拉曼峰为高斯型)为例，进行拉曼光谱重建，表达式为

$$\frac{1}{\sqrt{2\pi}}\sum_{i=1}^{n}\frac{A_i}{\sigma_i}\exp\left[\frac{-\left(\overline{v}-\overline{v}_{0i}\right)^2}{2\sigma_i^2}\right] \tag{6-1}$$

而两个光谱相减后的差异谱 $s\left(\overline{v}\right)=s_b\left(\overline{v}\right)-s_a\left(\overline{v}\right)$ 也可以表示为

$$s\left(\overline{v}\right)=\frac{1}{\sqrt{2\pi}}\sum_{i=1}^{n}\frac{A_i}{\sigma_i}\left\{\exp\left[\frac{-\left(\overline{v}-\overline{v}_{0i}+\sigma\right)^2}{2\sigma_i^2}\right]-\exp\left[\frac{-\left(\overline{v}-\overline{v}_{0i}\right)^2}{2\sigma_i^2}\right]\right\} \tag{6-2}$$

式中，A_i 为各个拉曼峰面积；σ_i 为峰的标准方差；$\overline{v}_{0i}$ 是中心位置。用 Marquardt 非线性最小二乘法求解方程(6-1)，再把得出的参数代入方程(6-2)中，可得去除荧光的拉曼光谱。在检测溶液样品时，使用这种方法可以有效地去除荧光背景，并且可以在一定程度上提高信噪比。

6.3.2　SERS 基底制备及表征

拉曼光谱检测技术(尤其是 SERS 技术)的发展使其在食品、添加剂、酒类等物质的检测方面得到了广泛的应用。在 SERS 研究中，首要条件是有高效、稳定的 SERS 活性基底，金属纳米粒子技术水平的提高为 SERS 获得发展提供了新机遇。金属 SERS 强度依赖被测物与金属纳米粒子的相互作用，典型的 SERS 金属纳米粒子是金(Au)、银(Ag)和铜(Cu)等。

Au 和 Ag 在空气中稳定，增强效果好，常用的制备 SERS 基底的材料中金(溶胶)纳米粒子比银(溶胶)纳米粒子化学性质更稳定，在一些场合中具备优势，经常使用。金(溶胶)纳米粒子大小影响吸附被测物的能力，球状金(溶胶)纳米粒子直径更易于通过加入柠檬酸三钠的方式进行调节，而银(溶胶)纳米粒子直径不易控制，金(溶胶)纳米粒子能较长时间保持稳定，而银(溶胶)纳米粒子较易发生沉淀，但银(溶胶)纳米粒子与某种特定目标分子结合后能产生更为强烈的共振现象，比金(溶胶)纳米粒子在某些特定被测物中有更强的

SERS 活性。理想的金(溶胶)纳米粒子 SERS 基底应具备如下特点：①较高的灵敏度，添加金(溶胶)纳米粒子基底有很好的 SERS 增强效果；②稳定，分布均匀，稳定指增强效果整体偏差小于 20%；③重复性好，即制备好的金(溶胶)纳米粒子长时间放置时的增强效果差别不大。

目前，符合要求的 SERS 基底制备方法有电化学法、沉淀法、化学刻蚀法、金属溶胶法、有序组装法、平板印刷法、模板法等。与其他方法比，金属溶胶法成本低、易合成、能控制基底纳米粒子直径和形状，是目前制作和使用较广泛的一类 SERS 基底制作方法。

6.3.3 拉曼光谱数据建模方法

在获取样品的光谱数据之后需要对其进行建模分析，常用的拉曼光谱建模方法有多元线性回归、主成分回归、偏最小二乘法等。

1. 多元线性回归

多元线性回归法又称为逆最小二乘法，该方法计算简单，但是由于拉曼光谱之间存在多重共线性问题，无法求光谱阵的逆矩阵或者求取的逆矩阵不稳定，从而在很大程度上降低了所建模型的预测能力，使多元线性回归在拉曼光谱分析中的应用受到很大的限制。

2. 主成分回归

主成分回归法的核心是主成分分析，主成分分析在化学计量学中的地位举足轻重，它是一种古老的多元统计分析技术。主成分分析的中心目的是将数据降维，使少量新变量代替原变量的线性组合，同时这些变量要尽可能多地表征原始特征而不丢失信息，经过转换的新变量相互正交，互不相关，所以 PCR(主成分回归)可以有效克服多元线性回归的严重共线性引起的模型不稳定问题。

3. 偏最小二乘法

在 PCR 中只对光谱阵进行分解，消除无用的噪声信息。浓度阵也包含无用信息，应该对其做同样的处理，且在分解光谱阵中要充分考虑浓度阵的影响，PLS(偏最小二乘)就是基于上述问题提出的多元回归方法。在 PLS 中，矩阵分解和回归合并为一步，即对光谱阵和浓度阵分解的同时，将浓度阵的信息引入光谱阵的分解过程中，并在计算每一个新主成分前，将光谱阵与浓度阵的得分进行交换，使得到的光谱阵主成分直接与浓度阵关联。这样即克服了 PCR 只对光谱阵进行分解的缺点。

6.3.4 拉曼光谱数据模型评价

表面增强拉曼光谱在检测上具有优势，但信号会受噪声、荧光、仪器信噪比低等影响，干扰正常的拉曼光谱信息，影响数据准确性。为尽可能消除这些影响，甚至放大信号，通常采用多种预处理方法先对原始光谱数据进行预处理，然后通过 PLS、SVM 等多种建模分析方法进行建模分析，通常采用下列指标来评价模型是否具备最优性能。

（1）相关系数(Correlation Coefficient，R)，其公式为

$$R=\sqrt{\frac{\sum_{i=1}^{n}(\hat{y}_i-y_i)^2}{\sum_{i=1}^{n}(\hat{y}_i-\overline{y}_i)^2}} \tag{6-3}$$

式中，n 为样品总数；y_i 为样品 i 的标准值；$\hat{y}_i$ 为样品 i 的预测值；$\overline{y}$ 为 n 个样品标准值取得的平均值。R 分建模相关系数 R_C 和预测相关系数 R_P。

（2）校正均方根误差(Root Mean Square Error of Calibration，RMSEC)公式为

$$\text{RMSEC}=\sqrt{\frac{\sum_{i=1}^{n}(y_i-\hat{y}_i)^2}{n-1}} \tag{6-4}$$

式中，y_i 为样品 i 的标准值；$\hat{y}_i$ 为样品 i 的预测值；n 为建模集的样品数。

（3）预测均方根误差(Root Mean Square Error of Prediction，RMSEP)公式为

$$\text{RMSEP}=\sqrt{\frac{\sum_{i=1}^{n}\left(y_i-\hat{y}_i\right)^2}{n-1}} \tag{6-5}$$

式中，y_i 为样品 i 的标准值；$\hat{y}_i$ 为样品 i 的预测值；n 为预测集的样品数。

若 PLS 模型的相关系数(R_P 和 R_C)之间、均方根误差(RMSEP 和 RMSEC)之间分别最接近，且相关系数越高、均方根误差越小，则建模效果越好。

6.4　应用案例——基于表面增强拉曼光谱技术的脐橙表皮两种农药残留同时定量检测应用

随着农业产业化的发展，在提高农产品产量过程中农药发挥着重要作用。我国农药在粮食、蔬菜、水果、茶叶上的用量居高不下，而这些物质的不合理使用必将导致农产品中的农药残留超标，影响消费者食用安全，进而危害人体健康。农药残留超标也会影响农产品的贸易，世界各国对农药残留问题高度重视，对各种农副产品中农药残留都规定了越来越严格的限量标准，中国农产品出口面临严峻的挑战。农药残留分析随着人们对健康的关注和进出口贸易的发展变得日益重要，农药残留分析方法对农药残留的监测和监督工作具有重要意义。因此，世界各国对此高度重视，发展快速、可靠、灵敏的食品级农药残留分析方法，无疑是控制农药残留、保证使用者安全的基础。农药定量检测传统方法主要有气相色谱法(Gas Chromatography，GC)、高效液相色谱法(High Performance Liquid Chromatography，HPLC)、传感器法、酶法等定量分析方法。这些方法虽然检测灵敏度高、准确性好，但存在样品前处理过程复杂、耗时长、检测成本高等问题，难以满足当前高效、低成本、快速批量检测的需求。而表面增强拉曼光谱能显著提高普通拉曼光谱信号强度，获得更为丰富的结构及界面反应等信息，同时具有检测快捷方便、灵敏度高、水干扰小和无损探测等优点，在分析检测中发挥着越来越重要的作用。本案例使用共焦显微拉曼光谱仪，以亚胺硫磷和毒死蜱为研究对象，萃取出脐橙表皮的农药残留溶液，用金胶作为 SERS

基底，采集农药残留溶液的拉曼光谱，对脐橙表皮混合农药的残留进行研究。

6.4.1　实验部分

采用 SENTERRA 共焦显微拉曼光谱仪对试验样品进行拉曼光谱采集。该仪器采用 OPUS 软件作为配套的光谱采集软件。OPUS 软件功能强大，不仅包括积分、曲线拟合、峰位标定等常用功能，而且包括点扫描、面扫描、化学成像等特殊功能。使用化学计量学软件 Unscrambler V8.0 对实验采集的光谱数据进行光谱预处理并建立数学定量分析模型。亚胺硫磷(纯度 99.7%)、毒死蜱(纯度 99.5%)购于北京伟业科创科技有限公司；$HAuCl_4 \cdot 4H_2O$ 购于国药集团化学试剂(上海)有限公司；氯化钠、乙腈、甲醇及柠檬酸三钠均为分析纯，购于南昌华科化玻生物仪器有限公司；实验用水为超纯水(电阻率为 18.2MΩ·cm)。

以甲醇为溶剂，分别配置亚胺硫磷和毒死蜱农药样品的标准溶液，浓度为 5000mg/L。将脐橙表皮用超纯水反复冲洗，然后自然晾干，用捣碎机将脐橙表皮粉碎。称量粉碎试样 4g 放于 100mL 烧杯中，添加一定量的农药标准溶液，加入的亚胺硫磷和毒死蜱的量相同，向烧杯中加入 50mL 乙腈溶液，匀速搅拌振荡各 20min，用滤纸进行过滤，然后倒入 100mL 具塞量筒内，具塞量筒预先装有 7g NaCl。充分振荡 1min，静置 30min。可以看到溶液出现明显分层现象，准确移取 10mL 上层乙腈相，放置到 100mL 烧杯中，将装有乙腈相的烧杯放在电热板上加热，至乙腈挥发干后取出。冷至室温后用向烧杯中加入甲醇，洗涤后倒入 10mL 容量瓶中，定容。以容量瓶中亚胺硫磷与毒死蜱混合滤液为母液，配制 2～22mg/L 的 31 个浓度梯度的脐橙表皮农药残留亚胺硫磷与毒死蜱的混合样品，样品浓度为 2～12mg/L 的浓度梯度为 0.5mg/L，样品浓度为 12～22mg/L 的浓度梯度为 1mg/L。

金胶由柠檬酸三钠还原法合成。取质量分数为 0.01%的 $HAuCl_4$ 溶液放置于烧杯中加热。沸腾后，迅速加入 2mL 的 1%的柠檬酸三钠溶液，继续加热并搅拌。约 15min 后得到呈红色的金胶溶液。

将农药样品溶液、金胶和氯化钠按一定体积比(10∶3∶3)混合，在振荡仪上振荡均匀，用移液枪取 1μL 混合溶液滴到预先洗净的石英片上，晾干后做拉曼光谱测试。本实验采用自然风干，也可通过吹风加快样品的晾干速度。SENTERRA 共焦显微拉曼光谱仪的激光波长为 785nm；积分时间为 10s，1 次叠加；激光功率为 10mW，分辨率为 9～15cm^{-1}。共焦拉曼显微镜通过 OPUS 软件进行光谱采集。每个浓度的样品采集 5 条拉曼光谱，取平均值，根据平均光谱建立数学模型。

6.4.2　建模与分析

1. 脐橙表皮混合农药残留的 SERS 特性分析

以金胶为基底，采集的两种农药混合物的表面增强拉曼光谱与亚胺硫磷和毒死蜱粉末样品的拉曼峰位对比如图 6-3 所示；毒死蜱溶液的表面增强拉曼光谱与毒死蜱粉末的拉曼峰位对比如图 6-4 所示；亚胺硫磷溶液的表面增强拉曼光谱与亚胺硫磷粉末的拉曼峰位对比如图 6-5 所示。从图中可以看出，农药之间产生相互干扰，但两种农药的拉曼峰都能在图中识别出来。同时可以看出，由于两种农药之间相互干扰，样品增强峰位与采集单一农药相比发生改变，且增强峰位发生偏移。由图 6 3 中所标注的峰位归属结果见表 6-1。

表 6-1　混合农药的拉曼谱带归属

混合农药拉曼频移/cm^{-1}	谱带归属	混合农药拉曼频移/cm^{-1}	谱带归属
342	N-环丙基弯曲振动	1016	骨架伸缩振动
605	环变形振动	1190	环呼吸振动
680	P ══ S 伸缩振动	1774	反对称 C ══ O 伸缩振动
978	C—C—O 伸缩振动		

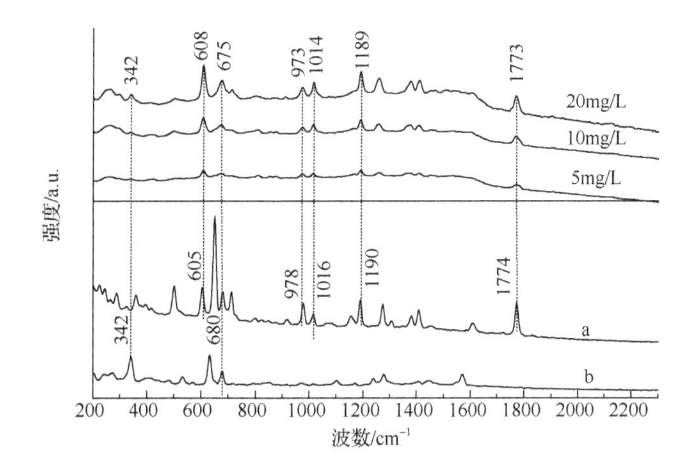

图 6-3　亚胺硫磷粉末样品光谱(a)、毒死蜱粉末样品光谱(b)，以及混合脐橙表皮农药溶液 5mg/L、10mg/L、20mg/L 表面增强拉曼光谱

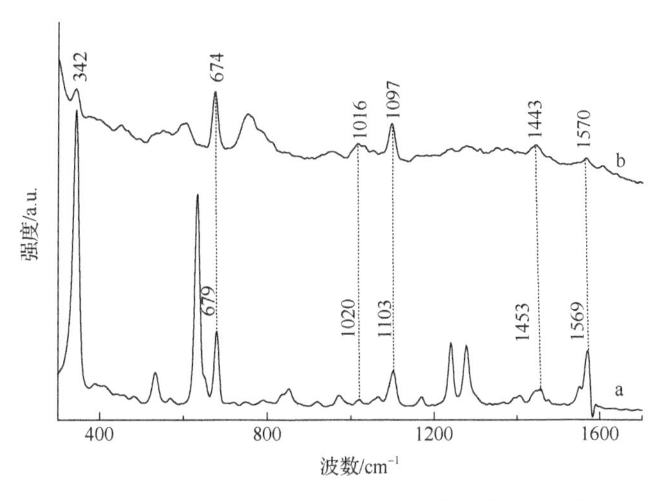

图 6-4　毒死蜱粉末拉曼光谱(a)与毒死蜱溶液的表面增强拉曼光谱(b)

图 6-3 中，得到增强的峰位有 342cm^{-1}、605cm^{-1}、680cm^{-1}、978cm^{-1}、1016cm^{-1}、1190cm^{-1}、1774cm^{-1}，混合农药在金胶体系中振动峰变化明显，峰强发生改变，且发生谱峰展宽和频移，605cm^{-1}位置附近的环变形振动峰位红移约为 3cm^{-1}，680cm^{-1}位置的 P ══ S 伸缩振动峰位蓝移约为 5cm^{-1}，978cm^{-1}位置的 C—C—O 伸缩振动峰位蓝移约为 5cm^{-1}，1016cm^{-1}位置的骨架伸缩振动峰位蓝移约为 2cm^{-1}，1190cm^{-1}位置的环呼吸振动

峰位蓝移约为 $1cm^{-1}$，$1774cm^{-1}$ 位置的反对称 C═O 伸缩振动峰位蓝移约为 $1cm^{-1}$。其中，$1774cm^{-1}$ 位置的反对称 C═O 伸缩振动归属于亚胺硫磷，毒死蜱粉末拉曼光谱不具有该峰位，而 $342cm^{-1}$ 位置的 N-环丙基弯曲振动归属于毒死蜱，亚胺硫磷粉末拉曼光谱不具有该峰位，但混合农药的拉曼光谱则具有这两个峰位，说明通过这两个特征峰可以对亚胺硫磷和毒死蜱进行定性识别。

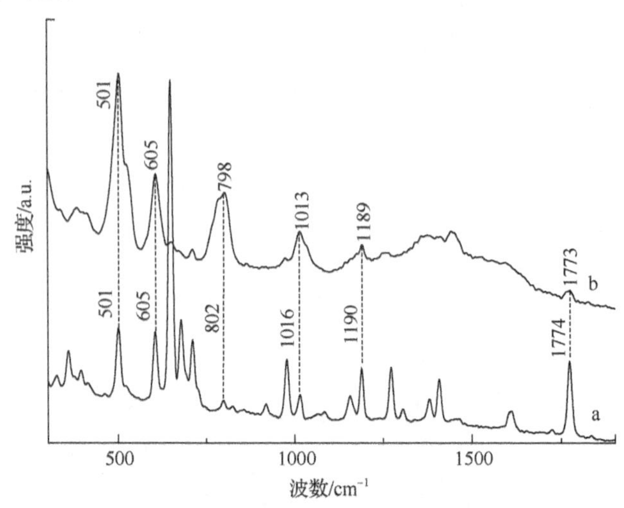

图 6-5　亚胺硫磷粉末拉曼光谱(a)与亚胺硫磷溶液的表面增强拉曼光谱(b)

2. 脐橙表皮混合农药残留的 SERS 预处理

实验以金胶为 SERS 基底，对脐橙表皮混合农药残留溶液进行光谱采集，其平均光谱如图 6-6 所示，其光谱为 200～$2300cm^{-1}$。将光谱图中出现的谱峰与亚胺硫磷粉末和毒死蜱粉末拉曼光谱对比，可知具有增强效果的峰位有 $342cm^{-1}$、$605cm^{-1}$、$680cm^{-1}$、$978cm^{-1}$、$1016cm^{-1}$、$1190cm^{-1}$、$1774cm^{-1}$，见表 6-1。谱峰强度随着样品中农药含量的增加逐渐增加。农药残留溶液的拉曼光谱中一些谱峰位移发生了改变，但漂移范围都在 $\pm 10cm^{-1}$ 以内，不会影响模型的精度。因此，金胶作为 SERS 基底，具有明显的增强效果。

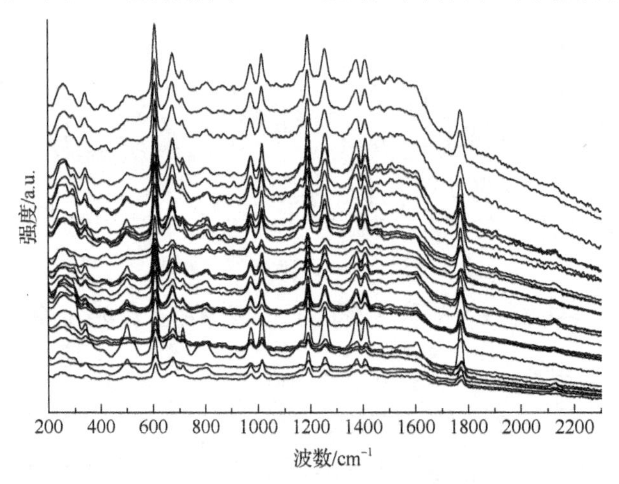

图 6-6　脐橙表皮混合农药溶液表面增强拉曼的平均光谱

将配置的 2～22mg/L 的混合农药共 31 个样品以金胶为增强基底采集 SERS，SERS 原始数据分别经卷积平滑(Savitzky-Golay Smoothing)、多元散射校正(MSC)、基线处理(Baseline)、一阶导数(First Derivative)、二阶导数(Second Derivative)共 5 种光谱预处理方法进行处理。然后基于 PLS 建立脐橙表皮混合农药残留的定量分析模型，其中 24 个样品为校正集、7 个样品为预测集。比较 5 种预处理方法在 PLS 算法下建立模型的校正集的相关系数 R_C 与预测集的相关系数 R_P，以及 RMSEC、RMSEP 来对模型的效果进行评价，如表 6-2 所示。经过反复比较可知，光谱数据经一阶导数处理之后，建模效果最好。因此，从模型的稳定性和预测性两方面考虑，一阶导数处理后建立的模型最理想，R_P 为 0.912，RMSEP 为 3.601mg/L。

表 6-2　不同光谱预处理下 PLS 建模结果

预处理方法	PC	校正集		预测集	
		R_C	RMSEC/(mg/L)	R_P	RMSEP/(mg/L)
原始	3	0.871	2.844	0.801	3.642
卷积平滑	3	0.871	2.844	0.801	3.637
MSC	6	0.947	1.852	0.916	4.173
基线处理	5	0.923	2.214	0.917	3.602
一阶导数	3	0.958	1.645	0.912	3.601
二阶导数	3	0.957	1.674	0.902	4.105

3. 脐橙表皮混合农药残留的 SERS 波段选择

在本案例的研究条件下，所采集的 SERS 原始数据波数为 200～2300cm^{-1}，区间范围内共有 4201 个波数点，也就是说建立模型时共有 4201 个自变量，因此在利用该光谱区间建立模型时，往往会占据较大的运算时间。为了提高建模速率，同时提高所建模型预测效果的稳定性和准确性，研究不同波数范围对模型预测效果的影响。以一阶导数预处理后的光谱作为输入数据，使用 OPUS 软件上的定量分析方法对光谱数据波段进行筛选，根据 PLS 算法建立的定量分析模型挑选最优波段。

4. 脐橙表皮混合农药残留模型的建立及预测

结合上述的预处理方法与波段范围，最终决定以适当的预处理方法，结合有效波段 200～620cm^{-1}、830～1040cm^{-1} 和 1250～2300cm^{-1} 作为输入变量。分别采用化学计量学中的 PLS 和 PCR 算法对拉曼光谱数据与混合农药含量建立定量分析模型，并对所建立模型的预测效果进行分析。将实验样品划分为校正集和预测集，其中校正集由 24 个样品建立，7 个样品作为预测集，由校正模型的预测效果来评价模型。不同算法的建模结果如表 6-3 所示。

表 6-3　脐橙表皮混合农药残留的建模性能比较

算法	R_C	RMSEC/(mg/L)	R_P	RMSEP/(mg/L)
PLS	0.975	1.282	0.909	3.338
PCR	0.852	3.026	0.830	3.704

由表 6-3 知，由 PLS 算法所建立的分析模型预测效果最好，其 R_P 为 0.909，RMSEP 为 3.338mg/L。图 6-7 为表皮混合农药残留预测集中实际值与预测值的验证结果对比。结果表明，以金胶为 SERS 基底，采用拉曼光谱检测技术结合 PLS 算法建立的预测模型效果最佳，可以获得较高的预测精度。

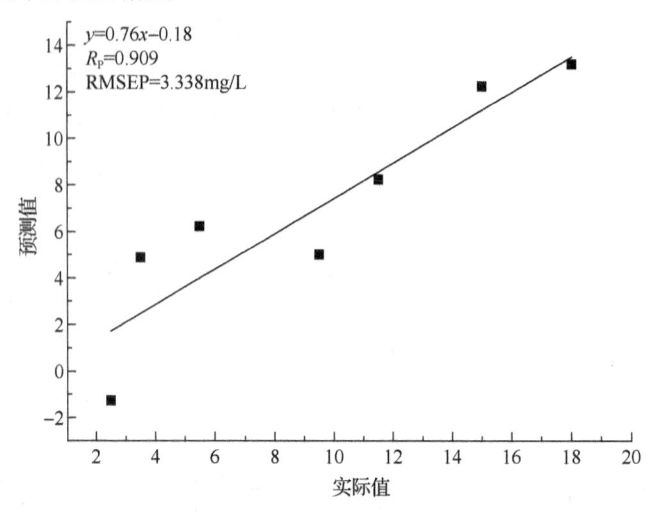

图 6-7　最优模型对混合农药残留预测集的预测结果

6.4.3　应用效果

本案例利用共焦显微拉曼光谱检测技术检测脐橙表皮亚胺硫磷和毒死蜱的混合农药残留，对比不同的预处理方法对光谱数据进行处理的结果，并比较 PLS 和 PCR 算法建立的定量分析模型。结果表明采用共焦显微拉曼光谱结合 PLS 建立定标模型预测精度最佳，为实现对亚胺硫磷农药残留的快速检测提供了一种新的技术手段。

第 7 章　太赫兹光谱检测技术及应用

7.1　太赫兹光谱检测技术原理与特点

7.1.1　太赫兹光谱检测原理

太赫兹(Terahertz，THz)波是指电磁波谱中微波(MW)和红外光区域之间的一个非常小的间隙，如图 7-1 所示。频率为 0.1～10THz，THz 波具有探测分子间或者分子内部弱相互作用的独特性质，适合基础研究和工业应用。受限于太赫兹波源产生以及检测技术，20 世纪 90 年代之前，电磁波谱区域中的太赫兹波段未得到有效的开发与利用，被人们称为太赫兹空隙(THz Gap)。近年来，半导体材料技术、超快激光技术、数据分析技术的迅猛发展促进了 THz 技术瓶颈问题的突破，也使 THz 技术逐步成为无损检测领域的研究热点。

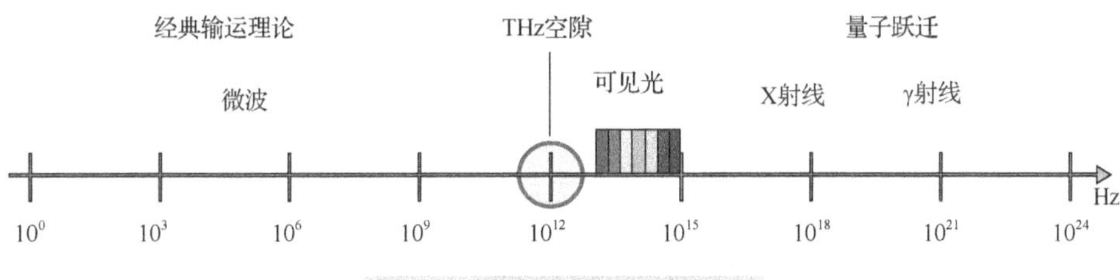

图 7-1　电磁波中的太赫兹波段

7.1.2　太赫兹光谱检测特点

太赫兹时域光谱(THz-TDS)检测技术利用飞秒激光技术获得的宽波段 THz 脉冲，具有大带宽、高信噪比、可在室温下工作等优点。太赫兹波谱能够体现分子间的相互作用，其对应波长为 3mm～0.03mm，具有其他电磁波(如近红外、中红外、X 射线等)不具备的优势，如穿透暗物质的能力强、从透明材料中反射的能力强、对薄组织的敏感度较高等，其技术基础属于电子学和光学的结合。目前 THz-TDS 检测技术主要用于研究材料在远红外波段的性质和物理现象，THz 具有一些特性，给医学成像、无损检测、安全检查、雷达等领域带来了深远的影响。

目前，太赫兹波引起大家广泛的重视，太赫兹波所具有的独特优势如下。

(1)低能性：THz 波具有较低的光子能量，1THz 所含有的光子能量仅仅是 4MeV，所以它并没有像 keV 量级的 X 射线一样在生物组织中导致有害的光致电离。THz 波也是进行安全的无损检测工作中的常用波，在对物体内部缺陷的探测和对隐藏物的检测领域有很大的优势。

(2) 指纹性：不同的物质具有不同的分子动力学性质，因此具有不同的振动能级和转动能级，在太赫兹波段也表现出了不同的吸收峰，呈现出“指纹”特性，使得 THz 鉴别成为可能。

(3) 相干性：在使用 THz 波进行测量时，可以同时测量信号瞬时电场的相位和瞬时电场的强度，因此属于相干测量。

研究人员对 THz 波展开时域探测的分析任务，研究 THz 吸收光谱和色散光谱，进而获取被测材料相关的数据资料。国际上对于太赫兹光谱检测技术有很高的评价，太赫兹光谱检测技术具有独特的优点(信噪比高、适合无损检测、获取介质信息方便快捷、非接触性检测等)，给国家的科技和经济发展带来了巨大的潜力。

7.2　太赫兹光谱检测系统

太赫兹时域光谱检测技术是一种新兴的、非常有效的检测技术。通过探测样品进入前和进入后的信号，利用傅里叶变换等将时域信号转换为频域信号，提取样品的光学参数(如折射率、吸收系数以及消光系数等)。目前太赫兹时域光谱检测系统常用的有透射式和反射式两大类，下面对常用的两类 THz-TDS 检测系统进行介绍。

太赫兹的关键技术能否广泛应用的关键在于是否有能够产生高功率和稳定的太赫兹辐射源。目前太赫兹辐射源有三种：第一种是利用自由电子激光、返波管等电子学的方法产生太赫兹波，这类方法产生的太赫兹波频率较低，一般在 2THz 以下；第二种是半导体太赫兹辐射源，如量子级联激光器等，但半导体太赫兹辐射源对条件要求比较高，需要低温冷却，制约了其应用范围；第三种是激光抽运方法，用超短脉冲激光抽运光电导天线或者非线性晶体，产生稳定、宽频的太赫兹波，这个方法目前广泛应用于太赫兹光谱检测方向。图 7-2 为爱德万(Advantest)公司的 TAS7500SU 太赫兹时域光谱仪，测量范围为 0.01～7THz，分辨率为 7.6GHz，扫描速度为 8ms/次，扫描次数为 8096 次/点。图 7-2(a)为样品检测舱，图 7-2(b)为太赫兹光谱仪，图 7-2(c)为太赫兹成像系统内部结构，图 7-2(d)为太赫兹成像系统整体实物图。

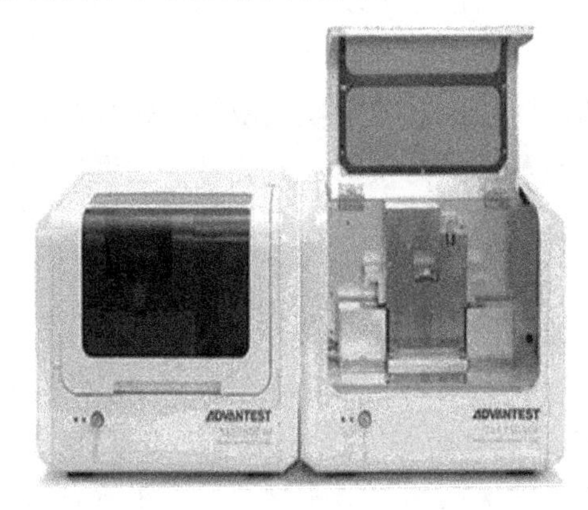

(a) 样品检测舱

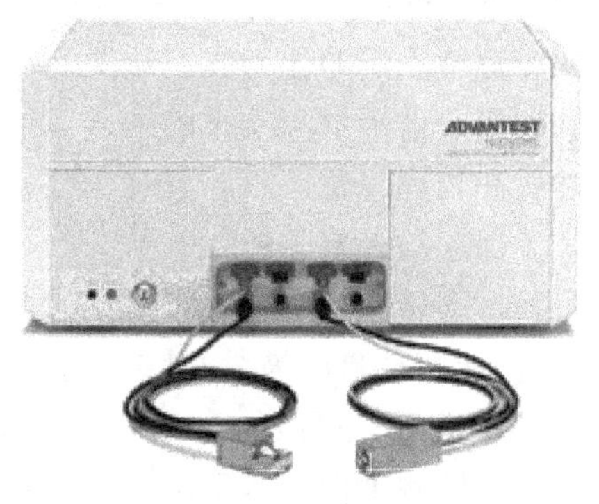

(b) 太赫兹光谱仪

(c) 太赫兹成像系统内部结构

(d) 太赫兹成像系统整体实物图

图 7-2　太赫兹时域光谱仪实物图

图 7-3 为 TAS7500SU 太赫兹时域光谱系统原理图。该系统包括激光发射器、光电导天线、时间延迟控制系统、数据采集与处理系统等。飞秒激光经过分束镜分成抽运激光和探测激光，抽运激光抽运电导天线产生太赫兹波，探测器通过机械时间延迟装置后入射进入光导天线，用于探测太赫兹波。时间控制延迟系统用于探测太赫兹的时域波形。

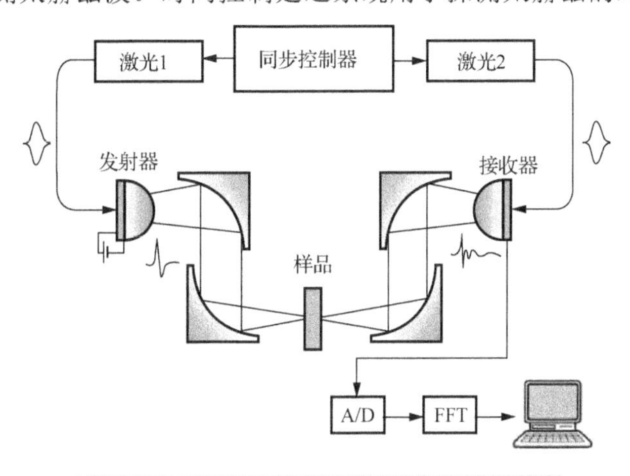

图 7-3　TAS7500SU 太赫兹时域光谱系统原理

数据采集软件操作界面如图 7-4 所示，其中，图 7-4(a) 为空白测试界面，界面上有背景测试和样品测试按钮；图 7-4(b) 为高分子材料测试界面，图中显示不同高分子材料测试的吸光度的光谱曲线，前后两端会有一定的噪声干扰；图 7-4(c) 为奶粉掺杂不同浓度三聚氰胺样品的测试界面，图中显示样品测试的原始光谱；图 7-4(d) 为异物测试界面，测试时，将圆形金属异物放入仪器中成像，获得的图像左侧为圆形金属异物的太赫兹成像，右上侧为采集参数设置界面，右下侧为采集光谱曲线，通过在界面上设置光谱采集的起点、步长、扫描精度、扫描次数等参数，自动进行样品的太赫兹成像采集。

(a)空白测试界面

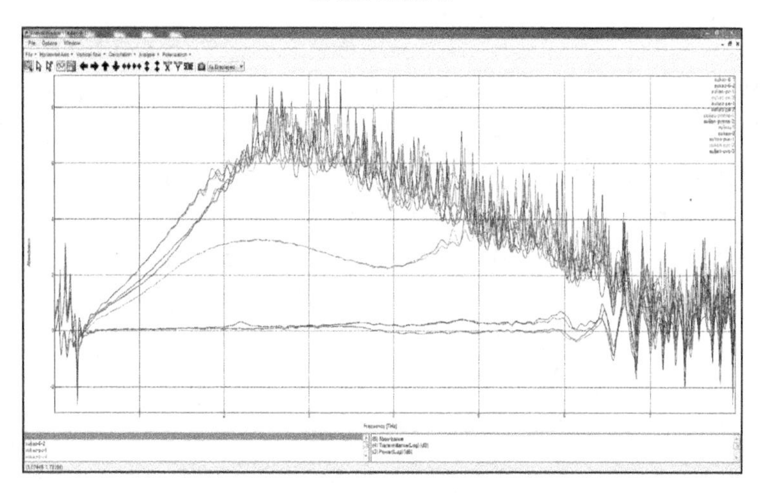

(b)高分子材料测试界面

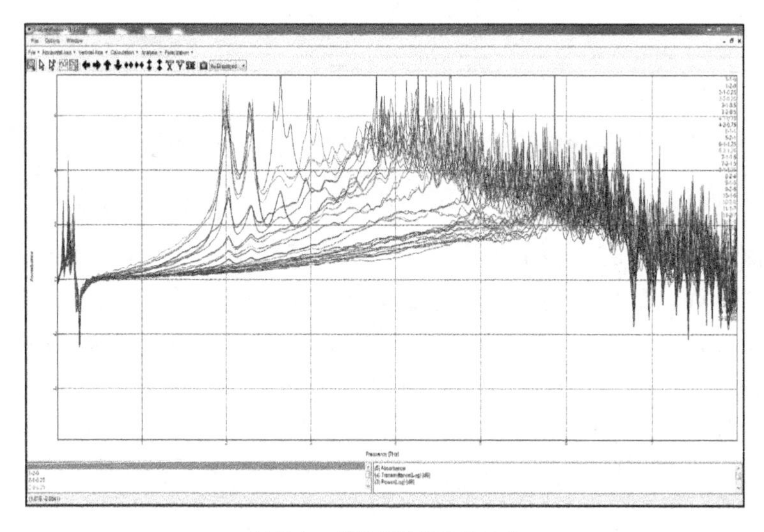

(c)掺杂三聚氰胺样品测试界面

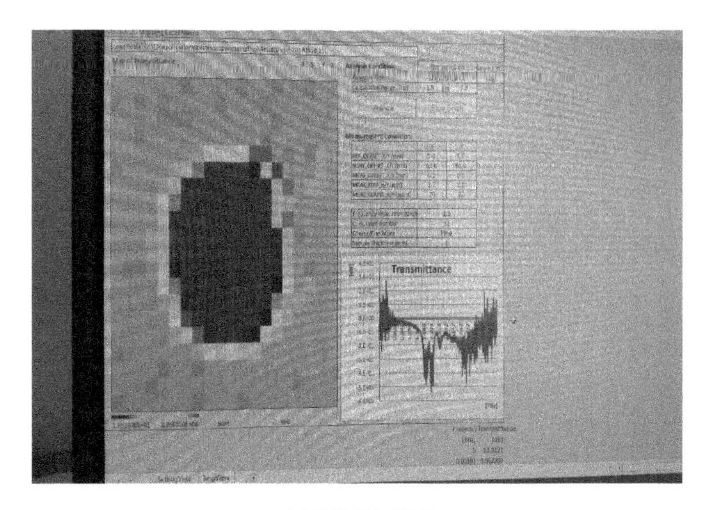

(d)异物测试界面

图 7-4　太赫兹时域光谱仪数据采集软件操作界面

7.3　太赫兹光谱检测关键技术

7.3.1　太赫兹光谱数据校正方法

在采集样品光谱时，太赫兹光谱仪测得的数据不仅包含样品本身的信息，还有其他的干扰，如无关噪声、振动以及荧光背景等。配制好的食品添加剂样品本身的理化状态和所处的环境变化均可使得实验结果产生较大偏差。为了获取更加真实地代表样品信息的光谱，为后续建立高精度模型做好铺垫，光谱的前期预处理显得尤为重要。

使用太赫兹光谱检测技术获取样品的光谱数据后，通常需要对其进行预处理，常用的预处理方法有 MSC、归一化(Normalization)等。

1. MSC

MSC 是常用的光谱数据预处理手段，用于消除样品厚度差异、光程差不同等对检测模型精度的影响，增强光谱中有效信息。其公式如下：

$$X_{\mathrm{i}} = \frac{X - b}{a} \tag{7-1}$$

式中，X_{i} 为经过多元散射校正后得到的新光谱矩阵；X 为原始光谱矩阵；b 为样品太赫兹光谱矩阵 X 与样品太赫兹光谱平均光谱进行拟合得到的截距；a 为拟合得到的系数。

2. 归一化

归一化算法较多，有面积归一化法、最大归一化法和平均归一化法等。在光谱检测中，矢量归一化法最常用。对光谱 $x(1\times m)$，其算法如下：

$$x_{\mathrm{normalization}} = \frac{x - \overline{x}}{\sqrt{\sum_{k=1}^{m} x_k^2}} \tag{7-2}$$

式中，$\overline{x}=\frac{\sum_{k=1}^{m}x_k}{m}$，$m$ 为波长数，$k=1,2,\cdots,m$。这种方法常用来校正由微小光程差异引起的变化。

7.3.2 太赫兹光谱数据波段筛选

太赫兹光谱数据波长点较多、数据量大，若采用全谱数据进行数据处理，其模型处理较为复杂。若要减少运算量并保证较高的模型精度，就必须去除太赫兹光谱中的冗余光谱信息，找到与建模相关的特征波段。波段筛选方法可以有效地解决上述问题，常见的波段筛选方法有连续投影法、无信息变量消除法、CARS 算法和移动窗口偏最小二乘(MWPLS)法等。

7.3.3 太赫兹光谱数据建模方法

太赫兹光谱仪采集的光谱数据不能够直接对物质进行分析，需通过化学计量学方法将光谱数据和品质指标统一于同一个模型中才能进行分析。常用的建模分析方法有 LS-SVM、PLS 等。

1. LS-SVM

LS-SVM 是针对小样本建立的统计学方法，常用的核函数有线性核函数和径向基核函数，式(7-3)为线性核函数公式，式(7-4)为径向基核函数公式。

$$K(x_i,x_j)=x_ix_j \tag{7-3}$$

$$K(x_i,x_j)=\exp\left[-\left\|x_i-x_j\right\|^2/(2\sigma^2)\right] \tag{7-4}$$

式中，x_i 为样本点；x_j 为核函数中心点；σ^2 为内核参数，表示径向基函数的方差。

2. PLS

PLS 常用于建立样品光谱矩阵与样品浓度矩阵之间的关系，PLS 模型预测原理如下：

$$Y=\sum_{i=1}^{n}\beta_i\lambda_i+b \tag{7-5}$$

式中，Y 为建立的模型预测值；β_i 为第 i 个波长点对应的回归系数；λ_i 为第 i 个波长点对应的光谱能量；n 为波长点的个数；b 为模型的截距。

7.3.4 太赫兹光谱检测模型评价

PLS 是光谱检测技术中最成熟的一种算法，需要先对太赫兹光谱数据进行预处理，建立 PLS 模型评价最优预处理方法；再对经过最佳预处理方法处理后的数据进行无信息变量消除法和连续投影法波段筛选，分别采用 PLS 和 LS-SVM 建立不同的太赫兹光谱检测模型并进行评价。通常数据分析采用 MATLAB2012 结合 Unscrambler 软件，科技绘图采用 OriginPro 软件。模型由以下三个指标进行评价，分别为建立后模型的预测相关系数 R_P、校正均方根误差 RMSEC 和预测均方根误差 RMSEP，其公式如下：

$$R_{\mathrm{P}} = \frac{\mathrm{Cov}(y_{\mathrm{P}}, y)}{\sigma y_{\mathrm{P}} \sigma_y} \tag{7-6}$$

$$\mathrm{RMSEC} = \sqrt{\frac{1}{n_{\mathrm{C}} - 1} \sum_{i=1}^{n_{\mathrm{C}}} (y_{i,\mathrm{P}} - y_i)^2} \tag{7-7}$$

$$\mathrm{RMSEP} = \sqrt{\frac{\sum_{i=1}^{n_{\mathrm{P}}} (y_i - y_{i,\mathrm{P}})^2}{n_{\mathrm{P}}}} \tag{7-8}$$

模型的评价一般采用决定系数（R^2）或者相关系数（R）来表示模型预测结果，在浓度范围相同的情况下，决定系数及相关系数越接近 1，说明模型预测越稳定，其公式如式(7-6)所示。其中，n 为样品总数，n_{C} 为校正集样品个数，n_{P} 为预测集样品个数，$y_{i,\mathrm{C}}$ 为校正集第 i 个样品的真实值，$y_{i,\mathrm{P}}$ 为预测集第 i 个样品的预测值。而模型的预测精度采用校正标准偏差(RMSEC)及预测标准偏差(RMSEP)来评价，RMSEC 和 RMSEP 越小，模型预测越精确，其公式如式(7-7)与式(7-8)所示。而在定量检测模型中，则采用模型误判率作为模型的预测精度评价指标，模型误判率越低，模型精度越高。

建模过程中，选取校正集和预测集的数量比约为 3∶1，利用校正集建立数学模型，利用预测集对模型进行验证。预测集 R_{P} 和 RMSEP 作为本模型的评价指标。采用 MATLAB 软件处理数据和建立模型。图 7-5 为检测模型建立的流程图。

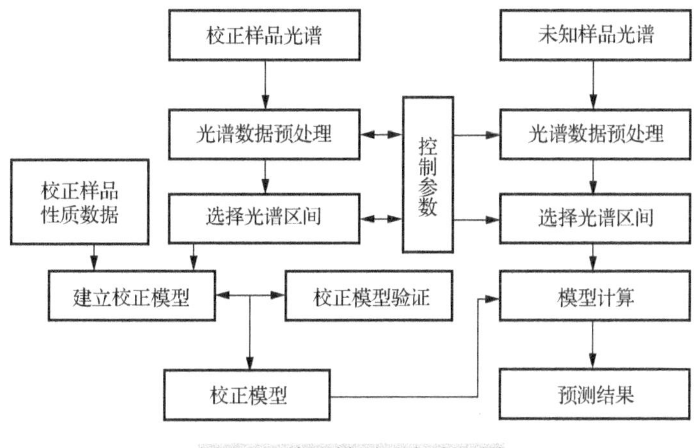

图 7-5　检测模型建立流程图

7.4　应用案例——基于太赫兹光谱检测技术的面粉中苯甲酸浓度检测应用

食品安全与我们每个人的生活密切相关。虽然苯甲酸常作为食品防腐剂使用，但食用添加过量苯甲酸的食品会对人体健康造成极大伤害。目前，对面粉的品质检测更多地借助化学方法，国内外较常用的检测方法分为生物测定方法和理化分析法。其中，生物测定方法主要包括免疫分析法和生物传感器法，理化分析法主要有气相色谱法和液相色谱法等。这些检测方法大多属于有损检测，而且检测成本高、操作复杂。因此，探索一种简单、快速、实时的面粉质量和安全检测方法是非常迫切的。THz 的波谱介于远红外光和微波之间，频率为 0.1～10THz，各种有机分子的弱相互作用、低频振动吸收频率均位于 THz 频段，具有独特的检测优势。太赫兹波具有安全性高、透视性好以及波谱分辨能力强等特点，因此太赫兹光谱检测技术在很多领域都具有广阔的应用前景。

本案例利用太赫兹光谱检测技术建立 MLR、PLS 和 LS-SVM 模型，评估上述模型并探索最佳定量分析模型，达到利用太赫兹光谱检测技术定量检测面粉中苯甲酸含量的目的。

7.4.1　实验部分

1. 实验材料

本实验所用面粉购买于某大型超市，苯甲酸样品购买于阿拉丁试剂官网，其纯度为分析纯度大于或等于 99.7%。按照设计的浓度梯度配制样品(浓度分别为 0.04%、0.08%、0.1%、0.2%、0.4%、0.5%、1%、1.5%……20%)。本实验样品经过研磨、烘干、称量、混合、压片等步骤进行制备。按照上述方法依次制备 44 组浓度梯度面粉和苯甲酸混合样品。每组浓度梯度样品制备 4 个，共得到混合样品 176 个，另外分别制备一组面粉和一组苯甲酸样品作为对照。所有样本采用 K-S(Kennard-Stone)算法将样本按照 3∶1 左右的比例划分为建模集和预测集，分别建立对应模型。表 7-1 为面粉中苯甲酸浓度真值在建模集和预测集中的分布统计结果。

表 7-1　面粉中苯甲酸浓度真值在建模集和预测集的分布统计

样品集分类	数量/个	最小值/%	最大值/%	平均值/%	标准差/%
全部样本	176	0.048	19.999	9.5445	6.162
建模集	132	0.048	19.999	9.7596	6.122
预测集	44	0.048	19.999	9.5973	6.135

2. 光谱采集

本实验采用的检测装置是日本 Advantest 公司的 TAS7500SU 太赫兹时域光谱仪，频谱测量范围为 0.1～5.0THz，仪器的分辨率为 7.6GHz，扫描次数为 4048 次/点。该装置包括两个超短脉冲光纤激光器，脉冲中心波长为 1550nm，最大输出功率为 50mW，系统扫描采样率为 8ms/次。为了减少随机误差对实验结果所造成的影响，对每个样本进行 4 次测量。

3. 参数提取方法

根据 Timothy 和 Duvillaret 等提出的光学参数提取模型，采用快速傅里叶变换(FFT)获取 THz 脉冲的频谱分布，可表述为

$$E(\omega)=A(\omega)\exp[-\mathrm{i}\varphi(\omega)]=\int E(t)\exp(-\mathrm{i}\omega t)\mathrm{d}t \tag{7-9}$$

式中，$A(\omega)$为电场幅值；$\varphi(\omega)$为电场的相位；$E(t)$为太赫兹时域波形。式(7-10)和式(7-11)分别为计算检测样品的折射率、吸收系数的公式。

$$n(\omega)=\frac{\varphi(\omega)c}{\omega L}+1 \tag{7-10}$$

$$\alpha(\omega)=\frac{2k(\omega)\omega}{c}=\frac{2}{d}\ln\left[\frac{4n(\omega)}{\rho(\omega)(n(\omega)+1)^2}\right] \tag{7-11}$$

式中，ω 为频率；L 为太赫兹波传输距离；$k(\omega)$ 为消光系数；$\rho(\omega)$ 为幅值比函数；$\varphi(\omega)$ 为参考信号和样本信号的相位差，d 为样品厚度，c 为真空中的光速。

4. 模型评价方法

本实验对面粉样品的太赫兹光谱进行校正处理，建立 PLS 模型，并通过 PLS 模型评价其预处理方法，选择最佳预处理方法。针对最佳预处理后的太赫兹光谱分别建立相应的 PLS 和 LS-SVM 检测模型。本模型评价的关键是建模集和预测集的相关系数与均方根误差。建模集参数 R_C 和 RMSEC 以及预测集参数 R_P 和 RMSEP 共同决定了检测模型的质量。检测模型的相关系数越高、均方根误差越小，则模型的精度越高。RMSEC 的数值和 RMSEP 的数值越接近，则建立的模型就越稳定。利用 MATLAB2014b 软件进行相关分析和建立 LS-SVM 检测模型。

7.4.2 建模与分析

1. 纯面粉与添加苯甲酸面粉样品的太赫兹光谱响应特性分析

物质的太赫兹光谱中信息丰富，包含吸收系数、折射率、介电常数、相位角等太赫兹光学参数，可多维度反映物质的内部信息。图 7-6 为纯面粉、纯苯甲酸以及其混合物的太赫兹光谱吸收系数，考虑到前端和后端存在较多的噪声干扰，为便于后期数据处理，截取频率为 1.0～3.0THz 的太赫兹光谱。纯面粉的光谱吸收系数曲线接近直线，随着频率的增加，纯面粉的吸收系数曲线缓慢上升。纯苯甲酸的吸收系数在 1.94THz 有明显的峰值，在 2.46THz 处也有一个较弱的吸收峰值。不同浓度苯甲酸的吸收系数的峰位吻合，在 1.94THz 的位置有较强的吸收峰，并且可以观测到吸收系数随面粉中苯甲酸浓度的增加而增加。混合样品的原始太赫兹光谱波形整体接近一致，但在一定的波段内吸收峰的强度有区别。面粉中苯甲酸浓度越高，样品对太赫兹光谱的吸收也就越强烈。

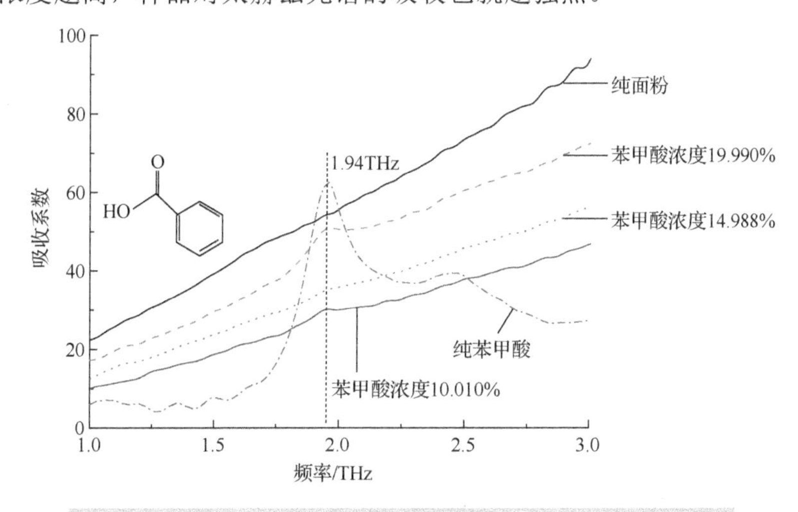

图 7-6　纯面粉、纯苯甲酸以及其混合物的太赫兹光谱吸收系数

2. 纯面粉和添加苯甲酸面粉样品的太赫兹光谱相关分析

为找到面粉苯甲酸混合样品太赫兹光谱吸收系数中表现出最大差异相关性的两个波段点，在 1.0～3.0THz 计算所有可能的波段比组合。选择决定系数(R^2)最高的频率对作为最佳波段比。图 7-7 为波段比相关系数的等值线图。观察到最高决定系数为 0.916，其分别对应 1.94THz 和 1.86THz。

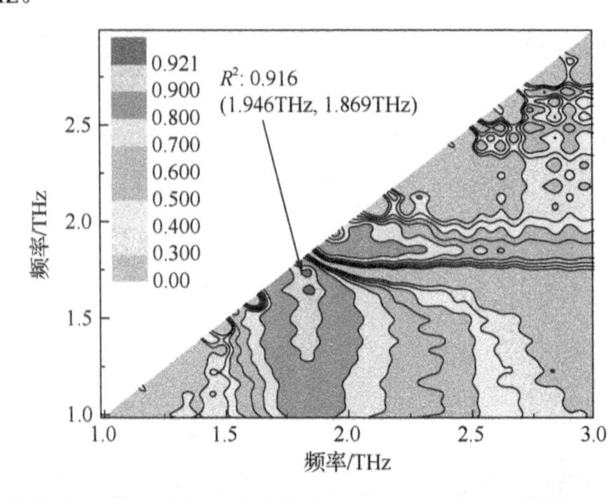

图 7-7　面粉苯甲酸混合样品太赫兹光谱吸收系数在 1.0～3.0THz 区域相关分析结果

3. 添加苯甲酸面粉样品的太赫兹光谱的校正处理

太赫兹光谱仪对环境的要求非常苛刻，在实验过程中实验仪器振动、噪声等会导致太赫兹光谱漂移、光散射等现象。通过适当的预处理可消除部分干扰，从而获得更好的建模效果。本案例主要采用以下校正方法(如平滑校正、多元散射校正、基线校正、归一化)进行校正处理，通过 PLS 模型评估校正处理效果。

表 7-2　面粉苯甲酸混合样品的太赫兹光谱吸收系数校正处理 PLS 建模效果

模型类型	预处理方法	主成分因子数	建模集		预测集	
			R_C	RMSEC/%	R_P	RMSEP/%
PLS	原始光谱	4	0.972	1.4	0.975	1.6
	平滑校正	4	0.972	1.4	0.975	1.6
	多元散射校正	3	0.976	1.3	0.976	1.4
	基线校正	5	0.980	1.2	0.970	1.4
	归一化	4	0.981	1.2	0.979	1.3

对添加苯甲酸面粉的太赫兹光谱进行不同的预处理之后建立 PLS 模型。参与建模的太赫兹光谱数据有 176 个，将太赫兹光谱数据分成 44 个预测集和 132 个建模集。将建模集与预测集的相关系数和均方根误差进行比较，可以评估校正处理效果。表 7-2 为添加苯甲酸面粉的太赫兹光谱吸收系数不同预处理 PLS 建模结果，经归一化校正处理的建模效果最佳，归一化处理可以很好地校正由微小光程差引起的太赫兹光谱的变化，PLS 模型预测相关系数为 0.979，预测均方根误差为 1.3%。

4. 添加苯甲酸面粉样品多元线性回归模型的建立

当 R^2 最大时，面粉苯甲酸混合样品的太赫兹光谱吸收系数在 1.94THz 和 1.86THz 两个频率位置。利用 MLR 建立太赫兹光谱吸收系数与苯甲酸浓度之间的相关分析模型，结果如表 7-3 所示，以 1.94THz 和 1.86THz 比值建立的 MLR 模型性能优于其他单点建立的 MLR 模型。MLR 模型的预测相关系数为 0.955，预测均方根误差为 1.9%。该模型只需要两个波段点即可建立模型，模型简单，数据计算量少，但最佳模型的精度略低于 PLS 模型。

表 7-3　面粉苯甲酸混合样品太赫兹光谱吸收系数 MLR 模型的建模结果

频率/THz	模型	建模集		预测集	
		R_C	RMSEC/%	R_P	RMSEP/%
1.86	$y=0.0029x_{1.86}+0.089$	0.018	6.1	0.155	6.3
1.94	$y=0.0507x_{1.94}+0.033$	0.204	6.0	0.239	6.1
1.94,1.86	$y=0.8259x_{1.94}/x_{1.86}+0.089$	0.964	1.6	0.955	1.9

5. 添加苯甲酸面粉样品太赫兹光谱 PLS 模型的建立

PLS 常用样品浓度真值与样品光谱矩阵之间的关系将矩阵分解及矩阵回归并为一步。图 7-8 是添加苯甲酸面粉样品的 THz 光谱吸收系数的回归系数，回归系数较大的 1.94THz 频率在 PLS 模型中起着重要作用。正相关系数与苯甲酸浓度响应成正相关，负相关系数与苯甲酸浓度响应呈负相关。添加苯甲酸面粉样品的太赫兹光谱吸收系数 PLS 模型预测相关系数为 0.979，预测均方根误差为 1.30%。

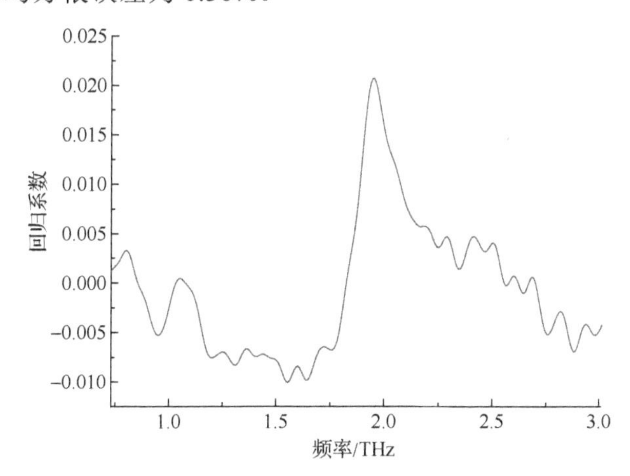

图 7-8　添加苯甲酸面粉的样品 THz 光谱吸收系数回归系数

6. 添加苯甲酸面粉样品太赫兹光谱 LS-SVM 模型建立

LS-SVM 是基于统计学习理论而发展起来的一种机器学习方法，其关键指标参数为输入向量、核函数种类及其相应的参数。径向基(RBF)核函数和线性(Lin)核函数为 LS-SVM 的两种典型的核函数。表 7-4 为添加苯甲酸面粉的太赫兹光谱吸收系数建模效果，采用 RBF 核时，其参数组合为$\gamma=16690$，$\sigma^2=229.418$，此时 LS-SVM 模型效果最佳，其预测相关系数与预测均方根误差分别为 0.987 和 1.1%。结果表明：RBF 核模型的效果总体优于 Lin 核函数模型。原因可能是 RBF 核的泛化能力更强，并且可以逼近任意非线性函数。它能很好地处理面粉中苯甲酸浓度与面粉样品苯甲酸太赫兹光谱数据的非线性关系。

表 7-4　面粉混合样品太赫兹光谱吸收系数 LS-SVM 建模结果

类型	参数	输入	R_P	RMSEP/%	t/s
Lin 核函数	$\gamma = 12.670$	264	0.983	1.2	6.162
RBF 核函数	$\gamma = 16690$ $\sigma^2 = 229.418$	264	0.987	1.1	4.368

7. 添加苯甲酸面粉样品太赫兹光谱 MLR、PLS 和 LS-SVM 模型对比

评估最佳 MLR、PLS 和 LS-SVM 模型的实际预测能力是利用预测集中的 44 个未知样本进行的。图 7-9 为面粉苯甲酸混合样品的苯甲酸浓度不同模型预测值与真值的拟合图。与 MLR 模型和 PLS 模型相比，LS-SVM 模型具有最高的预测精度，其预测相关系数(R_P)和预测均方根误差(RMSEP)分别为 0.987、1.1%。结果表明，面粉苯甲酸混合样品的苯甲酸浓度可以通过复杂的 LS-SVM 模型来确定。综上所述，LS-SVM 比 MLR、PLS 更适用于苯甲酸浓度的测定，因为 LS-SVM 模型具有较高的准确性，但是 MLR 用两个波段点也取得了较好的建模效果。

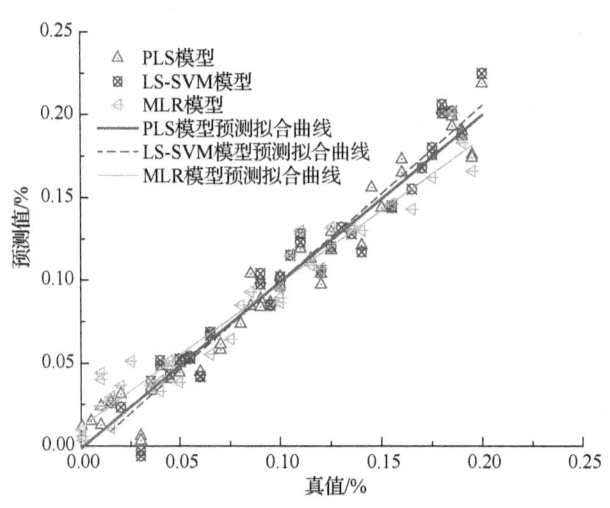

图 7-9　面粉苯甲酸混合样品的苯甲酸浓度不同模型预测值与真值拟合结果

7.4.3　应用效果

利用 THz 光谱结合 LS-SVM 模型可以测定面粉中苯甲酸的浓度。与 PLS 模型和 MLR 模型相比，LS-SVM 模型可以获得更好的建模结果。LS-SVM 模型的预测相关系数 R_P 为 0.987，预测均方根误差 RMSEP 为 1.1%。苯甲酸在 1.94THz 处呈现最大吸收峰。MLR 模型仅仅使用 1.94THz 和 1.86THz 两个波段点进行建模，建模效果预测相关系数 R_P 为 0.955，预测均方根误差 RMSEP 为 1.9%。该案例成功地验证了运用太赫兹光谱检测技术对添加了苯甲酸的面粉检测的可行性，THz 光谱检测技术与 LS-SVM 模型相结合，改变了传统方法检测面粉中苯甲酸浓度时存在的费时费力、成本高昂等问题，具有较强的现实意义。

第 8 章　LIBS 检测技术及应用

8.1　LIBS 检测技术原理与特点

8.1.1　LIBS 检测原理

激光诱导击穿光谱(LIBS)检测技术是采用光谱谱线分析金属元素的技术。20 世纪 60 年代第一次提出原子发射光谱采用激光作为激发光源，随后 LIBS 检测技术得以诞生，但受到各种仪器的限制，LIBS 检测技术发展缓慢。直到 90 年代后，LIBS 检测技术才迅速发展起来，受到研究者的关注，广泛地应用于农产品、重金属污染、食品安全检测等研究领域。

LIBS 的基本原理是利用一束脉冲激光经过透镜汇聚至待测样品的表面或内部，待测样本由于吸收了激光能量而被加热、熔化；样品中当原子最外层电子吸收了足够多的能量后即可以摆脱束缚形成自由电子，则待测样品被电离；在激光脉冲功率足够强的情况下，自由电子被加速并发生相互碰撞，被加速的自由电子轰击原子，造成大量原子的雪崩电离，自由电子、离子、原子等多种粒子组合构成高温的激光等离子体，其中包含 1%左右的高速自由电子、离子以及大量的高能态原子，随着激光作用的结束，大量激发态的原子、离子将逐渐向低能态或者基态跃迁，并产生与元素成分对应的特定波长的谱线探测的 LIBS，其中包含实验测量样品的成分及其含量两种信息，通过分析光谱中特征谱线的波长确定元素的种类，同时通过特征谱线的相对强度分析该元素的浓度。LIBS 检测技术原理如图 2-16 所示。

8.1.2　LIBS 检测特点

传统的元素检测与分析方法包括原子吸收光谱法、电化学法、X 荧光光谱法、电感耦合等离子体质谱法等。LIBS 检测技术作为一种新型的材料识别及定量定性分析技术，不仅可以用于实验室，而且可以应用于工业现场的在线检测。与传统物质元素分析方法相比，LIBS 检测技术的主要特点包括以下几个方面。

(1) 检测快速、直接。LIBS 检测技术通过脉冲激光对目标物进行激发，LIBS 仪能迅速采集 LIBS 信号，故而可以应用于工业现场的在线检测。

(2) 对检测目标物的损伤小。LIBS 检测技术检测目标物时，激光需经过聚焦镜在目标物表面形成聚焦(光斑直径小于 2mm)来激发出等离子体，对目标物的损伤特别小，因而检测时几乎不需要进行样品的制备，适合对贵重物品(包括贵金属等)的分析鉴别。

(3) 可以同时检测分析多种元素。在 LIBS 检测技术中，激光在样品表面激发出的等离子体中包括样品中的所有元素被激发出的特征谱线，因此 LIBS 仪能够同时接收所有元素的特征谱线并进行分析，检测出样品中包含的元素种类。

(4) 对目标物的状态无特殊要求。LIBS 检测技术通过分析目标物表面激发出的等离子体光谱信息来检测物质的成分以及所占的比例。理论上只要选择合适频率和脉宽的脉冲激光器，调节好输出激光的能量以及选用合适焦距的聚焦镜，就可在固体、液体、气体等中激发出等离子体，因而 LIBS 检测技术的适用范围非常广。

8.2　LIBS 检测系统

以海洋光学(Ocean Optics)公司的激光诱导击穿光谱仪(型号：MX2500+)为例进行说明，如图 8-1 所示，MX2500+可扩展到 8 个通道，能采集 180～1100nm 的光谱数据。MX2500+激光诱导击穿光谱仪主要参数如表 8-1 所示。MaxLIBS 是该仪器的操作软件。通过 MaxLIBS，用户可以实现对 MX2500+激光诱导击穿光谱仪及和 Q 开关激光器的控制。MaxLIBS 还提供了美国国家标准与技术研究院(National Institute of Standards and Technology，NIST)的元素光谱库，包含约 2500 条辐射谱线数据，搭配 MaxLIBS 软件的元素自动识别功能使用，用户可以对光谱进行元素分析。

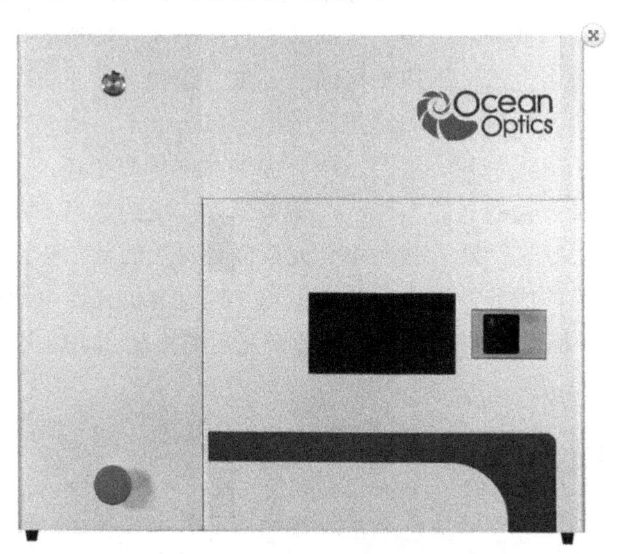

图 8-1　MX2500+激光诱导击穿光谱仪

表 8-1　MX2500+激光诱导击穿光谱仪主要参数

类别	波长	通道数	光学分辨率	焦距	探测器	积分时间	触发延迟	光路	触发抖动
参数	180～1100nm	1～8 通道	低至 0.035nm	101mm	线阵 CCD/面阵 CCD 可选	1ms～65s	+450μs	f/4，对称交叉光路	+10ns

MaxLIBS 是 MX2500+激光诱导击穿光谱仪配套的操作软件，软件的操作界面如图 8-2 所示。该软件使用全英文语言，集光谱采集与分析、光谱类别转换、数据导出、图谱打印

等功能为一体，操作快速便捷，数据库中包含多种基本图谱，可以进行常规检索。其主要功能包括：控制 MX2500+激光诱导击穿光谱仪；可工作于光谱仪模式、单击激发模式或连续激发模式；设置系统工作时序，包括积分延迟时间和 Q 开关延迟时间；控制激光器工作并同步采集光谱；光谱查看、导出与预处理；光谱分析，包括相关性分析和元素辅助鉴定等。

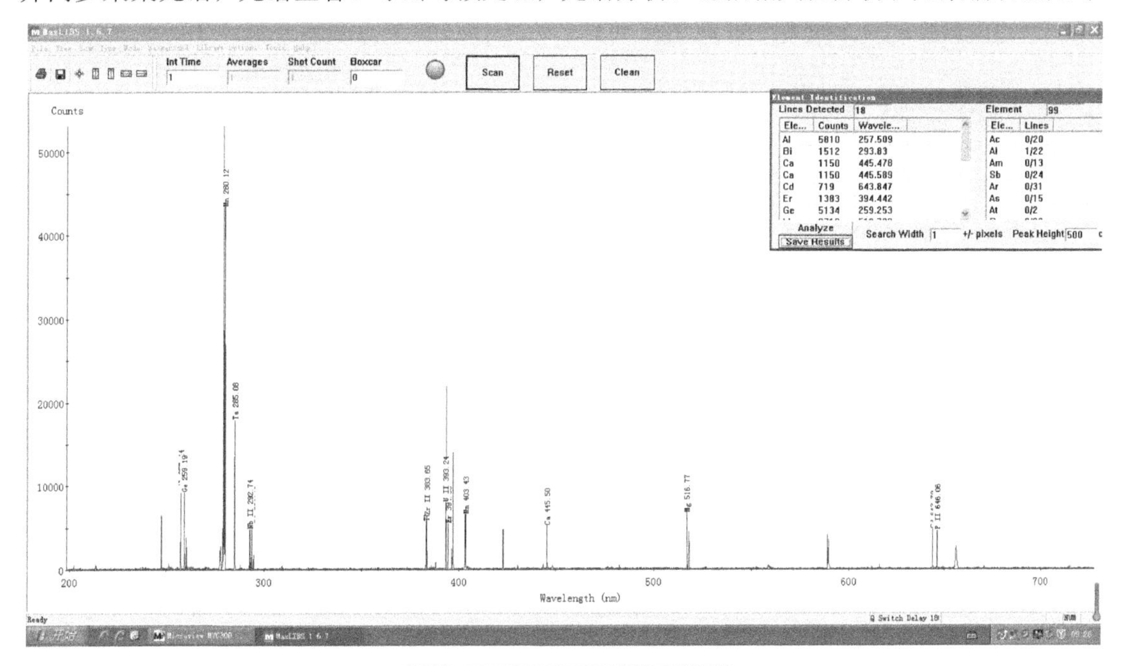

图 8-2　MaxLIBS 软件操作界面

MX2500+激光诱导击穿光谱仪并不包含配套样品仓，为了方便用户使用 MX2500+产品进行 LIBS 的拓展研究，海洋光学公司推出了 LIBS 样品仓。该样品仓具有手动/电动平移台、气体保护、同轴相机、聚焦光路和收光光路、软件 Mapping 等功能，针对不同的应用方式划分不同的标准配置等级。LIBS 样品仓内部预留安装 Q 开光激光器的安装孔，并集成配套的激光准直聚焦光路、同轴相机、同轴 LED 照明、高效率收光光路、保护气路和手动平移台。LIBS 样品仓内部光路原理如图 8-3 所示。

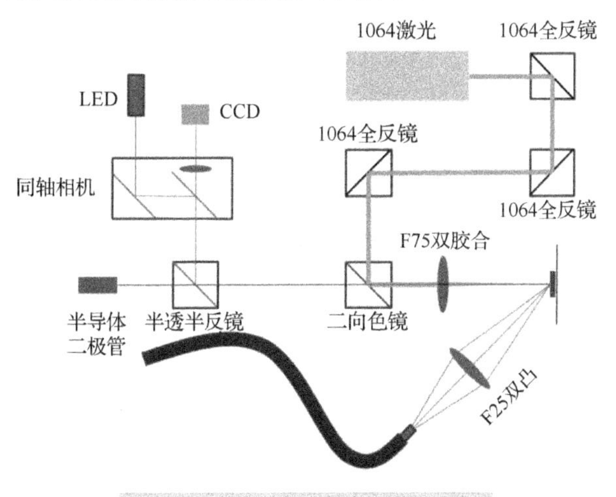

图 8-3　LIBS 样品仓内部光路原理

8.3 LIBS 检测关键技术

8.3.1 LIBS 数据预处理方法

在实验过程中，噪声、荧光背景等干扰以及样品本身信息具有差异性，这给 LIBS 仪器采集的光谱数据造成了影响。为了使获得的数据更具有准确性、建模效果更佳，需要对原始数据采用不同预处理方法。常用的预处理方法有卷积平滑、基线校正(Baseline Correction，BC)、小波变换(Wavelet Transform，WT)、归一化、一阶导数、二阶导数等。

1. 卷积平滑

一般在采集光谱时都会存在一些噪声信息。为减少随机噪声引起的误差，通常可采用数据平滑。卷积平滑是常用的平滑方法之一，主要是通过多项式对光谱数据进行平滑，可用于消除光谱采集过程中的噪声信号，提取光谱数据的有效信息。平滑点数应合理选择，点数过多易失去有效光谱信号，点数过少达不到消除噪声的目的。波长 k 处经过平滑处理后的平均值为

$$X_{k,\text{smooth}} = \bar{X}_k = \frac{1}{H}\sum_{i=-\omega}^{+\omega} X_{k=i} h_i \tag{8-1}$$

$$H = \sum_{i=-\omega}^{+\omega} h_i \tag{8-2}$$

式中，H 为归一化因子；h_i 为平滑系数；ω 为平滑点数。

2. 基线校正

仪器不稳定、环境不一致、样本多样性等多种因素都会导致 LIBS 的基线改变。要保证测量结果在同一标准上，就必须对数据进行背景校正。基线校正的原理就是将所有变量的光谱值减去最小的光谱值，基线校正公式如下：

$$y = x - \min(x) \tag{8-3}$$

式中，x 为光谱值；$\min(x)$ 为最小光谱值；y 为变量的光谱值减去最小光谱值，即基线校正后的光谱值。

3. 导数降噪

导数降噪分别有一阶导数和二阶导数。对获得的 LIBS 数据进行求导，不仅可以消除基线干扰、背景干扰，还可以分离重叠的光谱信号，提高光谱分辨率。通过导数降噪可将光谱数据进行微分转换成新的矩阵，其实就是将每个光谱点的斜率重新连成一条曲线。一阶导数是建立波长 λ 和 $\dfrac{\mathrm{d}A}{\mathrm{d}\lambda}$ 之间的关系，其中 A 为样品的吸光度，公式如下：

$$\frac{\mathrm{d}y}{\mathrm{d}x} = \frac{1}{60\mathrm{d}\sigma}\left[4(y_{i+4} - y_{i-4}) + 3(y_{i+3} - y_{i-3}) + 2(y_{i+2} - y_{i-2}) + (y_{i+1} - y_{i-1})\right] \tag{8-4}$$

二阶导数是建立波长 λ 和 $\frac{d^2A}{d\lambda^2}$ 之间的关系，公式如下：

$$\frac{d^2y}{dx^2}=\frac{1}{1001(d\sigma)^2}\left[22(y_{i+5}+y_{i-5})+11(y_{i+5}-y_{i-5})+2(y_{i+4}-y_{i-4})\right.$$
$$\left.-5(y_{i+3}+y_{i-3})-10(y_{i+2}-y_{i-2})-13(y_{i+1}+y_{i-1})-14y_i\right] \tag{8-5}$$

8.3.2　LIBS数据特征谱线特征提取

LIBS仪波段范围宽，所得光谱变量数多，但庞大的数据量中并不全是有用信息，还包含大量的冗余、共线性及背景信息。这些无用信息不仅会影响建模的精确度，还对仪器硬件要求高。因此必须从大量的光谱数据中选择一部分有效信号，进行后续分析。常用的波段筛选方法有主成分分析法和连续投影算法，以及间隔偏最小二乘(Interval Partial Least Squares，iPLS)等。

1. 主成分分析

主成分分析是一种多元分析统计方法。进行主成分分析时，可以得出一种与波长相关的变量，也就是主成分载荷。光谱变量和主成分之间的关系能通过主成分的载荷有效反映。载荷绝对值大的变量比载荷绝对值小的变量拥有更多有价值的信息，这也说明该变量对光谱数据有较大贡献率，一般情况下，累计贡献率大于85%时就能包含数据大多有价值的信息。因此可以利用主成分分析筛选贡献率大的特征变量。在进行主成分分析时，选择合适的主成分因子数可以提高模型的精度。

2. 连续投影算法

连续投影算法是当前常用的一种特征谱线选择算法，可以有效地消除多特征变量间的同线性问题，算法使用简单快速，应用范围广泛，针对样品数量较大的情况具有很好的效果。利用连续投影算法进行特征谱线的提取，不仅可以从大样本数据中提取有效的信息，还可以大幅度地减少模型的计算量。

3. 间隔偏最小二乘

间隔偏最小二乘是一种波段筛选方法，对光谱数据进行数据平滑、归一化、一阶导数等光谱预处理后，首先将全波段划分为 n 个宽度相等的子区间(n=1,2,3,⋯，通常选取 1～30)；然后对这些子区间进行逐个PLS建模，最终得到 n 个局部PLS回归模型；通过交互验证均方根误差(RMSECV)对所有局部PLS回归模型进行对比分析，模型的精度越高，所对应的RMSECV值就越小，RMSECV值最小的子区间就是最佳子区间，选取最佳子区间建立PLS预测模型。如果最佳子区间数为30，那么需要继续扩大子区间数。

8.3.3　LIBS数据建模方法

1. LIBS数据定性分析方法

定性分析方法可用于解决区分样品的类别或等级问题，是统计方法的一种。定性分析可以依据训练过程分为有监督和无监督两类。无监督不需进行样本训练过程，有监督需要先进行训练过程，再对预测集进行预测。定性分析方法较为常用的有 PLS-DA、LS-SVM等。本案例采用的定性分析方法就是LS-SVM和PLS-DA。

1) LS-SVM

LS-SVM 在支持向量机的基础上做了优化，是一种核函数学习方法。LS-SVM 可以通过降低运算量从而缩短计算的时间，对模型建立的效率具有优化作用。LS-SVM 具有良好的数学性质，如解的唯一性、不依赖输入空间的维数，它所得到的最优解超过了传统的学习方法，可以较好地解决小样本、局部极小点、非线性、高维数等实际问题，主要核函数包括线性核函数和径向基核函数(RBF 核)两种，其公式如下：

$$K(x_i, x_j) = x_i x_j \tag{8-6}$$

$$K(x_i, x_j) = \exp(-\|x_i - x_j\|^2 / (2\sigma)^2) \tag{8-7}$$

式中，x_i 为样本点；x_j 为核函数中心点；σ^2 为内核参数。

2) PLS-DA

PLS-DA 是多变量统计方法，它结合了主成分分析和相关性分析。它同时对光谱和设置因子矩阵进行分解与拟合，因此在矩阵进行分解时可以将因子代入光谱数据中，这样可以避免只进行光谱矩阵的分解对数据造成的影响。其公式如下：

$$Y = \sum_{i=1}^{n} \beta_i \lambda_i + b_i \tag{8-8}$$

式中，Y 为预测分类值；n 为未参与建模的光谱变量个数；β 为能量谱强度；λ 为回归系数；b 为模型的截距。全谱范围内的光谱变量与回归系数的加权求和再加上截距即 PLS 模型分类预测值。

2. LIBS 数据定量分析方法

定量分析方法是一种用于检测物质含量的方法。LIBS 定量分析方法中，较为常用的有直接强度定标、自由定标和化学计量学方法。采用化学计量学方法进行定量分析，主要采用一元线性回归、多元线性回归(MLR)以及偏最小二乘回归(Partial Least Squares Regression，PLSR)等化学计量学方法。

1) 一元线性回归

一元线性回归是最简单的线性回归，通常用来分析评价参考方法测定的结果与样品预测结果的相关性，表达式如下：

$$y = b_0 + bx + \varepsilon \tag{8-9}$$

式中，x 为自变量；y 为因变量；b_0 与 b 为回归系数；ε 为测量误差。

2) 多元线性回归

多元线性回归用于处理一个因变量与多个自变量之间的关系，MLR 适用于较为简单的体系且有良好的线性关系。表达式如下：

$$y = b_0 + \sum_{i=1}^{n} (b_i x_i) + \varepsilon \tag{8-10}$$

式中，x_i(i=1,2,3,…,n)为自变量；y 为因变量；b_0 和 b_i(i=1,2,3,…,n)为回归系数；ε 为测量误差。

3) 偏最小二乘回归

PLSR 在一般最小二乘的基础上做了优化，PLSR 在光谱数据具有多重相关性的情况下也可以建立回归模型，是一种多元数据统计方法。PLSR 预测的公式如下：

$$Y = \sum_{i=1}^{n} \beta_i \lambda_i + b_i \tag{8-11}$$

式中，Y 为模型含量的预测值；n 为未参与建模的光谱变量数；β 为能量谱强度；λ 为回归系数；b 为模型的截距。全谱范围内的光谱变量与回归系数的加权求和再加上截距即 PLSR 模型含量的预测值。

8.4　应用案例——基于 LIBS 检测技术的油茶炭疽病无损检测应用

油茶(拉丁文名 Camellia oleifera Abel)是一种具有经济、生态和社会效益的优良农作物，其果实功能多样化。炭疽病是油茶最主要的病害，油茶炭疽病已经严重影响整个油茶产业的发展。油茶感染炭疽病以后，就会导致果实、花蕾、叶片坠落，严重时枝梢枯死，甚至导致植株死亡。感染炭疽病的油茶果树果实的含油量甚至能减少一半，炭疽病病害严重地区油茶减产可达 50%以上。“人种天养，广种薄收”等传统粗放式生产管理理念导致产品品质参差不齐、市场竞争力弱，迫切需要在油茶生产管理中采用现代新技术，及时准确获取油茶生长信息，实现科学生产管理。田间诊断、指示植物和实验室化学分析等油茶病害传统检测方法具有耗时、费力、破坏性检测等缺点。为此，需要探索一种快速检测油茶炭疽病的新技术和新方法，为实现油茶林炭疽病适时防治、提质增效等方面提供技术保障。

金属元素锰(Mn)在油茶的生长过程中作为一种不可替代的重要微量元素，其含量是判断油茶叶片是否健康的重要指标，故本案例以 Mn 元素含量为油茶叶片检测指标，结合 LIBS 检测技术，建立定量分析模型进行研究。采用 LIBS 检测技术对所采集的柑橘叶片 Mn 元素进行定量分析检测，对比分析六种光谱预处理方法、应用偏最小二乘回归建立的数学模型，探讨不同预处理方法的建模效果；并对最佳预测模型进行不同方法预处理对比评价。采用波段筛选方法，寻找最优模型，实现油茶叶片内矿质元素快速同步定量检测，解决油茶炭疽病特异性症状不清、快速诊断机理不明、分析技术精度低等技术问题，得出油茶炭疽病的无损检测机理及快速判别方法。

8.4.1　实验部分

1. 实验仪器

本实验采用海洋光学公司的激光诱导击穿光谱仪(型号为 MX2500+)。该仪器可扩展到 8 个通道，能采集 180～1100nm 的光谱数据，拥有高灵敏度的线阵 CCD/面阵 CCD 检测器，光学分辨率低至 0.035nm。MaxLIBS 是该仪器的操作软件，包含约 2500 条辐射谱线数据，搭配 MaxLIBS 软件的元素自动识别功能使用，用户可以对光谱进行元素分析。

2. 实验材料

本实验所用的油茶叶片样品于 2018 年 4 月上旬采自南昌市新建区秀先路油茶种植区，健康油茶叶片采自健康的油茶果树，每隔 3 棵树选其中 1 棵环绕一周均匀采摘长势相似叶片 25 片，对 10 棵油茶果树共采摘叶片 250 片；炭疽病油茶叶片选自感染炭疽病的油茶果树，每棵果树环绕一周均匀采摘新发病的炭疽病油茶幼嫩叶片 25 片，对 10 棵感染炭疽病的油茶果树共采摘叶片 250 片。为除去叶片表面的尘土，实验前需进行简单的清洗处理，采用去离子水将叶片表面反复清洗 3 次，之后晾干、编号、装入密封袋保存。样本如图 8-4 所示。

(a) 健康油茶叶片

(b) 炭疽病油茶叶片

图 8-4　油茶叶片样本

为了验证视觉划分的正确性，采集 LIBS 数据以后对全部油茶叶片进行形态学鉴定及 PCR 测试。经过 PCR 测试，未染病叶片显示阴性，无特异性条带产生；染病叶片显示阳性，有特异性条带产生。选取核糖体转录间隔区（ITS）为扩增的基因片段，所用的引物为真菌转录间隔区（rDNA-ITS）通用引物 ITS1 和 ITS4，引物序列分别为 ITS1，5'-TCCGTAGGTGAACCTGCGG-3'；ITS4，5'-TCCTCCGCTTATTGATATGC-3'。结果如图 8-5 所示，M 为 DNA 标记用途，在 DNA 进行凝胶电泳时起对比作用，1 表示无样品，故下方无亮带显示；2 表示炭疽病油茶叶片样品，下方对应亮带清晰明显，显示阳性；3 表示健康油茶叶片样品，健康油茶叶片 PCR 并未出现亮带，显示阴性。

图 8-5　油茶叶片 PCR 测试结果

PCR 扩增结果显示，测试失败数量共 52 个，其中健康油茶叶片 10 个，炭疽病油茶叶片 42 个，最终剩余 240 片健康油茶叶片、208 片炭疽病油茶叶片用于后续分析。

3. 激光诱导击穿光谱采集

采集叶片光谱时，实验室环境温度控制在 25℃左右，相对湿度控制在 80%以下，积分时间设置为 1s。为了减少叶片表面不平整和环境因素造成的误差，利用双面胶带将叶片铺平固定在样品台上，并且使有叶脉的一面朝上，移动位移平台，分别在每片叶片叶脉两边各采集 4 个点位的 LIBS 数据，每片样本共采集 8 个位置的 8 条 LIBS，8 条光谱求平均后作为同一叶片的光谱数据用于后续分析。炭疽病油茶叶片均选择病斑附近位置进行 LIBS 采集。

原始光谱数据两端拥有许多无关紧要的信息，造成信噪比提升。为了防止该无效信号干扰此次实验结果，后续研究均选取 240～400nm 的光谱数据作为全波段数据进行分析，得到的光谱图如图 8-6 所示。

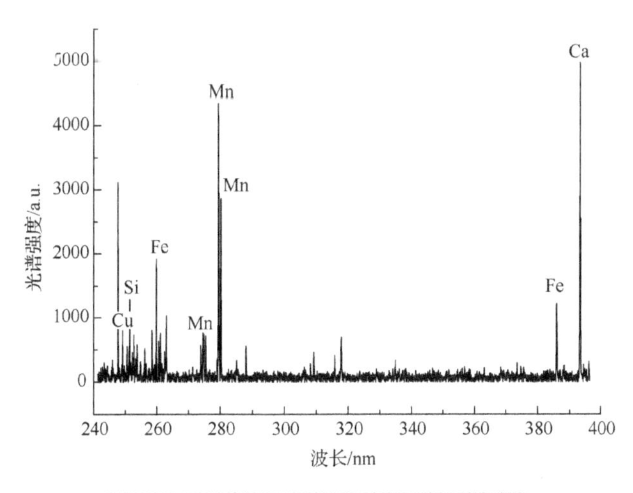

图 8-6　油茶叶片原始光谱截取后光谱图

4. 火焰原子吸收光谱法测 Mn 元素含量

为了获取油茶样品中 Mn 元素的真实含量，依据《食品安全国家标准　食品中锰的测定》(GB 5009.242—2017) 的 Mn 元素含量测定方法，对样品采用湿法消解前处理，并根据 WFX-200 型原子吸收分光光度计在 Mn 元素含量最佳测定条件下进行原子吸收试验，最佳测定条件如表 8-2 所示。

表 8-2　Mn 元素含量测定条件

检测条件	波长	灯电流	乙炔流量	空气流量	狭缝
参数	279.5nm	3mA	1.3L/min	7.5L/min	0.2nm

利用原子吸收分光光度计对定容好的标准溶液进行标准曲线的测量，每个吸光度值都进行三次重复测量，其平均值作为最终吸光度值。标准工作曲线如图 8-7 所示，决定系数均在 0.999 以上。通过数次测量所得的 RSD 来检验检测结果的稳定性，经研究分析 RSD 与每次测量得出数据之间的差值有关，即每次测量数据之间的差值越小，RSD 越小，其测量结果的稳定性就越好。依次检测各个样品，样品 RSD 基本都在 5%以下，最低 RSD 达到 0.2564%。因此，可以把原子吸收分光光度计检测的 Mn 元素含量作为样品中对应元素的真实含量。

记录重复试验三次取得的吸光度，将其平均值作为样品的浓度结果。由式(8-12)计算得到试样中元素的实际含量：式中，M 为测定样品浓度(μg/mL)；V 为定容体积(100mL)；m 为试样质量(g)，将最终检测结果转换为干样浓度，即元素在叶片中的真实浓度。

$$C=\frac{M\times V}{m} \tag{8-12}$$

5. 模型的建立及评价

偏最小二乘法是一种多元因子回归方法，是激光诱导击穿光谱检测技术中比较成熟的建模方法。PLS 预测的公式如下：

$$y=\sum_{i=1}^{N}\beta_i\lambda_i+b \tag{8-13}$$

式中，y、N、β、λ、b 依次为模型的 Mn 元素含量预测值、参与建模的光谱变量数、能量谱强度、回归系数以及模型的截距。光谱变量同回归系数加权求和，然后同截距相加，得到的便是 PLS 模型 Mn 元素含量的预测值。采用相关系数(R)、预测均方根误差(RMSEP)、交互验证均方根误差(RMSECV)评价模型的性能。模型建立过程中，相关系数 R 越接近 1，回归或预测的效果越好；RMSECV 越小，表明模型回归得越好；RMSEP 越小，表明模型的预测能力越强。

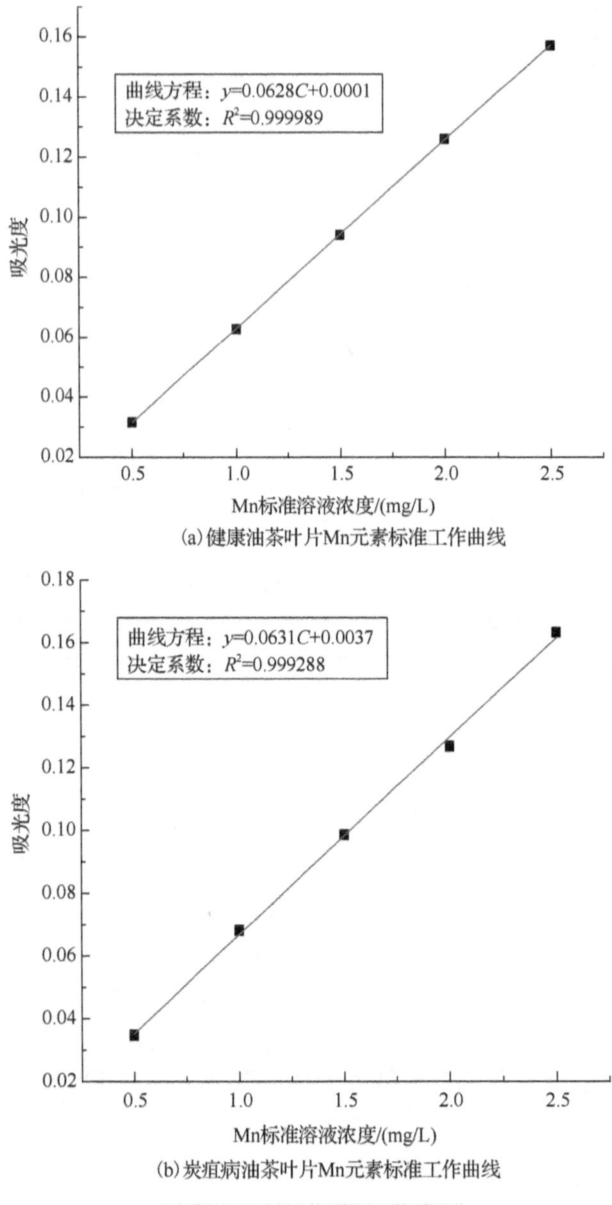

(a)健康油茶叶片Mn元素标准工作曲线

(b)炭疽病油茶叶片Mn元素标准工作曲线

图 8-7　标准溶液工作曲线图

8.4.2　建模与分析

1. 火焰原子吸收光谱法的 Mn 元素分析

健康油茶叶片中 Mn 元素含量平均值为 2.1919μg/mg，最小值为 1.06μg/mg，最大值为 4.257μg/mg。感染炭疽病油茶叶片 Mn 元素含量平均值为 1.4476μg/mg，最小值为

0.799μg/mg，最大值为 3.329μg/mg。可以看出炭疽病油茶叶片 Mn 元素含量平均值和最小值、最大值均小于健康油茶叶片 Mn 元素含量，可能是由于病害影响其新陈代谢，导致对营养成分的吸收能力减弱，因此叶片内 Mn 元素含量减少。把叶片按照 3∶1 的比例划分为建模集和预测集，Mn 元素含量真实值最大和最小的样品划入建模集，保证建模集中 Mn 元素含量范围大于预测集。油茶叶片 Mn 元素含量样本划分情况如表 8-3 所示，建模集样品共 338 个，预测集样品共 110 个。

表 8-3　Mn 元素含量样本划分

样品类别	样本集	样本数/个	范围/(μg/mg)	平均值/(μg/mg)
健康油茶叶片	建模集	181	1.06～4.257	2.2919
	预测集	59	1.461～3.724	2.2767
炭疽病油茶叶片	建模集	157	0.799～3.329	1.4476
	预测集	51	1.068～2.7880	1.3581

2. 油茶叶片激光诱导击穿光谱特征分析

结合美国 NIST 的 ASD 和 Kurucz 数据库的标准谱线，筛选得到油茶叶片中 Mn 元素的特征分析谱线。油茶叶片中 Mn 元素的特征分析谱线为 Mn 279.482nm、Mn 280.108nm、Mn 260.568nm 三个位置，如图 8-8 所示。

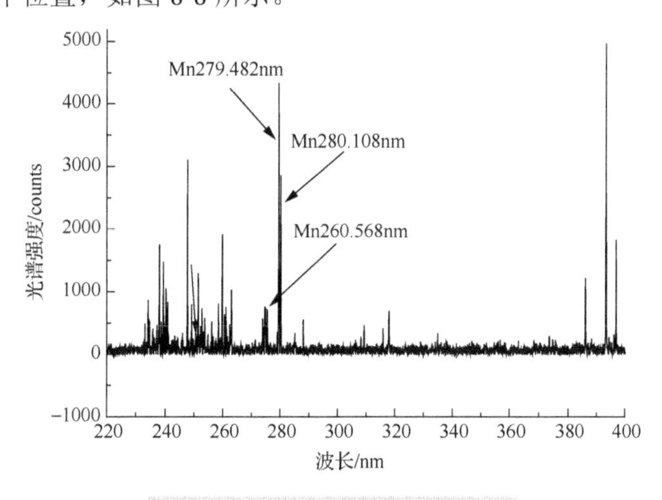

图 8-8　Mn 元素特征分析谱线位置

3. 不同光谱预处理方法油茶叶片 Mn 元素定量模型分析

本实验对油茶叶片样品的 LIBS 数据首先进行 5 点、7 点、9 点平滑。图 8-9 为同一样品的 LIBS 数据平滑处理前后的光谱图对比。由图 8-9 可以看出，经过平滑处理，噪声信号被弱化，有用信息被凸显。采用数据平滑处理光谱数据时，一定要注意移动窗口的跨度。跨度太小，平滑不够，会导致噪声较大从而影响模型质量；跨度过大，会导致平滑过渡，损失大量细节信息。

采用平滑处理后，外界随机噪声虽然减少了，但仍然存在大量基线漂移、样品表面差异等噪声信息，这些信息仍然会严重影响 LIBS 数据与叶片内目标元素含量的关系，并最终影响定量模型的准确性和稳定性。在此基础上必须对光谱数据进一步进行降噪处理。将平滑处理后的试验数据分别进行去噪、归一化、基线校正、一阶导数、二阶导数预处理，并建立 PLS 模型，模型结果如表 8-4 所示。

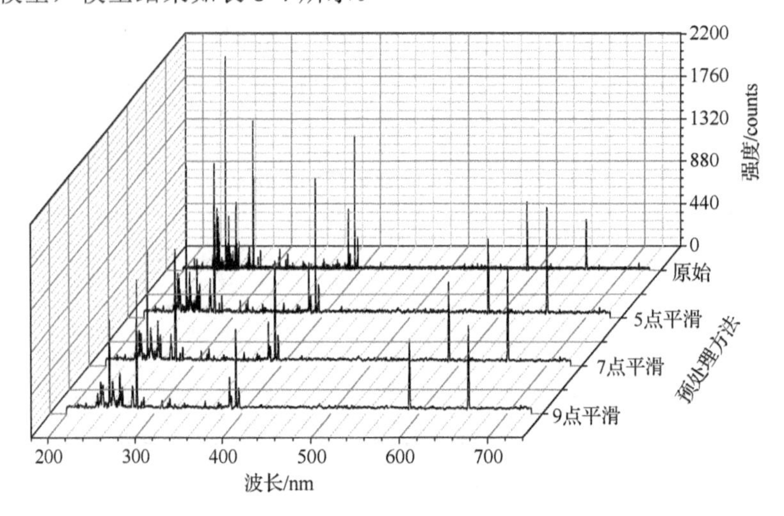

图 8-9 不同数据平滑处理光谱对比图

表 8-4 不同数据前处理的 PLS 模型结果

预处理	评价指标	平滑前	5 点平滑	7 点平滑	9 点平滑
原始	R_C	0.8461	0.8621	0.8956	0.8760
	RMSECμg/mg	0.2575	0.2499	0.2204	0.2433
	R_P	0.8195	0.8212	0.8540	0.8315
	RMSEPμg/mg	0.2769	0.2658	0.2548	0.2591
去噪	R_C	0.8534	0.8562	0.8648	0.8605
	RMSECμg/mg	0.2434	0.2375	0.2403	0.2482
	R_P	0.8162	0.8196	0.8329	0.8142
	RMSEPμg/mg	0.2553	0.2469	0.2373	0.2499
基线校正	R_C	0.8345	0.8440	0.8840	0.8396
	RMSECμg/mg	0.2875	0.2570	0.1770	0.2764
	R_P	0.8010	0.8219	0.8333	0.8019
	RMSEPμg/mg	0.3169	0.2722	0.2524	0.2911
一阶导数	R_C	0.8584	0.8947	0.9025	0.8892
	RMSECμg/mg	0.2414	0.2206	0.2192	0.2227
	R_P	0.8215	0.8519	0.8882	0.8352
	RMSEPμg/mg	0.2692	0.2474	0.2356	0.2339
二阶导数	R_C	0.8523	0.8521	0.8507	0.8619
	RMSECμg/mg	0.2528	0.2532	0.2569	0.2354
	R_P	0.8190	0.8150	0.8377	0.8323
	RMSEPμg/mg	0.2784	0.2791	0.2774	0.2802
归一化	R_C	0.8323	0.8389	0.8429	0.8413
	RMSECμg/mg	0.2829	0.2705	0.2711	0.2514
	R_P	0.8189	0.8106	0.8254	0.8177
	RMSEPμg/mg	0.3062	0.3098	0.2955	0.3016

经过平滑处理的模型相关系数均有一定的提高，这是由于平滑减少了光谱的随机噪声，提高了模型的精度。与原始模型相比，进行归一化和基线校正后的模型预测效果略有下降，经过一阶导数、二阶导数预处理后的模型效果均有不同程度的改善，其中 7 点平滑结合一阶导数预处理方法获得的 PLS 模型中 RMSEC、RMSEP 分别为 0.2192μg/mg、0.2356μg/mg，均小于其他数据预处理方法，R_C 和 R_P 分别为 0.9025 和 0.8882，均高于其他模型，可见其建模及预测能力均是最好的。结果表明：基于 LIBS 检测技术，采用 7 点平滑结合一阶导数预处理建立的 PLS 模型，可以实现对油茶叶片中矿质元素 Mn 元素的定量分析。图 8-10 为光谱数据应用 7 点平滑和一阶导数预处理后，PLS 建模得到的建模集和预测集散点图。

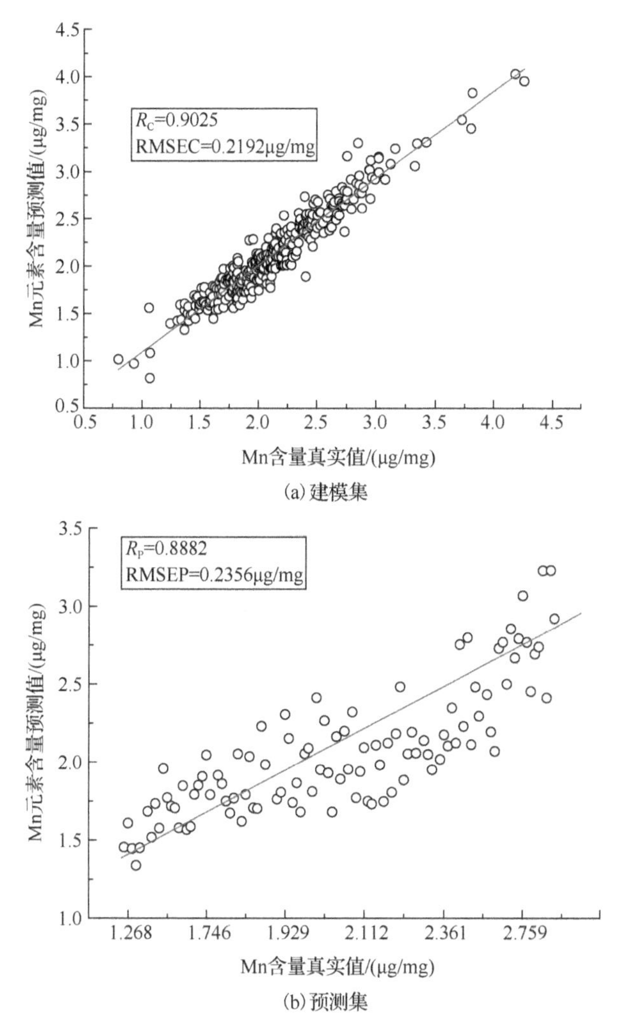

图 8-10　7 点平滑和一阶导数预处理的 PLS 建模得到的建模集和预测集

4. iPLS 波段筛选分析

光谱数据中的各种无用信息通过光谱预处理并不能完全扣除，但是不将光谱数据中的这些不相关变量扣除对模型检测的精度又会造成一定的影响。iPLS 是一种波段筛选方法，可以进一步采用 iPLS 有效去除不相关变量，达到提高模型精度和预测能力的目的。进一步应用 iPLS 对 PLS 建模前的 LIBS 进行波段筛选。将 240～400nm 的光谱数据进行 7 点平滑、一阶求导预处理后，分别划分为1～30个等宽的子区间，随后分别对每一个子区间建立PLS模型，得到的n个局部PLS回归模型，结果如表8-5所示。

表8-5　iPLS建模分析结果

子区间数	最佳主成分因子数	RMSECV/(μg/mg)	R	最佳子区间
1	7	0.277	0.8304	1
2	9	0.258	0.8548	1
3	10	0.236	0.8807	1
4	12	0.220	0.8966	1
5	6	0.251	0.8632	2
6	6	0.249	0.866	2
7	6	0.256	0.8577	2
8	6	0.255	0.8589	2
9	7	0.233	0.8843	3
10	8	0.235	0.8832	3
11	7	0.238	0.8797	3
12	7	0.240	0.8769	3
13	7	0.220	0.8966	4
14	6	0.226	0.8918	4
15	7	0.224	0.8931	4
16	7	0.227	0.8899	4
17	6	0.222	0.8945	5
18	6	0.221	0.8961	5
19	7	0.217	0.8999	5
20	8	0.220	0.8979	5
21	6	0.235	0.8816	6
22	8	0.216	0.9016	6
23	8	0.216	0.9013	6
24	8	0.209	0.9076	6
25	6	0.228	0.8889	7
26	7	0.210	0.9068	7
27	6	0.214	0.9027	7
28	6	0.209	0.9067	7
29	8	0.270	0.8414	7
30	8	0.219	0.8996	8

由表8-5可知，光谱数据平均分成24个子区间时，第六个子区间的RMSECV值最小，为0.209μg/mg，同时相关系数R最大，为0.9076，故iPLS模型效果最佳，因此选择第六子区间的光谱数据建立定量模型。

图 8-11 中虚线代表全光谱数据建模所得的 RMSECV 值，可以看出第六个子区间所建模型的 RMSECV 值远小于全光谱建模，每个矩形上的数字代表其最佳主成分因子数，因此最佳子区间的最佳主成分因子数为 8。

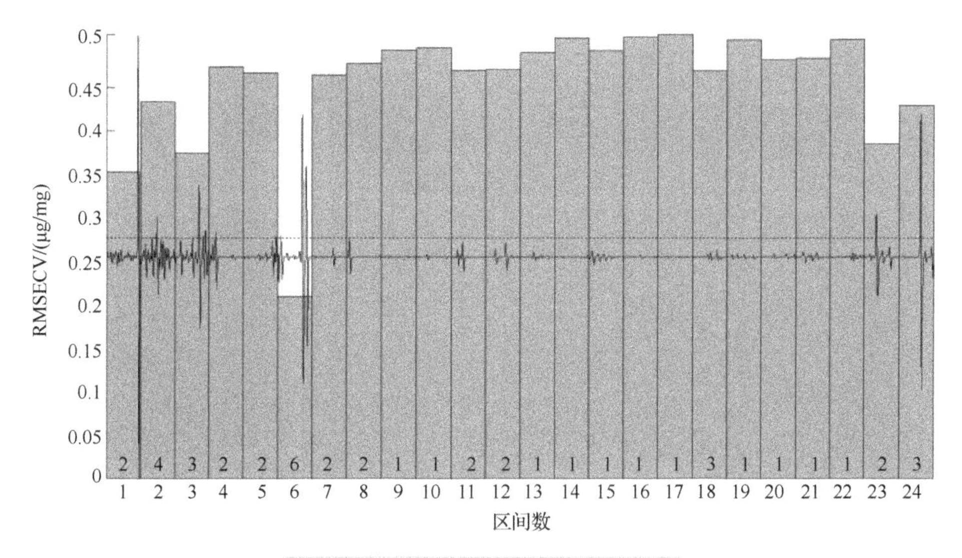

图 8-11　iPLS 模型选择的最佳子区间

根据 iPLS 筛选的最佳子区间建立定量模型，Mn 元素含量的真实值与预测值建模结果如图 8-12 所示，R_C 为 0.9076，RMSECV 为 0.209μg/mg；Mn 元素含量的真实值与预测值预测模型结果如图 8-13 所示，R_P 为 0.8947，RMSEP 为 0.21μg/mg。iPLS 模型对比全波段 PLS 最优模型结果相差不大，但 iPLS 模型相对较好。

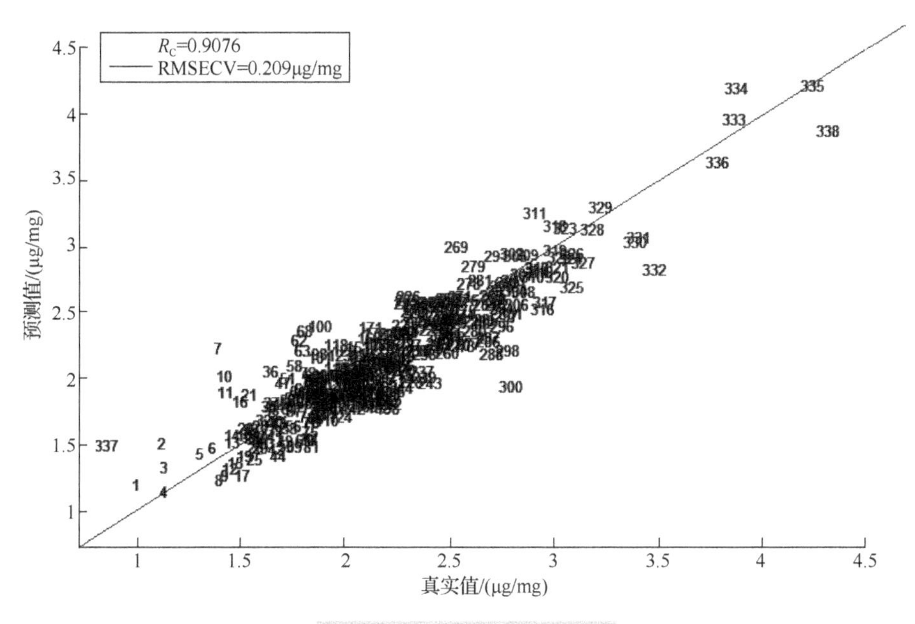

图 8-12　iPLS 建模集散点图

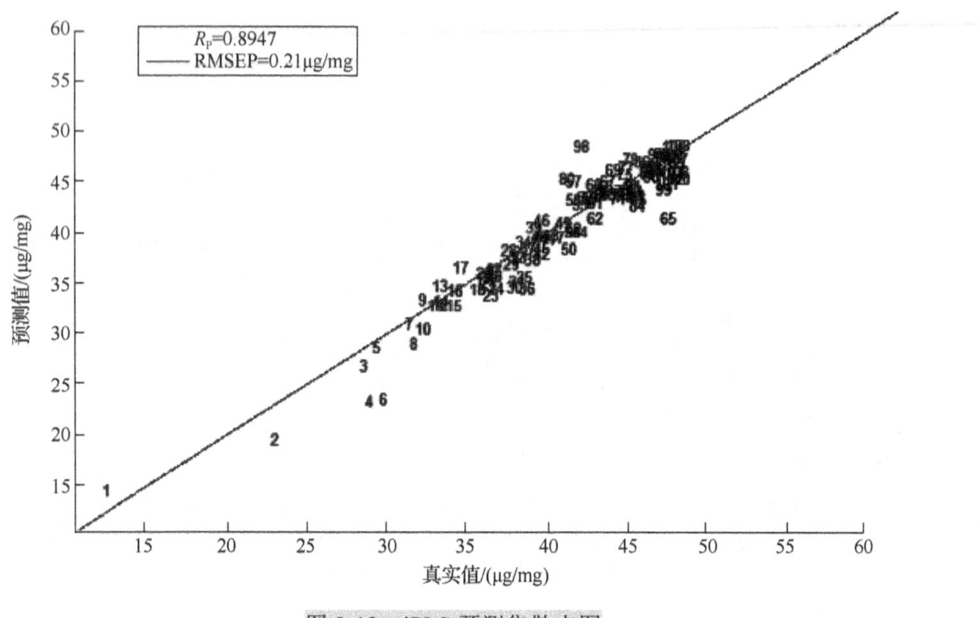

图 8-13　iPLS 预测集散点图

8.4.3　应用效果

本案例根据火焰原子吸收光谱法对样品中矿质元素 Mn 含量的真实值进行了分析，并根据待测元素的特征谱线选定规则，最终确定了油茶叶中的 Mn 元素的特征分析谱线，分别为 Mn 279.482nm、Mn 280.108nm 和 Mn 260.568nm。分别对全谱数据进行了平滑、去噪、归一化、基线校正、一阶导数、二阶导数等预处理。Mn 元素 PLS 定量模型结果中，7 点平滑结合一阶导数预处理后模型效果最好，R_C 为 0.9025，RMSEC 为 0.2192μg/mg，R_P 为 0.8882，RMSEP 为 0.2356μg/mg。iPLS 波段筛选结果表明，划分成 24 个等宽子区间时，第 6 个子区间(247.91～281.315nm)包含 Mn 260.568nm、Mn 279.482nm 和 Mn 280.108nm，该区间的 RMSECV 最小，为 0.209μg/mg，R_C 和 R_P 分别为 0.9076 和 0.8947。结果表明，应用 LIBS 检测技术结合化学计量学方法检测两类油茶叶片内矿质元素 Mn 含量具有一定的可行性，为油茶炭疽病检测提供理论依据。

第 9 章　机器视觉检测技术及应用

9.1　机器视觉检测技术原理与特点

9.1.1　机器视觉检测原理

机器视觉是让机器能够通过各种感应元件，如传感器、摄像头等，使其具有和人一样通过视觉信息思考观察事物的能力，然后依据不同的场景对事物进行分析，并对其做出检测、识别和判断等。机器视觉识别系统的工作原理是将待识别对象通过采集硬件(光源、CCD 相机、镜头)转变成图像，将其输送给对应的图像处理系统。首先把图像的像素信息转换成数字信号，如像素点的排列、亮度、颜色等信息；然后针对不同的识别对象，应用不同的算法提取待识别对象的纹理、颜色、形状等特征，将所提取的特征数据加以分析与处理；最后确定待识别对象的状态信息，将判别结果传送给处理器，发送指令控制或驱动相应的执行单元。

机器视觉识别系统包括以下三个重要步骤：图像信息采集、图像数据的分析与特征提取、显示或者输出相应的结果。①图像信息采集：该步骤可以获取高质量图像样本，满足图像特征提取的需要或者减少后续处理的工作量。在采集过程中，影响图像质量的关键在于镜头与相机的选择、满足条件的光源的选择以及适当颜色的载物台。②图像数据的分析与特征提取：采集的图像信息一般是不能直接使用的，需要通过不同的算法对图形的像素进行操作，称为预处理。即需要先对采集的图像信息进行分析研究，如对图像的 RGB 直方图进行绘制研究，分析图像中 RGB 的分布规律，采用适当的预处理方法，对图像进行前期处理，以便能够有效地提取所需要的特征数据，提取去除干扰信息后图像中的纹理、颜色以及形状等特征。③显示或者输出相应的结果：这是机器视觉识别系统的重要组成部分。依据数据的相关规律进行处理分析，得出相应的信息，通过显示或者输出的方式与使用者进行交互，可以便捷地了解需要识别的对象信息。

典型的工业机器视觉检测系统包括光源、光学成像系统、图像捕捉系统、图像采集与数字化模块、数字图像处理模块、智能判断决策模块和机械控制执行模块，如图 9-1 所示。首先采用 CCD 相机或其他图像拍摄装置将目标转换成图像信号，然后将其转变成数字信号并传送给专用的图像处理与决策模块，根据像素分布、亮度和颜色等信息，进行各种运算来抽取目标的特征，根据预设的容许度和其他条件输出判断结果。

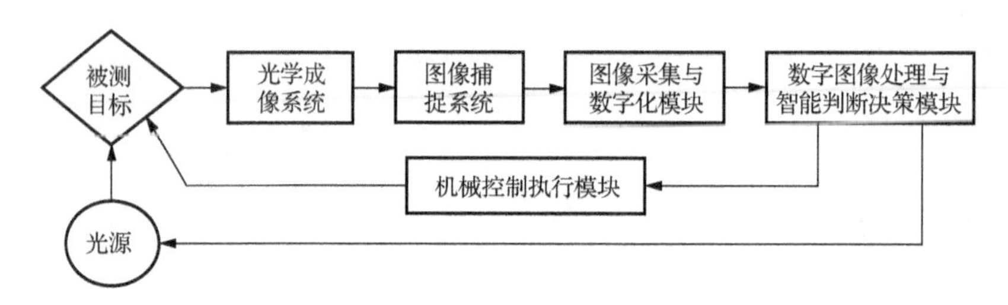

图 9-1 典型的工业机器视觉检测系统结构

9.1.2 机器视觉检测特点

与其他传统的传感与控制相比较，机器视觉同时获取大量信息(如可同时获取位置、颜色、大小等信息)，并且获取的信息更为细致(如在颜色方面，可以同时获取多级图像信息)，可以适应危险的工作环境(如有爆破隐患的环境)，可以达到人工视觉无法涉及的场所(如狭窄的管道)，可以获取人工视觉无法获取的信息(如红外图像、紫外图像、X 射线图像等)，可以有效降低劳动强度，提高生产效率。正是机器视觉的这些优点才使其获得了广大用户的青睐，对机器视觉的发展起了促进作用。

广义的机器视觉的概念与计算机视觉没有多大区别，泛指使用计算机和数字图像处理技术达到对客观事物图像的识别、理解和控制的目的。而工业应用中的机器视觉概念与普通计算机视觉、模式识别、数字图像处理有着明显区别，其特点如下。

(1)机器视觉是一项综合技术，其中包括数字图像处理技术、机械工程技术、控制技术、电光源照明技术，光学成像技术、传感器技术、模拟与数字视频技术、计算机软硬件技术、人机接口技术等。这些技术在机器视觉中是并列关系，相互协调应用才能构成一个完整的工业机器视觉检测系统。

(2)机器视觉更强调实用性，要求能够适应工业生产中恶劣的环境，要有合理的性价比，要有通用的工业接口，能够由普通工人来操作，有较高的容错能力和安全性，不会破坏工业产品，必须有较强的通用性和可移植性。

(3)机器视觉工程师不仅要具有研究数学理论和编制计算机软件的能力，更需要的是光、机、电一体化的综合能力。

(4)机器视觉更强调实时性，要求高速度和高精度，因而计算机视觉和数字图像处理中的许多技术目前还难以应用于机器视觉，它们的发展速度远远超过其在工业生产中的实际应用速度。

9.2 机器视觉检测关键技术

9.2.1 图像增强处理技术

图像增强是图像分析、处理的基本内容，是指按照特定的要求，采用一系列技术，突出图像中的某些信息以改善图像的视觉效果，或将图像转换为更适于人或机器进行处理的形式，为后续的特征提取、识别、分析和理解等工作奠定良好的基础。图像增强处理技术依照处理过程所在空间的不同可分为两大类：空域处理法和频域处理法。

1. 基于空域的图像增强处理方法

灰度变换是基于点操作的处理方法，它将输入图像（原始图像）的每个像素的灰度值 $f(x,y)$ 通过映射函数 $T(\cdot)$ 变换成输出图像的灰度值 $g(x,y)$：

$$g(x,y)=T[f(x,y)] \tag{9-1}$$

1) 线性灰度变换

将输入图像的灰度值的范围线性扩展至指定范围或整个动态范围，常能显著改善图像的视觉质量，如图 9-2 所示。假定原始图像 $f(x,y)$ 的灰度范围为$[a,b]$，希望变换后图像 $g(x,y)$ 的灰度范围为$[c,d]$，则可采用下述线性变换来实现：

$$g(x,y)=\frac{d-c}{b-a}[f(x,y)-a]+c \tag{9-2}$$

若 $c=0$，$d=255$，就对应 8 位灰度图像的整个动态范围[0,255]。

2) 分段线性灰度变换

为了突出感兴趣的目标或灰度区间，相对抑制那些不感兴趣的灰度区域，可采用分段线性变换，如图 9-3 所示。

$$g(x,y)=\begin{cases}(c/a)f(x,y), & 0\leqslant f(x,y)<a\\ [(d-c)/(b-a)](f(x,y)-a)+c, & a\leqslant f(x,y)<b\\ [(M_g-d)/(M_f-b)](f(x,y)-b)+d, & b\leqslant f(x,y)<M_f\end{cases} \tag{9-3}$$

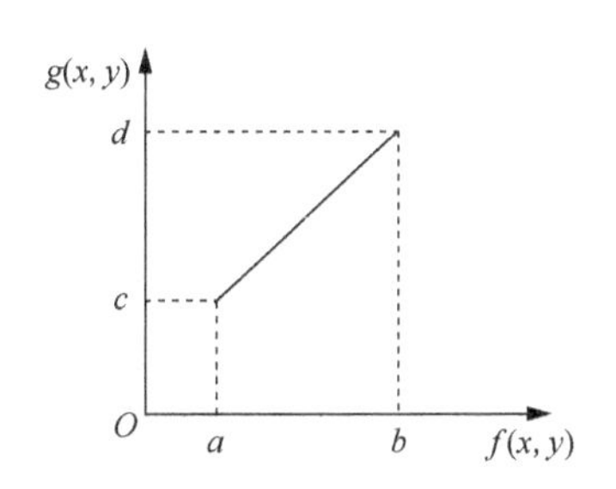

图 9-2　线性变换示意图

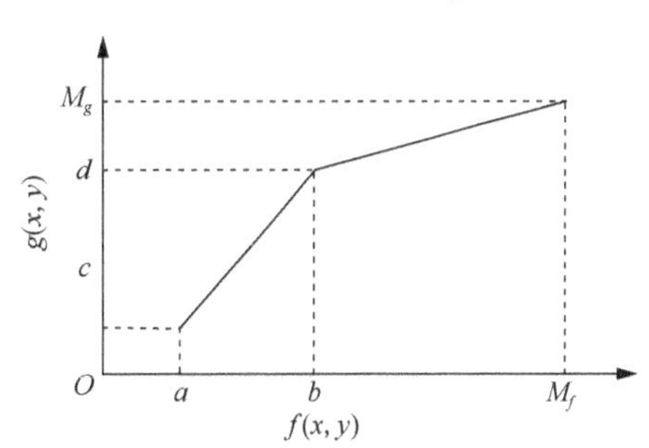

图 9-3　分段线性变换示意图

3) 非线性灰度变换

采用某些非线性函数作为映射函数，实现对图像不同灰度区间的扩展与压缩，如图 9-4 所示。例如，对数变换：

$$g(x,y)=a+\frac{\ln[f(x,y)+1]}{b\cdot\ln c} \tag{9-4}$$

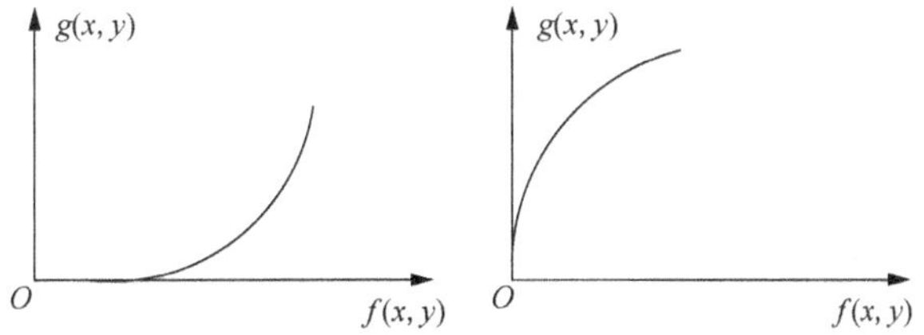

图 9-4　指数变换和对数变换

当希望对图像的低灰度区进行较大的拉伸而对高灰度区进行压缩时，可采用指数变换，它能使图像灰度分布与人的视觉特性相匹配：

$$g(x,y)=b^{c(f(x,y)-a)}-1 \tag{9-5}$$

式中，a、b、c 是为了调整曲线的位置和形状而引入的参数。

4) 其他灰度变换

此外，还有单调递减或非单调函数变换，如灰度倒置变换、锯齿形变换及灰度分层切片等。

2. 基于频域的图像增强处理方法

1) 低通滤波

频域处理是在图像的傅里叶(Fourier)变换域上进行修改，增强感兴趣的频率分量，然后将修改后的 Fourier 变换值再做 Fourier 逆变换，便得到增强了的图像。假定原图像为 $f(x,y)$，经傅里叶变换为 $F(x,y)$，频域增强就是选择合适的滤波器 $H(u,v)$ 对 $F(u,v)$ 的频谱成分进行调整，然后经傅里叶逆变换得到增强的图像 $g(x,y)$。图 9-5 是频域增强的一般过程。

$$f(x,y)\xrightarrow{\text{DFT}}F(u,v)\xrightarrow{H(u,v)}F(u,v)H(u,v)\xrightarrow{\text{IDFT}}g(x,y)$$

图 9-5　频域增强的一般过程

DFT 指离散傅里叶变换；IDFT 指离散傅里叶逆变换

由于噪声主要集中在高频部分，为去除噪声、改善图像质量，在图 9-5 中滤波器采用低通滤波器 $H(u,v)$ 来抑制高频部分，再进行傅里叶逆变换获得滤波图像，就可达到平滑图像的目的。常用的频域低通滤波器 $H(u,v)$ 有 4 种。

(1) 理想低通滤波器。

设傅里叶平面上理想低通滤波器离开原点的截止频率为 D_0，则理想低通滤波器的传递函数为

$$H(u,v)=\begin{cases}1, & D(u,v)\leqslant D_0\\ 0, & D(u,v)>D_0\end{cases} \tag{9-6}$$

式中，$D(u,v)=\sqrt{u^2+v^2}$。D_0 有两种定义：一种是取 $H(u,0)$ 降到 1/2 时对应的频率；另一种是取 $H(u,0)$ 降低到 $1/\sqrt{2}$ 时对应的频率。这里采用第一种。在理论上，D_0 内的频率分量无损通过；而 $D>D_0$ 的分量却被除掉。然后经傅里叶逆变换得到平滑图像。理想低通滤波器的平滑作用非常明显，但由于高频成分包含大量的边缘信息，在去除噪声的同时将会导致图像边缘模糊，并且会产生振铃效应。

(2) Butterworth 低通滤波器。

n 阶 Butterworth 低通滤波器的传递函数为

$$H(u,v)=\frac{1}{1+\left[D(u,v)/D_0\right]^{2n}} \tag{9-7}$$

Butterworth 低通滤波器传递函数的特性是连续性衰减，而没有理想低通滤波器那样陡峭和明显的不连续性。因此采用该滤波器滤波在抑制噪声的同时，图像边缘的模糊程度大

大减小，不会有振铃效应，但计算量大于理想低通滤波器。

(3)指数低通滤波器。

指数低通滤波器传递函数为

$$H(u,v)=\mathrm{e}^{-\left[\frac{D(u,v)}{D_0}\right]^n} \tag{9-8}$$

式中，n 决定指数的衰减率。采用该滤波器滤波在抑制噪声的同时，图像边缘的模糊程度较用 Butterworth 低通滤波器滤波产生的大些，无明显的振铃效应。

(4)梯形低通滤波器。

梯形低通滤波器是理想低通滤波器和完全平滑滤波器的折中。它的传递函数为

$$H(u,v)=\begin{cases}1, & D(u,v)<D_0 \\ [D(u,v)-D_1]/(D_0-D_1), & D_0\leqslant D(u,v)\leqslant D_1 \\ 0, & D(u,v)>D_1\end{cases} \tag{9-9}$$

式中，D_0、D_1 是规定的。应用时可调整 D_1 的值，既能达到平滑图像的目的又可使图像保持足够的清晰度。梯形低通滤波器的性能介于理想低通滤波器和指数低通滤波器之间，滤波的图像有轻微的模糊和振铃效应。

2)高通滤波

图像的边缘、细节主要在高频部分得到反映，而图像的模糊是由高频成分比较弱形成的。为了消除模糊、增强图像边缘，采用高通滤波器让高频成分通过，减弱或抑制低频成分，再经傅里叶逆变换得到边缘锐化的图像。常用的高通滤波器有下面 4 种。

(1)理想高通滤波器。

二维理想高通滤波器的传递函数为

$$H(u,v)=\begin{cases}0, & D(u,v)\leqslant D_0 \\ 1, & D(u,v)>D_0\end{cases} \tag{9-10}$$

它与理想低通滤波器相反，它把半径为 D_0 的圆内的所有频谱成分完全去掉，对圆外的频谱成分则无损地通过。

(2)Butterworth 高通滤波器。

n 阶 Butterworth 高通滤波器的传递函数定义如下：

$$H(u,v)=\frac{1}{1+[D_0/D(u,v)]^{2n}} \tag{9-11}$$

(3)指数高通滤波器。

指数高通滤波器的传递函数为

$$H(u,v)=\mathrm{e}^{-\left[\frac{D_0}{D(u,v)}\right]^n} \tag{9-12}$$

式中，n 控制函数的增长率。

(4)梯形高通滤波器。

梯形高通滤波器的传递函数为

$$H(u,v)=\begin{cases}1, & D(u,v)>D_0 \\ [D(u,v)-D_1]/(D_0-D_1), & D_1\leqslant D(u,v)\leqslant D_0 \\ 0, & D(u,v)<D_1\end{cases} \tag{9-13}$$

高通滤波器四种滤波函数的选用类似于低通滤波器。理想高通滤波器有明显振铃现象，即图像的边缘有抖动现象；Butterworth 高通滤波器效果较好，但计算复杂，其优点是有少量低频通过，$H(u,v)$是渐变的，振铃现象不明显；指数高通滤波器效果比 Butterworth 高通滤波器差些，振铃现象也不明显；梯形高通滤波器会产生微振铃效果，但计算简单，故较常用。

一般来说，不管在图像空域还是频域，采用高频滤波不但会使有用的信息增强，而且会使噪声增强。因此不能随意地使用。

3) 带通和带阻滤波器

低通滤波和高通滤波可以分别增强图像的低频和高频分量。在某些情况下，图像或信号中的有用成分和希望除去的成分分别分布在频谱的不同频段；允许或阻止特定频段通过的传递函数就很有用。

理想的带通滤波器的传递函数为

$$H(u,v)=\begin{cases}1, & D_0-w/2\leqslant D(u,v)\leqslant D_0+w/2\\0, & \text{其他}\end{cases} \tag{9-14}$$

式中，w 为带的宽度；D_0 为频带中心频率；$D(u,v)$ 为从点 (u,v) 到频带中心 (u_0,v_0) 的距离，即

$$D(u,v)=[(u-u_0)^2-(v-v_0)^2]^{1/2} \tag{9-15}$$

类似地，带阻滤波器的传递函数为

$$H(u,v)=\begin{cases}0, & D_0-w/2\leqslant D(u,v)\leqslant D_0+w/2\\1, & \text{其他}\end{cases} \tag{9-16}$$

9.2.2 图像平滑处理技术

图像平滑处理的目的可分为两类：一是模糊，是在提取较大的目标前去除较小的细节或将目标内的小间断连接起来；二是消除噪声，实际获得的图像在采集、传输、接收和处理过程中，不可避免地存在外部干扰和内部干扰，如外界环境光的影响、数字化过程的量化噪声、传输过程中的误差以及人为因素等，都会使图像质量下降。平滑时采用低通滤波器，它能减弱或消除傅里叶空间的高频分量，但不影响低频分量。因为高频分量对应图像中的区域边缘等灰度值具有较大较快变化的部分，滤波器能将这些分量滤去以达到平滑的目的。线性滤波器虽然对高斯噪声有良好的平滑作用，但对脉冲信号干扰和其他形式的噪声干扰抑制效果差，信号边缘模糊。随着模板尺寸的增大，噪声消除有所增强，但是图像变得甚为模糊，细节的锐化程度逐步减弱。中值滤波器(一种非线性平滑滤波器)既能消除噪声又能保持图像的细节。

1. 邻域平均法

用邻域内像素灰度的平均值来代替中心像素的灰度。这是简单的空域处理方法。设有一幅 $N\times N$ 的图像 $f(x,y)$，用平均法所得的平滑图像为 $g(x,y)$，则

$$g(x,y)=\left(\frac{1}{M}\right)\sum_{i,j\in s}f(x,y) \tag{9-17}$$

式中，x，$y=0,1,\cdots,N-1$；s 为 (x,y) 邻域中像素坐标的集合，亦称窗口，其中不包括 (x,y)；

M 为集合 s 内像素的总数。常用的邻域为 4 邻域和 8 邻域。

这种算法简单、计算速度快，但它的主要缺点是在降低噪声的同时使图像产生模糊，特别在边缘和细节处。此外，邻域越大，在去噪能力增强的同时模糊程度越严重。

2．中值滤波法

对一个滑动窗口内所有像素的灰度值进行排序，用中间值代替窗口中心像素的原来灰度值。中值滤波是一种非线性的图像平滑法，它对脉冲干扰及噪声的抑制效果好，在抑制随机噪声的同时能有效保护边缘少受模糊。但它对点、线等细节较多的图像不太合适。

中值滤波由 Tukey 首先用于一维信号处理，后来很快被用到二维图像平滑中。使用中值滤波器滤除噪声的方法有多种，且十分灵活。一种方法是先使用小尺度窗口，后逐渐加大窗口尺寸，直到中值滤波器的坏处多于好处。另一种方法是一维滤波器和二维滤波器交替使用。此外，还有迭代操作，就是对输入图像重复进行同样的中值滤波，直到输出不再有变化。中值滤波对离散阶跃信号、斜升信号不产生影响。中值滤波后，信号频谱基本不变。

3．锐化滤波器

1) 梯度法

数字图像中 $f(x,y)$ 在 (x,y) 处梯度的大小和方向分别定义为

$$\mathrm{grad}(x,y)=\sqrt{\varDelta_x f(i,j)^2+\varDelta_y f(i,j)^2} \tag{9-18}$$

$$\arctan[\varDelta_y f(i,j)/\varDelta_x f(i,j)] \tag{9-19}$$

用差分代替微分，得

$$\begin{aligned}\varDelta_x f(i,j)&=f(i,j)-f(i-1,j)\\ \varDelta_y f(i,j)&=f(i,j)-f(i,j-1)\end{aligned} \tag{9-20}$$

Roberts 梯度算子可表示为

$$g(x,y)=\left|f(i,j)-f(i+1,j+1)\right|+\left|f(i+1,j)-f(i,j+1)\right| \tag{9-21}$$

2) 拉普拉斯(Laplace)算子

拉普拉斯算子是线性二阶微分算子。对离散的数字图像而言，二阶偏导数可用二阶差分近似。Laplace 算子为

$$g(x,y)=\left|f(i+1,j)+f(i-1,j)+f(i,j+1)+f(i,j-1)-4f(i,j)\right| \tag{9-22}$$

4．多图像平均法

如果叠加于多图像上的噪声是非相关的，那么具有零均值的随机噪声可以通过多幅相同条件下拍摄的图像取平均而消除，即

$$g(x,y)=\frac{1}{N}\sum_{i=0}^{N-1}f_i(x,y) \tag{9-23}$$

9.2.3　图像分割技术

图像分割是图像处理中极为重要的一个环节。它是根据图像的某些特征或特征集合的相似性准则，对一幅图像中的像素进行分组聚类，把图像划分成一系列有意义的区域，使图像分析、识别等高级处理阶段的数据量大大减少，同时保留有关图像结构特征的信息。

分割的精确程度影响甚至决定分析、识别和理解的准确程度。

图像分割的困难在于图像数据的模糊和噪声的干扰。至今还无法规定成功分割的准则，分割的好坏必须从分割的效果来判断。实际应用中情况复杂多变，要根据具体情形选择合适的方法，有效的方法通常会与具体的应用密切相关。

灰度阈值分割法就是设置一个灰度阈值 T，把图像中每个像素的灰度值与它进行比较，将大于等于 T 的像素与小于 T 的像素划分成两类：物体与背景。

根据阈值分类达到对像素进行区域分割的目的，这里阈值的确定是分割的关键。一般来说，可分为 3 种阈值：全局阈值、局部阈值和动态阈值。

1. 灰度阈值分割法

1）全局阈值法

如果整幅图像使用同一个阈值做分割处理，则称为全局阈值法。

(1) p 参数法。

若已知应划分出的对象物的面积约为 s_0，它与图像总面积 s 的比率为 $p=s_0/s$，作出图像的直方图，设灰度值在阈值 T 以上的像素对全体像素的比率为 p（或 $1-p$），可求出阈值 T。

这种方法经常用于图纸和公文图像等应分离出的对象图形的面积能够进行某种程度的推断的场合。

(2) 状态法。

作出所给图像的直方图，如果有明显的两个峰值（分别对应对象和背景），可选择两峰之间的谷点作为门限值，见图 9-6。但许多情况下，噪声干扰多或图像复杂而使谷的位置难以判定。此外，该法对两峰值相差极大、有宽且平谷底的图像也不适用。

(a) 大米图像

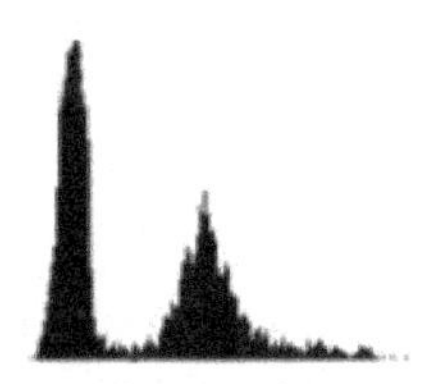
(b) 直方图及其谷点

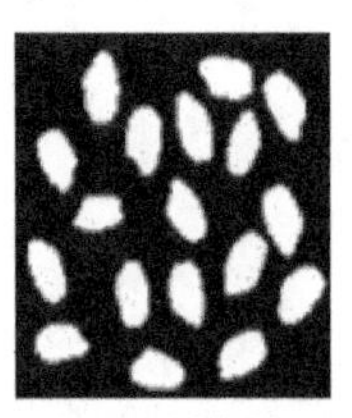
(c) 分割结果

图 9-6　状态法（选择两峰之间的谷点作为阈值分割图像）

(3) 最大方差阈值法。

最大方差阈值法是在判别与最小二乘原理的基础上推导出来的。把图像的直方图在某一阈值处分割成两组，当被分成的两组方差最大时，决定阈值。

设一幅图像的灰度值为 $1\sim m$ 级，灰度值为 i 的像素数为 n_i，此时得到总像素数：

$$N=\sum_{i=1}^{m}n_i \tag{9-24}$$

各值的概率为

$$p_i=\frac{n_i}{N} \tag{9-25}$$

然后用 k 将其分成两组：

$$C_0=\{1\sim k\} \quad 和 \quad C_1=\{k+1\sim m\} \tag{9-26}$$

各组产生的概率如下。

C_0 产生的概率：

$$\omega_0 = \sum_{i=1}^{k} p_i = \omega(k) \tag{9-27}$$

C_1 产生的概率：

$$\omega_1 = \sum_{i=k+1}^{m} p_i = 1 - \omega(k) \tag{9-28}$$

C_0 的平均值：

$$\mu_0 = \sum_{i=1}^{k} \frac{ip_i}{\omega_0} = \frac{\mu(k)}{\omega(k)} \tag{9-29}$$

C_1 的平均值：

$$\mu_1 = \sum_{i=k+1}^{m} \frac{ip_i}{\omega_1} = \frac{\mu - \mu(k)}{1 - \omega(k)} \tag{9-30}$$

式中，$\mu = \sum_{i=1}^{m} ip_i$ 为整体图像的灰度平均值；$\mu(k) = \sum_{i=1}^{k} ip_i$ 为阈值为 k 时的灰度平均值，所以全部采样的灰度平均值为

$$\mu = \omega_0\mu_0 + \omega_1\mu_1 \tag{9-31}$$

两组间的方差为

$$\begin{aligned}\sigma^2(k) &= \omega_0(\mu_0 - \mu)^2 + \omega_1(\mu_1 - \mu)^2 = \omega_0\omega_1(\mu_1 - \mu_0)^2 \\ &= \frac{[\mu \cdot \omega(k) - \mu(k)]}{\omega(k)[1 - \omega(k)]}\end{aligned} \tag{9-32}$$

从 1～m 之间改变 k，求式(9-32)为最大值时的 k，即求 $\max\sigma^2(k)$ 时的 k^* 值，此时，k^* 值便是阈值。

无论图像是否有明显的双峰，该方法都能得到较满意的结果。它不仅适用于单阈值的选择，还可向多阈值扩展。

2) 局部阈值法

很多情况下，图像中物体与背景的对比度并不是各处相同的。例如，当照明或透射不均匀时，整幅图像无法找到合适的单一阈值来分割。这时需要根据图像的具体情况，将图像分成若干子区域，对每一小块分别选一阈值进行分割，这就是局部阈值法。

3) 动态阈值法

有时，无法对图像进行分块，需要综合考虑每一像素点周围的统计分布，动态地根据一定邻域范围选择每点处的阈值，进行图像分割。这就是动态阈值法。

2. 边缘检测算子

图像的边界对人的视觉识别十分有用，人们常常能从一粗糙轮廓中识别出物体。物体的边界在图像中是由灰度不连续性反映的，通常先通过边缘检测算子提取图像中可能的边缘点，再把这些点连接起来形成封闭的边界。

构造边缘检测算子的数学基础是一阶和二阶导数变化，一阶导数的大小、二阶导数的

过零点可以判断边缘。

1) 梯度算子

下面是一些常用的算子形式，把 H_1、H_2 分别与输入图像卷积，可以分别得到 $\Delta_x f(x,y)$ 和 $\Delta_y f(x,y)$。然后，计算梯度 g。设定或用前面的方法获得阈值 T，梯度大于 T 的点被认为是边缘点。

2) Laplace 算子

Laplace 算子是二阶微分算子，它的优点是各向同性，即与坐标轴方向无关，坐标轴旋转后结果不变。

$$\nabla^2 f = \frac{\partial^2 f}{\partial x^2} + \frac{\partial^2 f}{\partial y^2} \tag{9-33}$$

离散差分表示为

$$\nabla^2 = \begin{bmatrix} 0 & 1 & 0 \\ 1 & -4 & 1 \\ 0 & 1 & 0 \end{bmatrix} \tag{9-34}$$

如果考虑 8 邻域，则

$$\nabla^2 = \begin{bmatrix} 1 & 1 & 1 \\ 1 & -8 & 1 \\ 1 & 1 & 1 \end{bmatrix} \tag{9-35}$$

由于是二阶微分算子，对噪声更加敏感，且边缘的方向信息丢失。其他常用边缘检测算子的特点如表 9-1 所示。

表 9-1　常用边缘检测算子

算子名	H_1	H_2	特点
Roberts	$\begin{bmatrix} 0 & 1 \\ -1 & 0 \end{bmatrix}$	$\begin{bmatrix} 1 & 0 \\ 0 & -1 \end{bmatrix}$	边缘定位准 对噪声敏感
Prewitt	$\begin{bmatrix} -1 & 0 & 1 \\ -1 & 0 & 1 \\ -1 & 0 & 1 \end{bmatrix}$	$\begin{bmatrix} -1 & -1 & -1 \\ 0 & 0 & 0 \\ 1 & 1 & 1 \end{bmatrix}$	平均、微分 对噪声有抑制作用
Sobel	$\begin{bmatrix} -1 & 0 & 1 \\ -2 & 0 & 2 \\ -1 & 0 & 1 \end{bmatrix}$	$\begin{bmatrix} -1 & -2 & -1 \\ 0 & 0 & 0 \\ 1 & 2 & 1 \end{bmatrix}$	加权平均
Isotropic Sobel	$\begin{bmatrix} -1 & 0 & 1 \\ -\sqrt{2} & 0 & \sqrt{2} \\ -1 & 0 & 1 \end{bmatrix}$	$\begin{bmatrix} -1 & -\sqrt{2} & -1 \\ 0 & 0 & 0 \\ 1 & \sqrt{2} & 1 \end{bmatrix}$	权值反比于邻点与中心点的距离 检测沿不同方向边缘时梯度幅度一致

3) Marr-Hildreth 边缘检测算子

为了减少噪声的影响，先将图像作高斯滤波，再用 Laplace 算子检测边缘。

$$G(r) = \frac{1}{2\pi\sigma^2}\exp\left[-r^2/(2\sigma^2)\right] \tag{9-36}$$

通过改变高斯函数的 σ 值，使检测集中在不同的尺度上，解决既有陡峭的边缘又有平缓的边缘的情况。

4) 曲面最佳拟合的边缘检测算子

基于差分检测图像边缘的算子往往对噪声敏感。因此对一些噪声比较严重的图像就难以取得满意的效果。若用平面或高阶曲面来拟合图像中某一小区域的灰度表面，求这个拟合平面或曲面的外法线方向的微分或二阶微分检测边缘，可减少噪声影响。用曲面拟合对象的灰度，再用边缘检测算子。

3. 边缘检测算法

边缘检测的结果不是图像分割的结果，必须把边缘点连接成边缘链，形成直线、曲线、各种轮廓线等，直到能表示图像中物体的边界。

1) 启发式搜索

假设边缘图像的边界上有一缺口，该缺口可能太长而不能用一条直线填充，也有可能不在同一条边界而在两条边界上。可以建立一个在任意连接两端点(称为 A、B)的路径上进行计算的函数，用于评价怎样的连接更优。这个边缘质量函数可以包括各点的边缘强度的平均值，也可以利用边缘的方向信息。

首先对 A 的邻域点进行评价，衡量哪一步可作为走向 B 的第一步候选，然后把该点作为下一个迭代起点。当最后连接到 B 时，将新建的边缘质量函数与阈值比较，判断该连接是否合理，如果不满足阈值条件则舍弃。

该技术对相对简单的图像效果很好，但不一定能找到两端点间连接的全局最优路径。

2) 曲线拟合

如果边缘点很稀疏，可以用分段线性或高阶样条曲线来拟合这些点，从而形成边界，如最小均方误差拟合、一维抛物线拟合、二维高斯拟合以及迭代端点拟合的分段线性方法等。

3) Hough 变换

Hough 变换是把图像平面中点按待求曲线的函数关系映射到参数空间，然后找出最大聚集点，完成变换(图 9-7)。

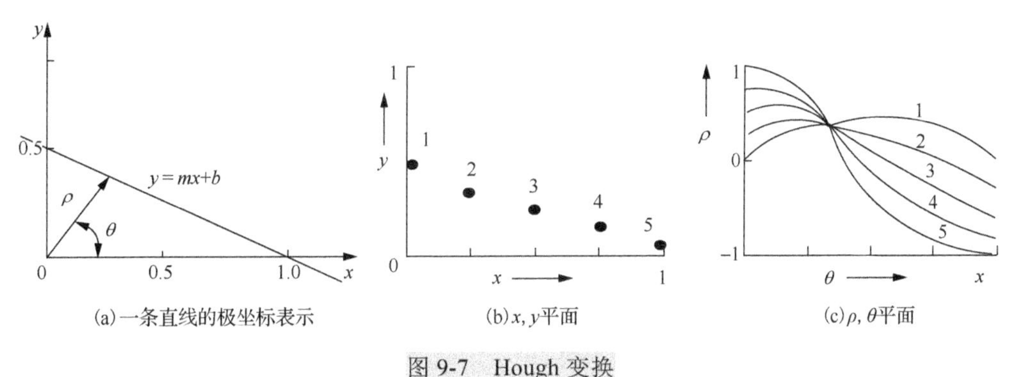

图 9-7　Hough 变换

(1) 直线检测。

极坐标中直线方程表示为

$$\rho = x\cos\theta + y\sin\theta \tag{9-37}$$

式中，ρ 为原点到直线的垂直距离；θ 为垂线与 x 轴的夹角。

可见 (x, y) 空间的一条直线的 Hough 变换在极坐标 (ρ,θ) 空间中是一个点，如图 9-7 所示。

通过 (x,y) 空间任一点 (x_0,y_0) 的所有直线，在 (ρ,θ) 空间组成一条三角函数曲线 (x,y) 空间共线的点，在 (ρ,θ) 空间的曲线相交在同一点。

$$\rho = x_0 \cos\theta + y_0 \sin\theta \tag{9-38}$$

根据这一特点，可以检测直线。将 $\rho-\theta$ 域量化成许多小格，对于每一个 (x_0,y_0) 点，代入 θ 的量化值，计算出各个 ρ，所得值(经量化)落在某个小格内，便使该小格的计数累加器加 1，当全部 (x,y) 点变换完后，对小格进行检验，有大的计数值的小格对应共线点，其 ρ,θ 值可用作直线拟合参数。

ρ,θ 需取合适的值，若量化得过粗，则参数空间凝聚效果差；若量化得过细，则计算量激增。因此要兼顾这两方面。

(2) 曲线检测。

Hough 变换的基本思想是根据图像空间中边界点的数据计算参数空间中参考点的各种可能轨迹，并对参考点计数，最后选出峰值。这一思路完全可以推广到检测曲线。关键是写出到参数空间变换的公式，解析曲线的参数表示一般形式是 $f(\boldsymbol{x},\boldsymbol{a})=0$，$\boldsymbol{x}$ 是图像平面上的边界点(二维向量)，$\boldsymbol{a}$ 是参数空间中的点(向量)。

例如，所有圆可以表示成

$$(x-a)^2+(y-b)^2=r^2 \tag{9-39}$$

每点对应 (a,b,r) 空间上的一个圆锥面。对 a,b,r 离散化并累加，显然 3 个参数累加运算量非常大。通常可以得到某点的边缘方向，利用该信息作约束限制可以变化的范围，可以大大减少运算量。该方法只对检测参数较少的曲线有意义，实际使用时要尽量减少参数数目，以减少计算量。

(3) 广义 Hough 变换检测任意形状，如果形状大小、方向固定，可以用广义 Hough 变换检测。

9.2.4 图像识别技术

模式识别是 20 世纪 60 年代迅速发展起来的一门新兴学科，研究对象描述和分类方法，属于信息控制和系统科学的范畴。在 70 年代，随着大规模集成电路技术的发展以及计算机性能的提高，无论在理论上还是应用上，模式识别都有了显著的发展，大大推动了以计算机为基础的具有智能性质自动化系统的实际应用。

近年来，模式识别在许多学科和技术领域有着极其广泛的应用，如对地球资源和人类环境的研究、生物医学工程的应用、文件处理和管理自动化及工程和交通上的应用、军事应用及公安对象的鉴定、商业自动化问题。

一般的模式识别系统都是由两个过程组成的，即设计和实现。设计是指用一定数量的样本(一般叫训练集或学习集)进行分类器的设计。实现是指用所设计的分类器对待识别的样本进行分类决策。模式识别系统可分为四个主要部分，其框图如图 9-8 所示。

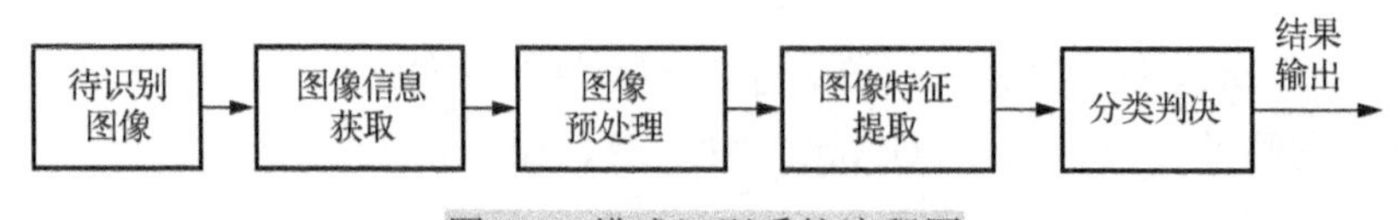

图 9-8　模式识别系统流程图

第一部分是图像信息获取。就是把图片等信息经系统输入设备并数字化后输入计算机以备后续处理。第二部分是图像预处理。其目的是去除干扰、噪声及差异，将原来的图像变成适合计算机进行特征提取的形式。第三部分是图像特征提取。提取什么特征、保留多少特征与采用什么样的判决有很大的关系。第四部分是分类判决。也就是根据提取的特征参数，采用某种分类判决函数和判决规则，对图像信息进行分类和辨识，得到识别的结果。

目标(模式)识别是整个数字图像处理和分析的最终目标。前面讲到的图像增强等技术都是为最终的目标识别奠定基础。

针对不同的对象和不同的目的，可以用不同的模式识别理论和方法，常用的方法有统计模式识别方法、句法模式识别方法和神经网络法。以下对统计模式识别方法进行详细介绍。

从根本上讲，统计模式识别方法是利用各类的分布特征，即利用各类的概率密度函数、后验概率等，或隐含地利用上述概念进行分类识别的。统计模式识别方法主要由特征处理、决策与分类三部分组成。

1．特征处理

特征处理包括特征提取和特征选择，特征提取和选择方法的优劣极大地影响分类器的设计与性能。从直观上可知，在特征空间中，如果同类模式分布比较密集、不同类模式相距较远，分类识别就比较容易正确。因此，在由实际对象提取特征时，要求所提取的特征对不同类对象差别很大而对同类对象差别较小，这将给后继分类识别带来很大的方便。比如，区分香蕉与梨子时，提取形状特征就很容易将两者区别开来。但是由于某些原因，大家提取的特征不可能总是使模式显著地如上述那样分布，如未成熟的绿色番茄与青椒，颜色、形状特征的区别都不是特别显著；或者所得的特征过多，处理信息量太大，计算复杂，浪费计算机处理时间，而且分类的效果不一定好。因此，为了设计效果好的分类器，保证所要求的分类识别准确率以及节省资源，一般需要对原始特征值进行分析处理，经过选择和变换组成区分性、可靠性、独立性好的识别特征，在保证一定精度的前提下，减少特征维数，提高分类效率。通常采用以下方法进行特征处理。

(1)穷举法。

从 n 个原始测量值中选出 d 个特征，一共有 C_n^d 种可能的选择。对每一种选法，用已知类别属性的样本进行试分类。测出其分类准确率，分类误差最小的一组特征便是最好的选择。穷举法的优点是不仅能提供最优的特征子集，而且可以全面了解所有特征对各类别之间的可分性信息。但是，穷举法计算量太大，尤其在特征维数高时是不现实的。

(2)最大最小类对距离法。

最大最小类对距离法的基本思想如下：首先在 K 个类别中选出最难分离的一对类别，然后选择不同的特征子集，计算这一对类别的可分性，具有最大可分性的特征子集就是该方法所选择的最佳特征子集。

(3)变换法。

变换法根据对测量值所反映的物理现象与待分类别之间关系的认识，通过数学运算来产生一组新的特征，使得待分类别之间的差异在这组特征中更明显，从而有利于改善分类效果。变换法主要有基于可分性判据的特征提取选择、基于误判概率的特征提取选择、离散 K-L 变换(DKLT)、基于决策界特征提取选择等方法。

2．决策

统计模式识别方法最终归结为分类问题，它研究每一个模式的各种测量数据的统计特性，按照统计决策理论来进行分类。假设已抽取并经过选择产生 d 个特征，而图像可分成 m 类。要判断待识别图像属于哪一类，就需要找到合适的判别函数。

1)线性判别函数

线性判别函数是图像所有特征量的线性组合，它是应用较广的一种判别函数：

$$g(X) = aX + b \tag{9-40}$$

采用线性判别函数进行分类时，一般将 m 类问题分解成 $(m-1)$ 个 2 类识别问题。方法是先把模式空间分为 1 类和其他类，如此进行下去即可。因此最简单、最基本的是 2 类线性判别。其中线性判别函数的系数可通过样本试验来确定。

2)最小距离分类法

用一个标准模式代表一类，两个模式之间的距离作为两类之间的距离。假设有 m 类，给出 m 个参考向量 $R_1,R_2,\cdots,R_i,\cdots,R_m$，$R_i$ 与模式类 w_i 相联系。对于一个待识别模式 X，分别计算它与 m 个已知类别模式向量 $R_1,R_2,\cdots,R_m$ 的距离，将它判为距离最近的模式所属的类。

3)最近邻域分类法

在最小距离分类法中，取一个最标准的向量作为代表。最近邻域分类法用一组标准模式代表一类，所求距离是一个模式同一组模式间的距离。求出与模式 X 最近的训练样本或者各类的平均值，并把 X 分到这一类中。

4)非线性判别函数

线性判别函数很简单，但对于较复杂的分类往往不能胜任。这时，就要提高判别函数的次数，可将判别函数从线性推广到非线性。

3．分类

统计方法的最基本内容之一是 Bayes 分析。

1)Bayes 公式

在古典概率中就有大家熟悉的 Bayes 定理：

$$P(B_i|A) = \frac{P(B_i)P(A|B_i)}{\sum_{j=1}^{n} P(B_j)P(A|B_j)} \tag{9-41}$$

式中，$B_1,B_2,\cdots,B_n$ 为 n 个互不相容的事件；$P(B_i)$ 为事件 B_i 的先验概率；$P(A|B_i)$ 为事件 A 在事件 B_i 已发生条件下的条件概率。Bayes 定理说明在给定了随机事件 $B_1,B_2,\cdots,B_n$ 的各先验概率 $P(B_i)$ 及条件概率 $P(A|B_i)$ 时，可计算出事件 A 出现时事件 B_i 出现的后验概率 $P(B_i|A)$。

图像可看作符合一定规律的随机分布，每个像素作为随机变量只能属于某一类别，类别可看作 n 个互不相容的事件。设 X 为像素的灰度值或经过特征抽取后得到的特征量，ω_i 为分类目标，对图像像素进行分类就可以用如下公式：

$$P(\omega_i|X) = \frac{P(\omega_i)P(X|\omega_i)}{\sum_{j=1}^{n} P(\omega_j)P(X|\omega_j)} \tag{9-42}$$

式中，$P(\omega_i)$为类别 i 在图像中出现的先验概率，不失一般性，所有类别的先验概率之和为 1；$P(X|\omega_i)$为在类别 i 中 X 出现的条件概率。在先验概率和条件概率已知的情况下，可以计算出像素 X 归属于每一类别的概率 $P(\omega_i|X)$。

2）Bayes 分类法和分类器

基于 Bayes 公式的图像分类可表示为：若 $P(\omega_i|X)=\max\limits_{1\leqslant j\leqslant n}P(\omega_j|X)$，则有 $X\in\omega_i$。显然，$P(\omega_i|X)$越大，像素 X 属于类别 ω_i 的概率就越大，即将像素划分到归属概率 $P(\omega_i|X)$中最大的一个类别中。图 9-9 为多类 Bayes 分类器。

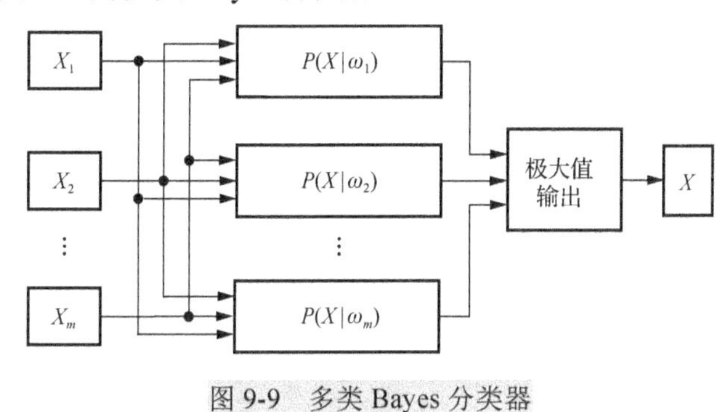

图 9-9　多类 Bayes 分类器

9.3　应用案例——基于 PSO 优化的混合核函数 SVM 茶叶品质等级识别方法研究

目前茶叶品评主要依靠感官评审，评审需要专业人士，主观性强，缺乏统一的技术标准。机器视觉检测技术是一种利用图像处理技术对目标进行识别分类的方法，能够高效、智能、低成本地实现茶叶品质无损检测。

9.3.1　实验部分

1. 实验材料

本实验中的西湖龙井茶叶由杭州艺福堂茶业有限公司提供，有 4 个等级，分别为特级、一级、二级以及三级，茶叶样品均取自采摘的茶鲜叶制成，用电子天平进行称重，取质量为 5g±0.01g 同一等级的茶叶，每个等级制作 20 份样品，用密封塑料袋进行封装，用标签纸记录样品的等级和编号，所得茶叶样品如图 9-10 所示。

2. 实验图像的采集与预处理

选用 Industrial Vision 品牌 HT-UB130RC 型号相机进行实验，该摄像头可采用 USB 数据线直接连接。镜头选用 Industrial Vision 品牌的 FM0612 型号，光源选用环形 LED 灯，实验台如图 9-11 所示。将茶叶样品均匀平铺在载物台上，每个形态下采集三种图像，从中选出最好的一张，每个样品采集形态不一的五张图像，每个等级 20 个样品，共计 100 张图像。

图 9-10　茶叶样品

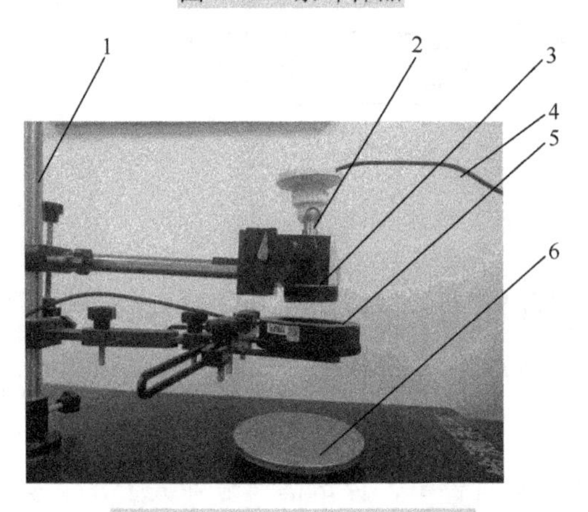

图 9-11　茶叶品质识别实验台

1-支架；2-相机；3-镜头；4-传输数据线；5-环形 LED 灯；6-载物台

不同滤波方法的比较如图 9-12 所示。均值滤波虽然能够很好地淡化噪声，但是不能有效地去除噪声，留下了较多模糊的斑点，且图像细节和轮廓皆被平滑化，容易造成特征信息的丢失。高斯滤波可以很好地保留原图中图像的连续性，基本没有改变原图像的边缘轮廓，但对于椒盐噪声不适合，受到该噪声干扰时无法去除。OpenCV 自带中值滤波效果较为理想，能够很好地去除图像噪声，保护了图像的细节信息。自适应中值滤波方法最好。该方法先判断当前像素是否为边缘像素，若为边缘像素则进行均值滤波，否则判断当前像素的灰度值是否等于 0 或者 255，如果不满足此条件，则不进行处理，如果满足此条件，则进行 3×3 模板中值，取得中值，再判断中值是否等于 0 或者 255，如果是，则增大模板，直至中值不为 0 或者 255。相比于 OpenCV 自带中值滤波，自适应中值滤波能够更为有效地去除噪声，并且更好地保留边缘的细节，具有更好的“保真”效果。

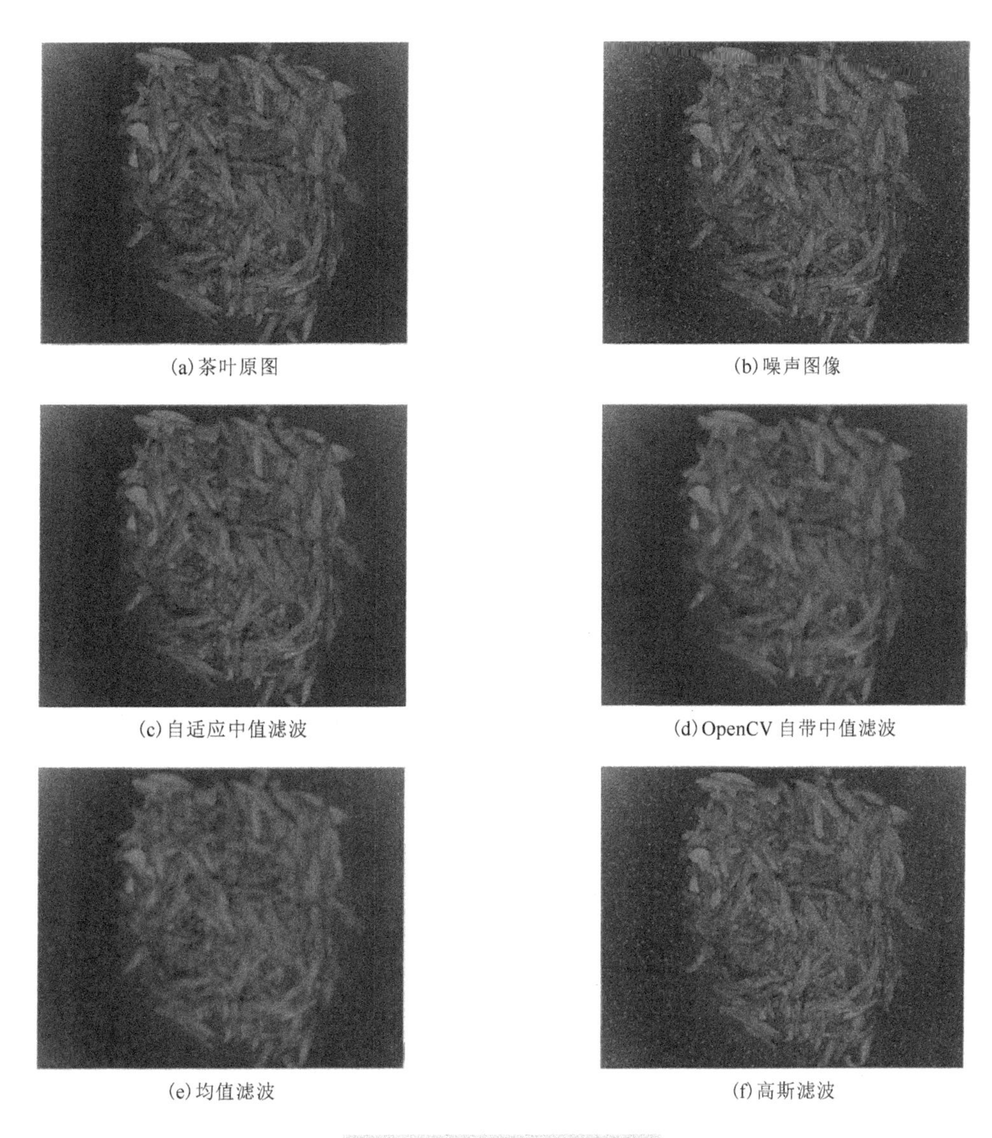

(a) 茶叶原图　(b) 噪声图像　(c) 自适应中值滤波　(d) OpenCV 自带中值滤波　(e) 均值滤波　(f) 高斯滤波

图 9-12　不同滤波方法的比较

3. 茶叶图像特征提取

提取茶叶图像中 RGB、HIS 和 Lab 三种颜色空间模型中 3 个分量的均值和标准差，共计 18 个颜色特征。利用 LBP 旋转不变模式得到西湖龙井的 LBP 纹理图像，再计算纹理图像的灰度共生矩阵。为了减少计算量，将灰度级别取为 16，即将图像的灰度值压缩到 16 个灰度级别中，步长设定为 1，依次获得 0°、90°、135° 四个方向的灰度共生矩阵，再依次提取灰度共生矩阵的 4 个互不相关的特征：能量、熵、对比度、逆差矩，共计 16 个纹理特征。

9.3.2　建模与分析

1. 基于 PSO 的混合核函数 SVM 算法

1) 支持向量机

SVM 是 20 世纪 90 年代中期发展起来的基于统计学习理论的机器学习方法。通过寻求结构化风险最小来提高学习机泛化能力，实现经验风险和置信范围的最小化，从而达到在统计样本量较少的情况下亦能获得良好统计规律的目的。

选择满足 Mercer 条件的核函数，可以生成不同的 SVM，形成不同的算法。常用的核函数有 4 种，具体如表 9-2 所示。

表 9-2　SVM 常见不同核函数的汇总表

核函数	表达式	参数说明
线性核	$k(X,Y)=X^{\mathrm{T}}Y$	
多项式核	$k(X,Y)=(\alpha X^{\mathrm{T}}Y+r)^d$	$d\geqslant 1$ 为多项式的次数
RBF 核	$k(X,Y)=\exp\left(-\dfrac{\lVert X-Y\rVert^2}{2\sigma^2}\right)$	$\sigma>0$ 为 RBF 核的带宽
Sigmoid 核	$k(X,Y)=\tan h(\alpha X^{\mathrm{T}}+r)$	tanh 为双曲正切函数

2) PSO 算法原理

粒子群优化(Particle Swarm Optimization，PSO)算法是一种基于群体智能的全局随机搜索算法。该算法启发于鸟群觅食过程中的群聚与迁徙行为，属于一种进化过程，通过迭代寻求最优解，利用适应度对解进行优化和评价，具有收敛快、易实现、精度高的特点。PSO 优化的 SVM 算法在实际中具有较广泛的应用。大量的实验表明 PSO 算法具有较高的实用性和准确率，能够有效解决正负样本不均和参数寻优时间较长等问题，PSO 算法流程如图 9-13 所示。

2. 实验分析

1) 混合核函数与单一核函数 SVM 对比

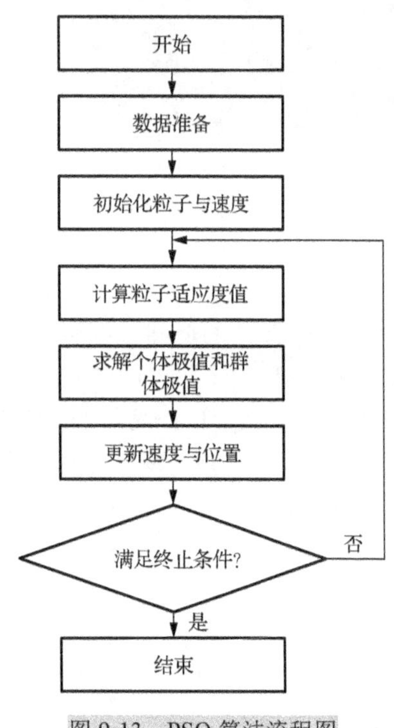

图 9-13　PSO 算法流程图

为了验证混合核函数 SVM 算法对茶叶等级模型的识别效果，本实验使用训练数据对不同核函数 SVM 模型进行训练，线性核 SVM 的惩罚参数 C 的取值范围为$[2^{-10},2^{10}]$，步长设为 $2^{0.2}$；多项式核 SVM 的惩罚参数 C 的取值范围为$[2^{-10},2^{10}]$，步长设为 $2^{0.2}$，核参数 d 指的是多项式核函数最高次项的次数，取值范围为[2,5]，步长设为 1，α 的取值范围为$[2^{-5},2^{5}]$，步长设为 $2^{0.2}$，r 的取值范围为[−3,3]，步长设为 0.2；RBF 核 SVM 的惩罚参数 C 的取值范围为$[2^{-10},2^{10}]$，步长设为 $2^{0.2}$，核参数 σ 的取值范围为$[2^{-5},2^{5}]$，步长设为 $2^{0.2}$； Sigmoid 核 SVM 的惩罚参数 C 的取值范围为$[2^{-10},2^{10}]$，步长设为 $2^{0.2}$，核参数 α 的取值范围为$[2^{-5},2^{5}]$，步长设为 $2^{0.2}$，r 的取值范围为[−3,3]，步长设为 0.2 ；混合核 SVM 算法的惩罚参数 C 的取值范围为$[2^{-10},2^{10}]$，核参数 d 的取值范围为[2,5]，步长设为 1，α 的取值范围为$[2^{-5},2^{5}]$，步长设为 $2^{0.2}$，r 的取值范围为[−3,3]，步长设为 0.2，核参数 g 的取值范围为$[2^{-5},2^{5}]$，核函数权重调节参数 t 的取值范围为(0,1)，具体效果如表 9-3 所示。

表 9-3　不同核函数 SVM 对茶叶识别的结果

核函数	训练集准确率/%	测试集准确率/%	最优参数
线性核	93.3	90	C=55.7152
多项式核	95	91	C=5.278，d=2，r=2.8，α=0.7579
RBF 核	95.3	92	C=97.0059，g=0.3299
Sigmoid 核	91.6	88	C=2.2974，r=−0.4，α=0.1649
混合核	96.6	95	C=4.595，d=2，r=2.8，α=2.639，t=0.2，g=0.1895

从表中不同核函数对茶叶等级识别的结果可以看出，在训练集中混合核函数准确率最高，为 96.6%，明显高于 RBF 核(95.3%)、多项式核函数(95%)、线性核函数(93.3%)以及 Sigmoid 核函数(91.6%)。从测试集来看，效果与训练集类似，效果由好到差依次是混合核函数、RBF 核、多项式核函数、线性核函数和 Sigmoid 核函数，准确率依次为 95%、92%、91%、90%、88%。

实验表明，将多项式核函数与 RBF 核进行线性组合以后构造的混合核 SVM 算法，既具有多项式核函数的泛化能力，又具有 RBF 核的学习能力，虽然训练时间长，参数多，运算复杂，但是训练集和测试集都有更高的准确率。

2)基于 PSO 的混合核函数 SVM 模型的建立和识别结果分析

SVM 模型的优化主要考虑的是核函数和核函数参数的选择。不同的核函数形成不同的算法，不同的参数直接影响模型的分级性能，所以模型的分级精度主要受核函数与其对应参数的影响。一般在训练模型的过程中，使用网格搜索的方法对参数进行优化。该方法不但时间很长，对经验的依赖性强，而且得到的结果可靠性不高，具有不确定性。

为了将基于 PSO 的混合核函数与上述网格搜索中的混合核函数进行算法的比较，利用茶叶等级识别进行验证，将准确率作为适应度函数，混合核函数的参数范围设置与网格搜索的参数相同。混合核函数 SVM 算法的惩罚参数 C 的取值范围为$[2^{-10},2^{10}]$，核参数 d 的取值范围为[2,5]，步长设为 1，α 的取值范围为$[2^{-5},2^{5}]$，步长设为 $2^{0.2}$，r 的取值范围为[−3,3]，步长设为 0.2，核参数 g 的取值范围为$[2^{-5},2^{5}]$，核函数权重调节参数 t 的取值范围为(0,1)。PSO 算法中设定粒子群的最大进化数量为 200，种群数量初始为 20，加速常量 c_1 初始值设为 1.5，加速常量 c_2 初始值设为 1.7，静态权重系数 w 设为 1，粒子速度最大值 v_{max} 设为 1，x_{max} 与 x_{min} 设为−5 与 5。以西湖龙井茶叶图像特征数据对 PSO 算法优化参数后混合核函数 SVM 算法进行数据训练，再将得到的模型利用测试集进行验证。

图 9-14 是茶叶样本在基于 PSO 的混合核函数 SVM 算法的训练阶段得到的适应度曲线，在本实验中以识别的准确率作为适应度函数。从图中可以看出平均适应度曲线收敛性不是太好。从实验结果中可以看出，最佳适应度值为 96%。将应用网格搜索的混合核 SVM 算法与基于 PSO 的混合核 SVM 算法得到的准确率与时间列入表 9-4 中。

表 9-4　不同参数优化方法的混合核 SVM 算法比较

算法	训练集准确率/%	测试集准确率/%	所需时间/s
基于 PSO 的混合核 SVM	96	93	531.082
基于网格搜索的混合核 SVM	96.6	95	424689.412

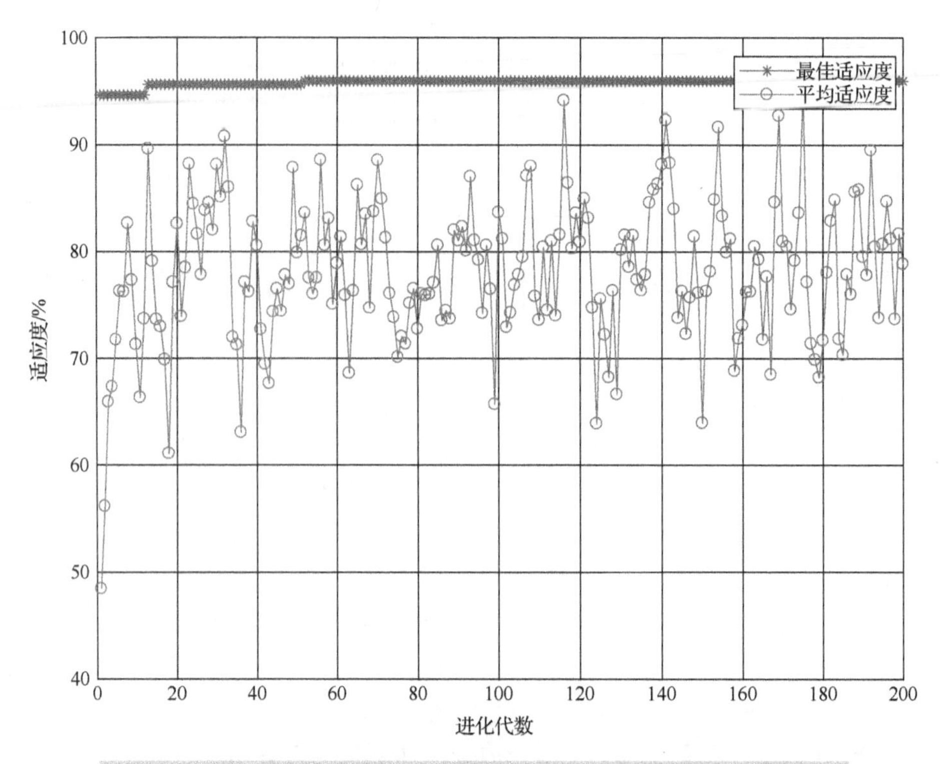

图 9-14　基于 PSO 的混合核 SVM 算法茶叶样本训练阶段的适应度曲线

从表 9-4 中可以看出，基于 PSO 的混合核 SVM 算法的训练集准确率为 96%，测试集准确率为 93%，所需时间为 531.082s；基于网格搜索的混合核 SVM 算法具有更高的识别准确率，训练集准确率为 96.6%，测试集准确率为 95%，所需时间为 424689.412s。虽然基于网格搜索的混合核 SVM 算法准确率稍高于基于 PSO 的混合核 SVM 算法，但所需时间远大于基于 PSO 的混合核 SVM 算法，约为基于 PSO 的混合核 SVM 算法的 800 倍，且随着需要优化的参数增加，时间会更长。

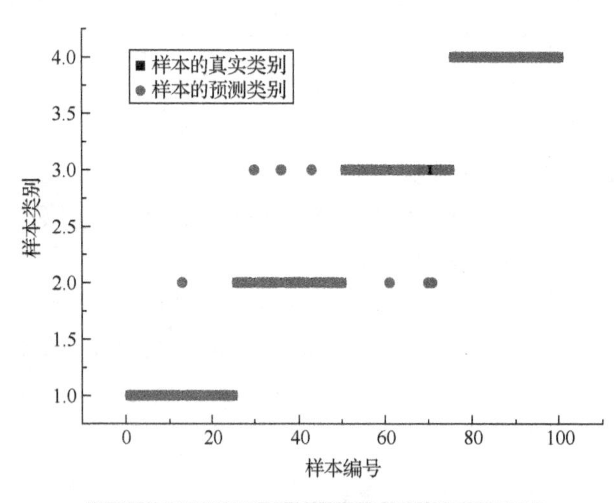

图 9-15　茶叶样本在预测集中的识别效果图

将提取到的颜色特征与纹理特征作为 SVM 模型的输入，图像对应的茶叶等级作为输出，利用 PSO 算法对混合核函数参数进行优化，预测效果如图 9-15 所示。样本类别中的 1、2、3、4 分别对应特级、一级、二级和三级。图中有 7 个异常点，其中有两个连续异常点，识别效果总体还算理想。具体训练集和测试集的识别准确率如表 9-5 和表 9-6 所示。

表 9-5　基于 PSO 的混合核 SVM 模型在茶叶样本训练集中的识别结果

级别	数量	训练集中的识别结果					总体识别准确率
		特级	一级	二级	三级	识别准确率	
特级	75	74	1	0	0	98.6%	96%
一级	75	1	70	4	0	93.3%	
二级	75	0	6	69	0	92%	
三级	75	0	0	0	75	100%	

表 9-6　基于 PSO 的混合核 SVM 模型在茶叶样本测试集中的识别结果

级别	数量	测试集中的识别结果					总体识别准确率
		特级	一级	二级	三级	识别准确率	
特级	25	24	1	0	0	96%	93%
一级	25	0	22	3	0	88%	
二级	25	0	3	22	0	88%	
三级	25	0	0	0	25	100%	

表 9-5 是基于 PSO 的混合核 SVM 模型对训练集样本的识别结果与识别准确率的统计，每个等级以 75 个样本进行训练，总体识别准确率为 96%，训练模型中，特级样本中有 1 个样本被识别成一级，特级的识别准确率为 98.6%；一级样本中有 1 个样本被识别为特级，有 4 个样本被识别为二级，一级的识别准确率为 93.3%；二级样本中有 6 个样本被识别为一级，二级的识别准确率为 92%；三级中的样本均正确识别，识别准确率为 100%。表 9-6 是基于 PSO 的混合核 SVM 模型对测试集样本的识别结果与识别准确率的统计。在测试集中，每个等级以 25 个样本进行实验，总体识别准确率为 93%，其中特级样本中有 1 个被识别成一级，特级的识别准确率为 96%；一级样本中有 3 个被识别成二级，一级的识别准确率为 88%；二级样本中有 3 个被识别成一级，二级的识别准确率为 88%；三级样本均识别正确，识别准确率为 100%。发生误识的主要原因是一级与二级样本图像颜色特征和纹理特征之间的差异性不明显。因此，用 PSO 算法对混合核函数 SVM 算法进行优化，优化后识别准确率为 93%，时间缩短为网格搜索优化的 1/800，具有更好的应用前景。

9.3.3　应用效果

混合核函数 SVM 算法应用于茶叶品质等级识别，通过将具有较强泛化能力的多项式核函数与具有学习适应能力的 RBF 核进行线性组合，利用网格搜索的方式进行参数优化，识别准确率可达 95%，并与常用的单核函数进行比较。案例表明线性核函数、多项式核函数、RBF 核、Sigmoid 核函数识别准确率依次为 90%、91%、92%、88%。用 PSO 算法对混合核函数 SVM 算法进行优化，优化后识别准确率为 93%，时间缩短为网格搜索优化的 1/800，具有更好的应用前景。

第三篇　实践应用篇

第 10 章　基于漫反射方式的检测装置及应用

10.1　基于漫反射方式的光电无损检测装置结构

基于漫反射方式的光电无损检测装置(水果糖度可见/近红外光谱在线检测装置)包括光路系统、高速分选机构、位置跟踪及自动控制系统、在线近红外光谱分析系统。通过数学模型解析在线动态获取的水果营养成分相关的光谱信息，将解析结果与其他组成部分高速协同联动,实现水果营养成分在线动态检测与分选。该装置的整体结构和实物图如图 10-1 和图 10-2 所示。

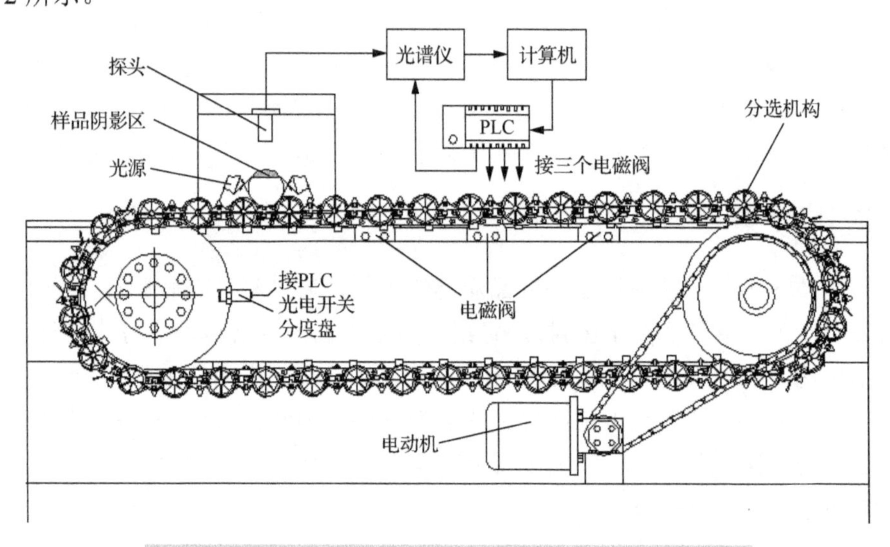

图 10-1　水果糖度可见/近红外光谱在线检测装置总体结构

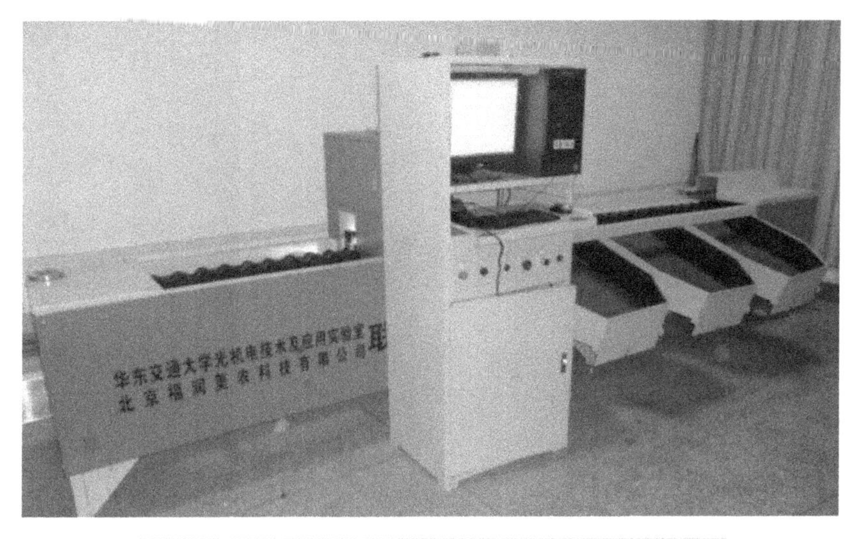

图 10-2　水果糖度可见/近红外光谱在线检测装置实物图

10.1.1　光路系统

1. 光路系统设计

光路系统设计由配件选型和光路设计两个步骤完成。该系统主要提供稳定的可见/近红外光源以进行水果在线检测，水果内部品质信息的近红外透射光由探头接收，由光纤传导给光谱仪，实现近红外光信号转变为电信号并传输给数据处理系统。图 10-3 为光路系统结构示意图。

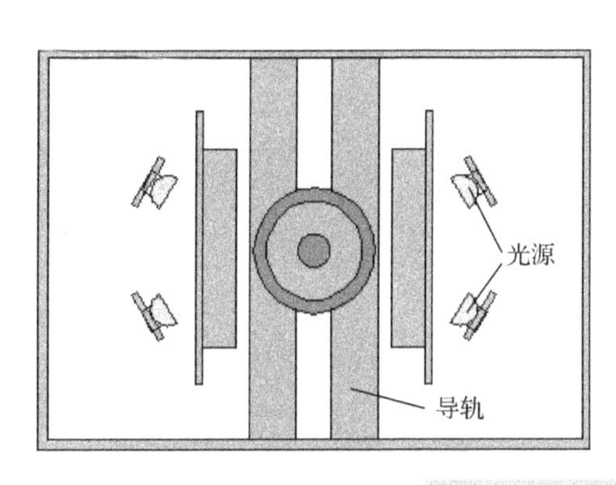

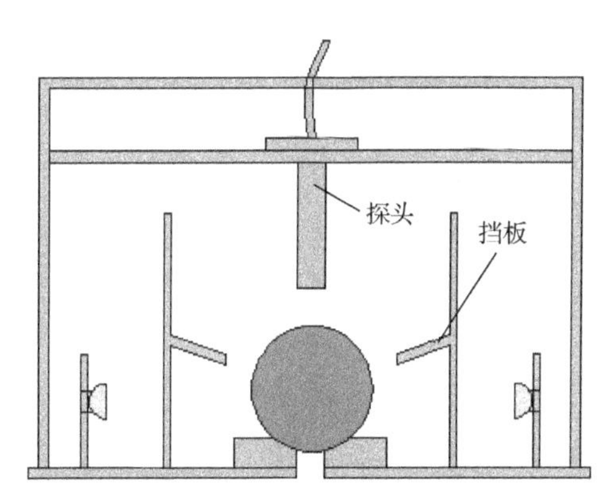

图 10-3　光路系统结构示意图

2. 光路布置

光路布置是根据检测方式而定的。本书依托已有的在线检测机械装置结构，采用漫透射方式。整个光路系统由 4 个卤钨灯、探头、聚光镜、挡板等组成。卤钨灯与垂直方向有一斜角而倾向导轨，同时挡板的遮蔽作用避免了光直接由光源进入探头影响实验结果。如图 10-4 所示，样品顶部形成了一阴影区，阴影区内有足够的空间，有效地避免了未经由样品的直射光。4 个卤钨灯成环形布置，使得样品赤道部位都受到光的辐射，保证了探头收集携带样品内部品质信息的大部分光，系统的稳定性也得到了一定保证。具体布置如图 10-4 所示。

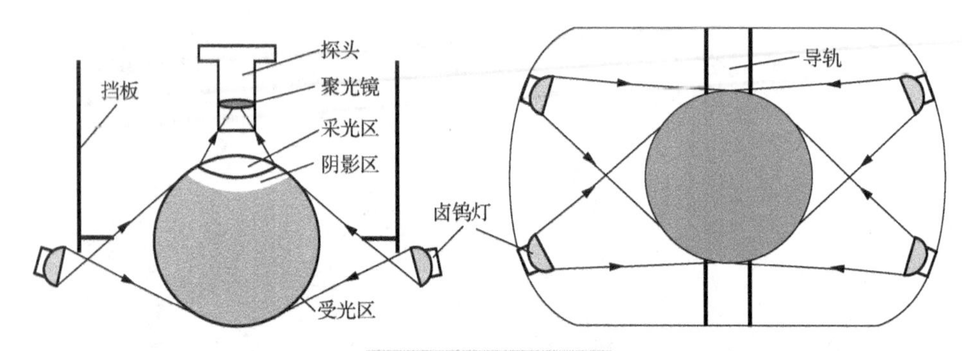

图 10-4　光源布置方案

10.1.2　高速分选机构

高速分选机构需要保证水果以合适的位置和姿态呈现在检测视场内。高速分选机构的功能是根据分选指令，将高速运动果盘中的水果准确放入对应分级出口。由于分选装备高速运转，高速分选机构开启时间和果盘下降时间如果不严格匹配，果盘与分级机构间将产生撞击，导致果盘破损，造成停机，影响装备的可靠性和效率。装置采用整体侧翻转式机电磁一体化高速分选机构(图 10-5)，单列输送以双锥滚子为核心，双锥滚子通过相互平行的销轴等间隔地安装在链条上，具有水平转动的自由度，在链条的驱动下双锥滚子又能够水平移动，水果能自动呈单排列进入双锥滚子中。

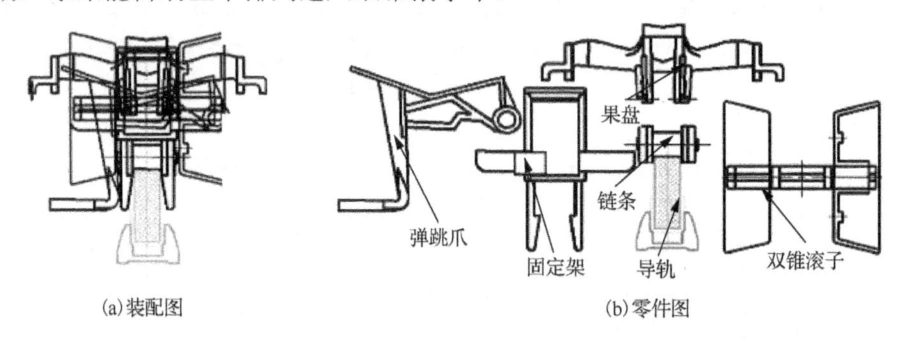

图 10-5　水果分选机构示意图

高速分选机构在线检测示意图如图 10-6 所示，当水果等级信息同步于脐橙到达分选口

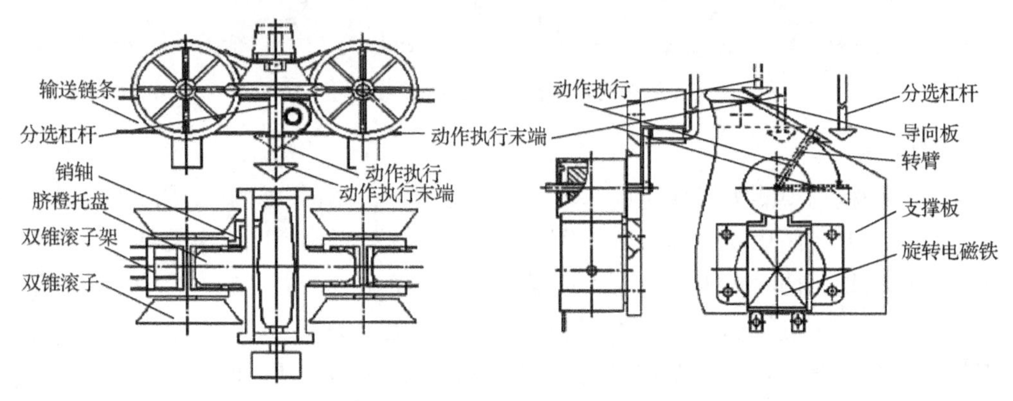

图 10-6　高速分选机构在线检测示意图

时，若旋转电磁铁上电动作，转臂旋转α角，处于动作执行位置，使分选杠杆沿着导向板的斜坡面运动，迫使分选杠杆提升，沿着分选杠杆的销轴转动，使侧翻式果盘侧翻，把脐橙推向分选口；若旋转电磁铁失电，则转臂处于动作未执行状态，分选杠杆沿着导向板的下沿运动，水果随着输送链条输送到下一个分选口。

10.1.3　位置跟踪及自动控制系统

基于漫反射方式的光电无损检测由计算机采集高速运动水果信息，对水果光电子信息进行实时处理，获得水果等级信息，并将水果等级信息传送给分选控制系统；分选控制系统依据计算机给出的水果等级信息，发出分选控制指令，高速分选机构将水果送到对应的等级出口。这些均需要对输送线上的每一个水果进行精确定位，并保持计算机与分选控制系统水果位置信息的精确同步。因此，位置跟踪及自动控制系统需要实现在线动态检测中光电无损检测和分选控制高速同步动作，实现可靠、高速、易扩展和维护的模块化分选控制系统。

系统采用光电编码器发出同步脉冲和脐橙位置编码信号，协调检测平台和分选控制系统动作，实现高速分选机构的水果位置精度定位、位置信息和分选等级信息在光电无损检测平台和分选控制系统中的同步传送，解决检测平台和分选控制系统高速同步的难题。

利用 PLC 的数据存储单元，建立一列虚拟队列，虚拟队列中每一数据存储单元和实际脐橙位置一一对应，当光电编码器发出触发信号时，水果分组标记被赋值并左移一位。由此，水果随着单列输送线的移动，被映射到虚拟队列中，再比较代表不同等级的变量，若相等，则驱动对应旋转电磁铁，带动高速分选机构动作。图 10-7 为在线动态检测位置跟踪及分选自动控制流程图。

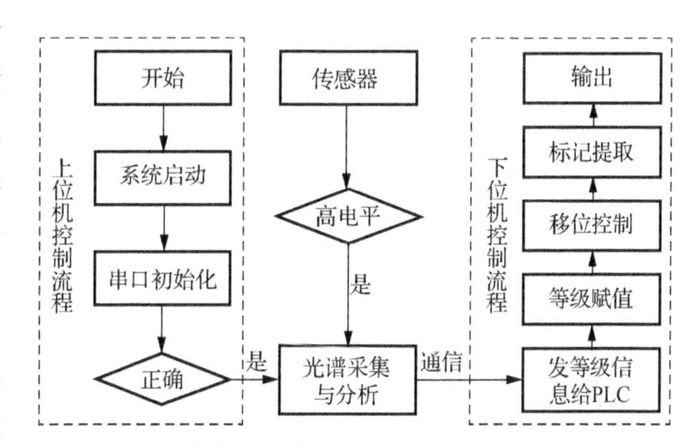

图 10-7　在线动态检测位置跟踪及分选自动控制流程图

10.1.4　装置特性及技术参数

表 10-1 显示了基于漫反射方式的光电无损检测装置的主要技术参数。该仪器检测速度能达到 7 个/s。混合尺寸模型糖度预测结果如下：校正相关系数(R_C)为 0.94，校正均方根误差(RMSEC)为 0.49°Brix，预测相关系数(R_P)为 0.92，RMSEP 为 0.50°Brix。独立尺寸模型糖度预测结果如下：小样品、中样品和大样品的 R_C 分别为 0.96、0.96 和 0.98，RMSEC 分别为 0.34°Brix、0.36°Brix 和 0.28°Brix，R_P 为 0.92，RMSEP 为 0.53°Brix。所创建的数学模型可用于水果在线检测。

表 10-1　基于漫反射方式的光电无损检测装置的主要技术参数

项目	参数	项目	参数
检测对象	苹果、梨、脐橙等	检测精度	≤1°Brix
检测速度	7 个/s	波长	400～1100nm

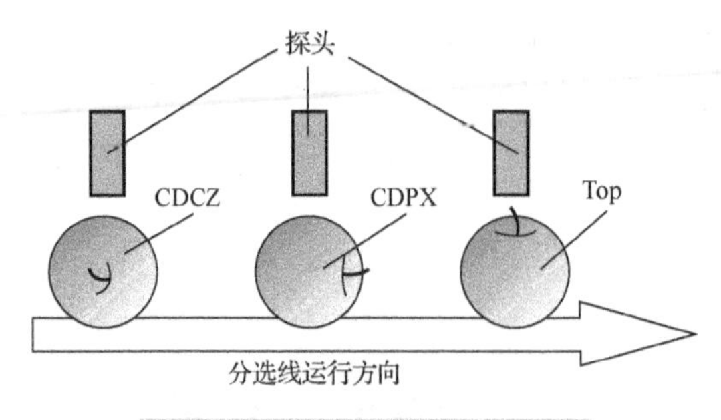

图 10-8　水果放置方式的示意图

水果的放置方式对模型的检测结果有影响。水果的放置方式包括水果赤道面平行于分选线运行方向(CDPX)、水果赤道面垂直于分选线运行方向(CDCZ)、果梗面向探头(Top)。图 10-8 为水果不同放置方式的示意图。

以苹果和赣南脐橙为对象，将其以上述三种放置方式进行试验，经过实验研究，糖度模型的预测结果分别为：苹果 R_P 为 0.84、0.85、0.79，RMSEP 为 0.58°Brix、0.62°Brix、0.90°Brix；赣南脐橙 R_P 为 0.73、0.92，RMSEP 为 0.88°Brix、0.47°Brix。混合放置方式下，糖度模型的预测结果如下：苹果 R_P 为 0.83，RMSEP 为 0.69°Brix；赣南脐橙 R_P 为 0.75，RMSEP 为 0.86°Brix。混合放置方式不能消除水果不同放置方式对糖度检测结果的影响。因此，在线检测时应该尽量保证水果保持 CDPX 和 CDCZ 放置方式。

10.2　糖度预测方法及步骤

可见/近红外光谱在线检测软件系统除具备必需的光谱实时采集和定量定性模型的建立、待测样品类型及模型界外样品的判断、样品性质或组成的定量计算等化学计量学光谱分析功能外，还应包括数据与信息显示、数据管理、通信、故障诊断与安全、监控、网络化等功能。

光谱实时采集采用自主开发的水果内部品质在线动态检测软件系统。该软件为光路系统、高速分选机构、自动控制系统、数学模型和软件的系统集成。基于软件复用思想和构件化软件开发方法，采用面向对象编程语言、多线程技术和向量矩阵运算封装等三大关键技术，并运用动态链接库(DLL)和 ActiveX 技术编写在线动态检测软件系统，进行软件系统的运行效率和运行稳定性的测试，提高运行效率和稳定性。软件系统实际运行如图 10-9 所示。

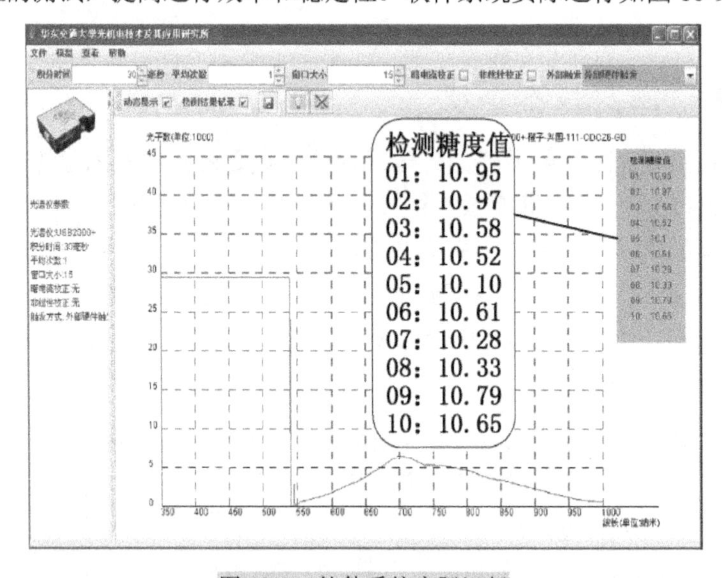

图 10-9　软件系统实际运行

水果糖度预测的一般流程通常分为两部分：建模与预测。

1. 校正模型建立

建立校正模型的流程图如图10-10所示。首先收集具有代表性的样品(其组成及其变化范围接近要分析的样品)，进行样品预处理，利用近红外检测仪器采集它们的近红外光谱信号；采用标准化学方法测量出它们的组分浓度值，通过数学方法和化学计量学方法将样品光谱数据和化学测定的成分指标数据进行关联，建立校正模型。一般是把些样品分为校正集和预测集，通过光谱信号预处理(MSC、一阶导数和二阶导数、平滑、SNV)，再通过PLS等初步建立校正模型；进一步通过预测集的光谱信号(处理方法同校正集)验证该校正模型，如果预测误差在允许范围内，就输出校正模型，否则，重新划分校正集和预测集并再次建立校正模型，直到校正模型满足要求。

2. 预测未知样品品质浓度

预测未知样品品质浓度流程图如图10-11所示。首先在相同条件下测量未知样品的近红外光谱信号，并采用相同的预处理算法处理近红外光谱信号，进行模型适应度检验；然后运用选定的校正模型由未知样品的近红外光谱信号预测出未知样品品质浓度。

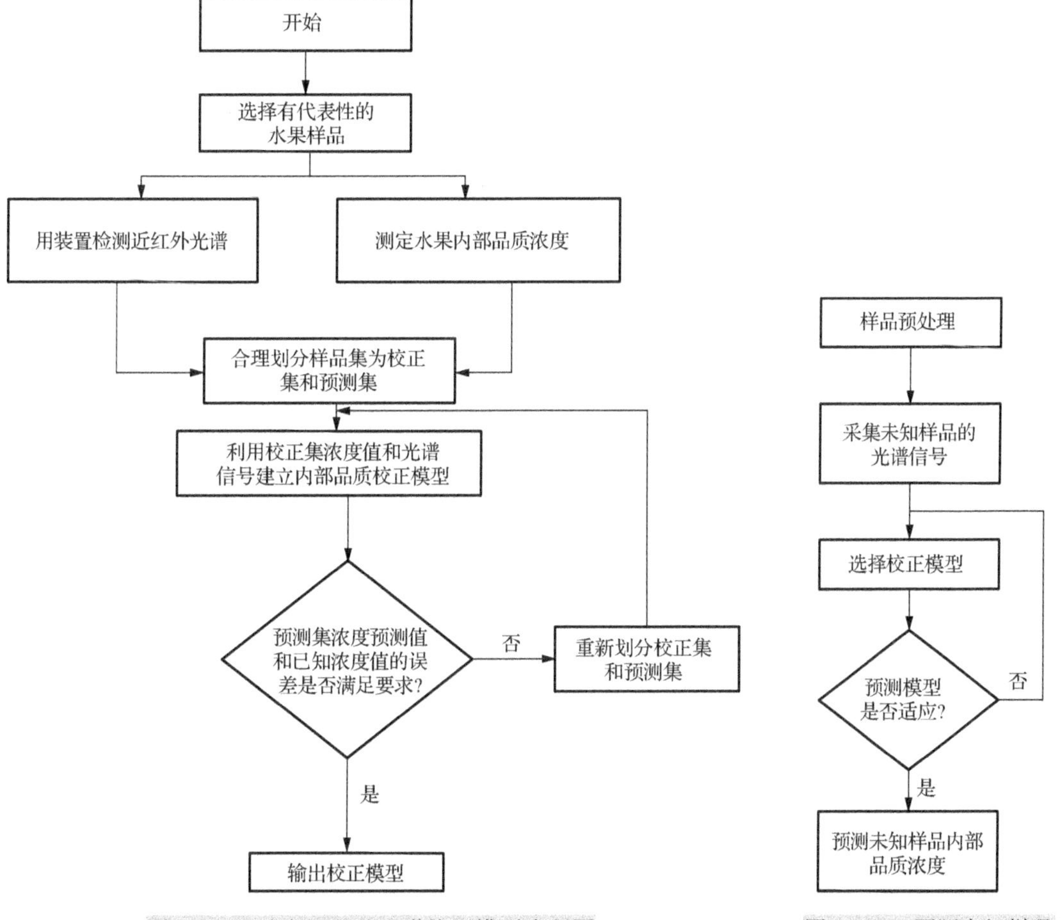

图10-10　建立近红外光谱校正模型流程图

图10-11　预测未知样品品质浓度流程图

样品实验方法和步骤如下。

(1)样品预处理。实验前，对所有样本进行以下处理：首先用半干的毛巾擦干净水果表皮，并进行水果外观表面缺陷的目测，主要包括形态、物理和机械缺陷、生理和病虫学缺陷；其次进行水果标记，按顺序编号。

(2)整果重量。用电子天平(JM 型)称量完整单果重量，测量精度为小数点后两位。

(3)纵横径测量。用游标卡尺测量单果纵径(高度方向)和横径(赤道部位)，测量精度为小数点后两位。

(4)整果光谱检测。在线装置预热(开机并启动在线装置，打开光源，光谱仪预热 1h，并做好附件的更换和调试)；参比光谱和光谱仪暗电流检测；在线装置参数设置(分选速度、积分时间、窗口宽度等)；光谱采集(每个样品测量三次，求平均光谱)。

(5)糖度测量。用折射式数字糖度计(PR-101α 型)对过滤后的果汁进行测量，测量精度为小数点后一位。在水果的赤道部位均匀地取三个部位，分别测量此三个部位的糖度值并记录下来，取其平均值作为该样本的糖度值。

10.3　基于漫反射方式的应用案例

10.3.1　试验材料和方法

1. 验证方案

验证方案一为建立独立尺寸糖度模型(根据横径划分样品大小)，水果放置方式中 CDPX 和 CDCZ 两种放置方式对检测结果影响不大，Top 放置方式则对检测结果影响显著，所以验证方案中采用 CDPX 放置方式。当检测速度为 3 个/s、积分时间为 100ms 时预测精度较高，所以验证方案中采用 3 个/s 和 100ms 的匹配参数。预测样品时，对应尺寸模型预测相应尺寸的样品。

验证方案二为建立混合尺寸糖度模型，参数设置同验证方案一。

2. 试验样品

本试验用不同糖度含量的成熟期红富士苹果直接从南昌市华东交通大学超市购买，购买日期和数量如下：2010 年 8 月 7 日买 120 个。进入实验室后把表皮清理干净，依次做好标记，样品在 15～19℃下放置。

120 个样品中 100 个为建模集、20 个为预测集。

3. 试验条件和仪器参数设置

(1)测试环境：温度 19℃(空调保证)；采用反光窗帘。

(2)参数设置：积分时间为 100ms；扫描次数为 1；窗口大小为 15。

(3)参比：直径为 75mm 的聚四氟乙烯球。

(4)样品放置：水果赤道面平行于分选线运行方向(CDPX)。

10.3.2　水果糖度在线检测数学模型建立

建模选用波段 558.14～849.51nm，光谱预处理对模型精度采用 SNV。建立混合尺寸和独立尺寸苹果全交互验证 PLS 糖度模型。模型交叉验证结果如图 10-12 和图 10-13 所示。

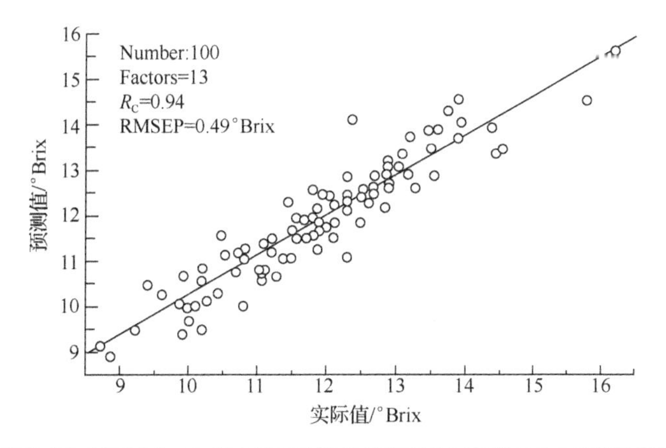

图 10-12　混合尺寸苹果糖度模型交叉验证预测值与实际值的散点图

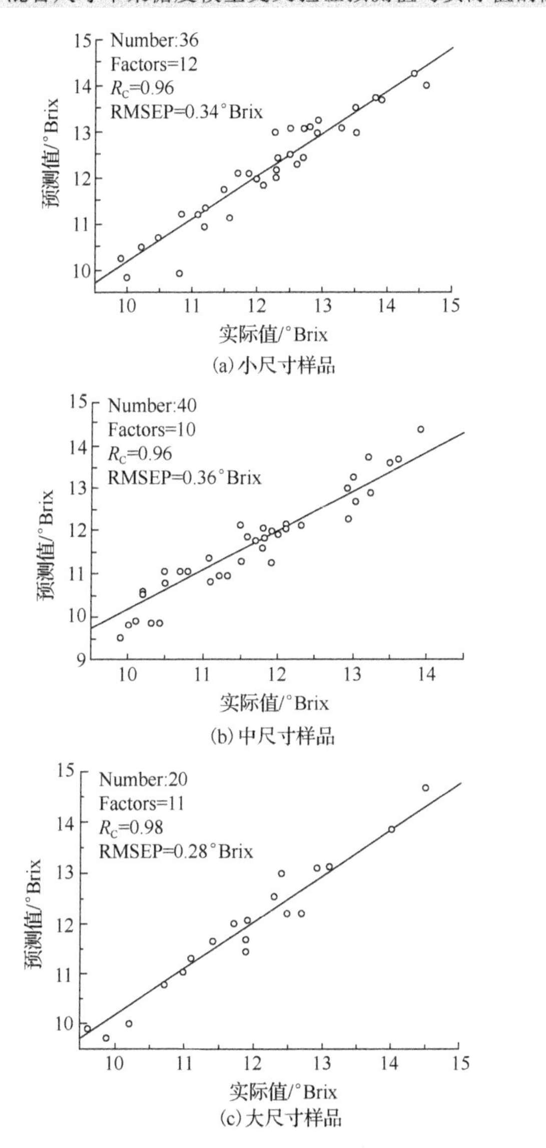

(a) 小尺寸样品

(b) 中尺寸样品

(c) 大尺寸样品

图 10-13　独立尺寸苹果糖度模型交叉验证预测值与实际值的散点图

10.3.3　水果糖度在线检测数学模型验证

表 10-2 为两个模型预测集样品糖度预测结果。

表 10-2　预测集样品糖度预测结果　（单位：°Brix）

样品	实际值	混合尺寸模型	独立尺寸模型
小	10.8	10.6	9.5
	10.3	10.8	10.6
	12.3	11.7	12.0
	13.7	14.2	14.3
	9.9	10.4	9.7
	13	12.8	12.6
	11.9	11.5	12.2
中	11.9	11.9	12.2
	11.1	11.6	11.7
	12.6	12.7	12.7
	11.4	11.7	11.4
	13.3	14.2	13.8
	10.1	10.4	9.8
	12.1	11.6	11.4
	9.5	10.0	—
	12.8	11.7	—
大	12.4	12.1	12.7
	10.5	10.3	11.2
	11.8	11.6	12.6
	14.2	13.4	14.0
判别准确率（≤0.5°Brix）	—	85%	66%
判别准确率（≤1°Brix）	—	100%	94%

综合可知，混合尺寸模型糖度预测精度为 R_P=0.92，RMSEP=0.50°Brix，独立尺寸模型糖度预测精度为 R_P=0.92，RMSEP=0.53°Brix。两个模型预测结果偏差都偏小，以 1°Brix 为上限，则混合尺寸模型糖度预测判别准确率为 100%，独立尺寸模型糖度预测判别准确率为 94%，以 0.5°Brix 为上限，则混合尺寸模型糖度预测判别准确率为 85%，独立尺寸模型糖度预测判别准确率为 66%，说明了所创建的数学模型可用于水果生产和加工实际中。

在最佳匹配参数下（样品大小分布服从正态分布，水果放置方式要求为 CDPX，检测速度为 3 个/s，积分时间为 100ms），建模选用波段 558.14～849.51nm，光谱预处理对模型精度采用 SNV，建立了苹果混合尺寸和独立尺寸糖度模型。混合尺寸模型糖度预测结果是：校正相关系数（R_C）为 0.94，校正均方根误差（RMSEC）为 0.49°Brix，预测相关系数（R_P）为 0.92，预测均方根误差（RMSEP）为 0.50°Brix。独立尺寸模型糖度预测结果是：小样品、中样品和大样品的校正相关系数（R_C）分别为 0.96、0.96 和 0.98，校正均方根误差（RMSEC）分别为 0.34°Brix、0.36°Brix 和 0.28°Brix，预测相关系数（R_P）为 0.92，预测均方根误差（RMSEP）为 0.53°Brix。所创建的数学模型可用于水果生产和加工实际中。

10.3.4 苹果在线分选应用

该装备首先应用于山东栖霞苹果主产区，应用现场图片如图 10-14 所示。装备有效解决了苹果各向异性、阴阳面糖度差异大等问题，实现了苹果按糖度、重量、缺陷等指标分选的功能。重量、糖酸度等多指标同时检测，单线分选速度为 5～8 个/s，检测精度达 90%以上，分选等级可调。

图 10-14 苹果分选应用现场

第 11 章　基于漫透射方式的检测装置及应用

11.1　基于漫透射方式的光电无损检测装置结构

本装置由多个复杂的机械系统联合运作，以完成水果外部以及内部品质的检测与分选，包括自动上料系统、传动与分选系统、光路系统、控制系统以及水果光谱分析与可溶性固形物检测系统。通过海洋光学公司自主研发配置的 SpectraSuite 软件采集样品的近红外光谱。采集的样品光谱能量值光子强度信息，经过一系列分析软件解析，建立光谱值与可溶性固形物实际值相对应关系的数学模型。模型导入可溶性固形物预测软件后，分选软件通过控制系统控制传动与分选系统实现果品不同品质的分级筛选。本装置示意图如图 11-1 所示。

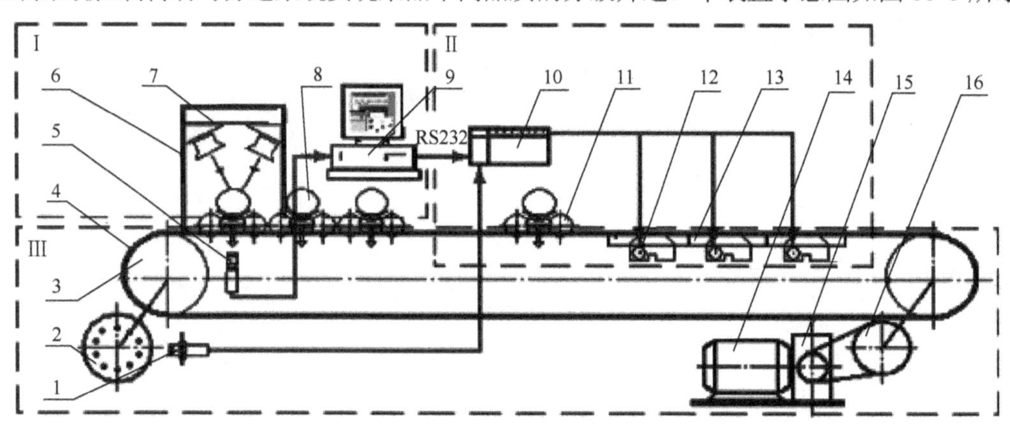

图 11-1　水果可溶性固形物分选装置示意图

Ⅰ-检测系统；Ⅱ-控制系统；Ⅲ-传动与分选系统
1-触发装置；2-计步盘；3-齿轮；4-链条；5-光纤；6-暗室；7-卤素灯；8-样品；9-光谱仪；
10-PLC；11-样品杯；12-触发器；13-分级出口；14-电动机；15-减速器；16-传动轮

11.1.1　光路系统

光源系统的设计包括光源的选择与光源位置的布置两个重要部分。

1. 光源选择

光源的选择是装置能否成功检测水果的品质与实现分选的基础，合适的波长范围、稳定的光照强度是采集有效稳定的光谱信息的关键，所以光源的选择十分重要，也是实验的难点。本装置所用的光源是发光功率为 100W/h 的卤素灯，共 10 个卤素灯以环形布置方式均匀分布在检测线两侧，即单侧为 5 个卤素灯。卤素灯产生的光照的光谱波段为 280～

2450nm。而在此波段内既富含水果表面特征(颜色等)的可见光的光谱信息，又含有大量的水果可溶性固形物的分子振动能量的近红外光谱信息，使得装置不仅能检测水果可溶性固形物的内部指标，而且可以检测反映水果表面品质与缺陷的外部指标，还可以检测作为成熟度重要指标之一的颜色信息。为了使得光源产生的光照稳定，我们把检测线每侧的 5 个卤素灯采用串联的方式连接，并且在光源与电源之间连接扬州双鸿电子有限公司生产的 TN-XXZ02 精密线性稳压稳流电源，其中该稳压稳流电源的输入参数和输出参数分别为交流(AC) 220V 50Hz 和直流(DC) 120V 10A。

2. 光源位置布置

水果种类繁多，结构复杂，表皮厚度千差万别，内部质地也各不相同。既有柚子、西瓜等体积较大、果皮厚度较大、透光性差的大型厚皮果，也有柑橘、西柚、脐橙等果型较小、果皮厚度一般、透光性一般的小型厚皮果，还有果皮较薄、易破损、透光性较好的薄皮果。在通用性与实用性原则的基础上，既要考虑光照的穿透性，又不能因光照过强灼伤果皮。为了得到适宜强度的光源，在每条检测线的两侧各自布置 5 个卤素灯，共 10 个卤素灯。每个卤素灯与垂直线的夹角为 45°，使灯所产生的漫透射光在照射到样品并穿过样品时有一个合适的光程，可以更好地透过样品，使检测器能够接收更多的样品有效信息。如图 11-2 所示。卤素灯产生的光照射入水果后产生一定的折射，有一部分漫透射光像水一样漫过果肉，从水果的底部渗出。在果杯与水果接触的地方布置一层橡胶垫圈，既可以避免薄皮易损果造成机械损伤，又可以起到密封的作用，使得果杯底部的光纤接收端接收的光谱信息全部由透过被检测的水果产生，没有外界杂散光的干扰。在果杯的通光孔的正下方镶嵌光纤接收端，光纤的接收端与水平面垂直，可以最大限度地接收透射出来的光谱信息。生产线两侧的卤素灯用卡扣镶嵌在灯架上，方便更换。灯架由两块以样品为圆心的钢板构成，灯架的底部用螺丝镶嵌在暗室的外壳上。这样，可以让每个卤素灯产生的光照都聚集在样品上，以获得足够的可以穿透样品的光照，如图 11-2 所示。

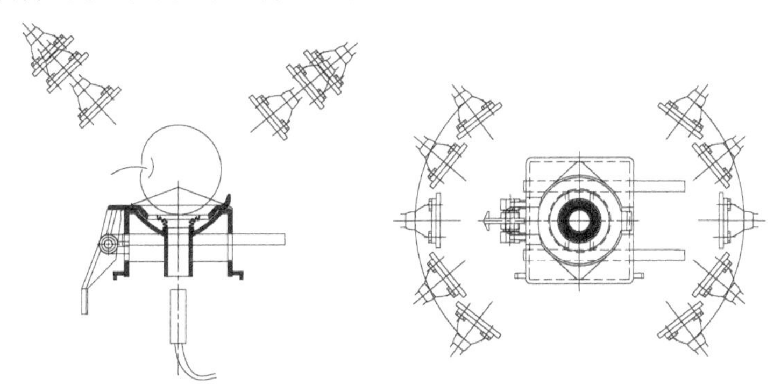

图 11-2　光路布置图

3. 光谱仪

从水果样品透射而出的成分复杂的漫透射光需要转化为计算机能够识别的信息，因此光谱仪(分光仪)的作用必不可少。光谱仪的优劣决定了装置的检测结果精确程度与采集信息的稳定性，是整个转化信息过程最重要的一环。光谱仪结构精密、价格昂贵，所以光谱仪的通道是按照检测所需要的光谱范围选择的。本装置采用可见/近红外光谱仪，该光谱仪是由美国海洋光学公司生产的 QE65Pro 型光谱仪（分光仪）。实验所用的光谱仪的入射狭缝为 50μm，探测器阵列使用 CCD 探测阵列，极大地提高了光谱仪的信噪比，使之达到 1000：1，所以该光谱仪有很好的分析能力和很高的精确度。

4. 光纤

光纤是把采集到的漫透射光传导给光谱仪的部件，是经过水果透射而出的微弱漫透射光传递给光谱仪的通道。光纤传递光照信息的原理是光的全反射原理与数值孔径（NA）原理。照射到光纤端面的光并不是都能被光纤传输，只有某个角度范围内的入射漫透射光可以被光纤传输。光纤的质量决定漫透射光的传递效率，质量优良的光纤可以很大程度地减少光在光纤中传播时的损耗。本装置中光源产生的漫透射光经过样品透射而出之后，强度已经变得微弱，但是携带大量的反映样品特征的信息。这就要求光在传输的过程中尽可能地减少损耗，以求最大限度地保留漫透射光所携带的信息，所以一条质量优良的光纤不可或缺。本装置所采用的光纤为 QP1000-2-UV-VIS 光纤，该型号的 NA 为 0.22，半径为 500μm。

11.1.2　传动与分选系统

传动与分选系统主要由果杯、链条、支撑杆、检测工位台、分级出口以及分选软件等组成。

1. 果杯

本装置果杯采用整体侧翻式结构，以保证检测时样品的稳定、检测的精准以及分选弹跳时的及时准确。果杯由称重脚、通光孔、密封光圈、弹跳爪等组成。如图 11-3 所示，果杯中间部分下凹，形成一个椭球形空间，椭球形的底部四周装有弹性较好的橡胶皮垫，以保证检测梨、桃子、苹果等薄皮易损果时，可以有效地避免水果表面的损伤，橡胶皮垫的良好弹性可以缓冲传送时装置的振动引起的样品晃动，避免造成漏光现象。在椭球形空间的正底部、通光孔的正上方，装有密封光圈，以保证通光孔下方的光纤接收端接收的光谱信息全部来自样品。检测时，将样品放置于椭球形空间中，样品压在密封光圈上，有效地避免了杂散光的影响，提高了检测的精度与模型预测的准确性和稳定性。

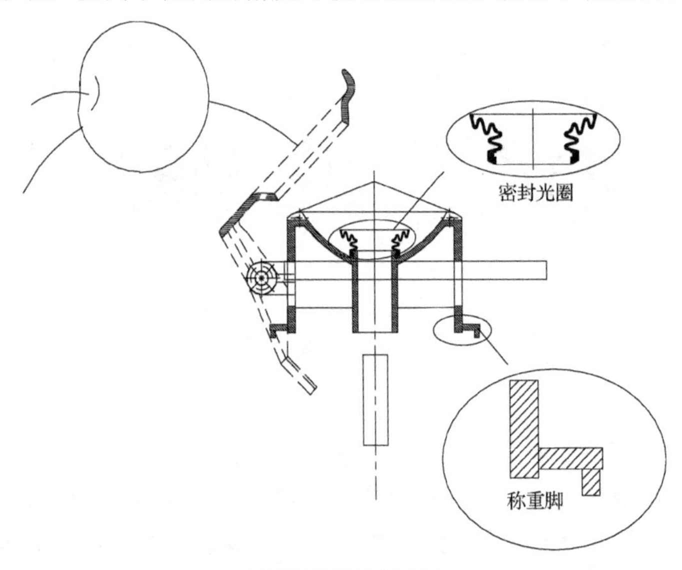

图 11-3　果杯结构

称重脚是果杯用来称重的结构，称重脚位置低于果杯的通光孔。当称重时，果杯运行到称重器上，称重器上有压力传感器，此时，果杯完全依靠称重脚支撑，即果杯与样品的全部重量都压在了压力传感器上，压力传感器把信号传递到计算机上，计算机上的分选软件根据重量对样品进行分选，从而达到称重分选的目的。

2. 检测工位台

检测工位台是对样品进行光谱采集的结构。检测工位台与光路系统密不可分，镶嵌在光路系统之中。如图 11-4 所示，检测工位台由前中后三个部分组成。前部为坡度比较低的较为平缓的抬升斜坡，可以使得果杯平缓地进入检测工位。中部与水平面平行，前中两个部位弧形连接，平稳过渡，有效地减少了果杯的振动与样品的晃动，减少了漏光的可能。此部分长为三个果杯的长度，使得果杯有足够的距离来稳定因运行轨迹变化而引起的振动，调整姿势并通过光路系统。检测工位台中部镶嵌有光纤的接收端，设置光纤接收端的位置低于导轨平面 1mm，有效地保护光纤端面不被磨损，但是容易造成灰尘的堆积，从而使得接收的光子能量随着机器的运行时间的延长不断地降低，导致检测不准确。在光纤接收端上部有耐磨的石英片，既能保护光纤接收端的端面不被磨损，又能有效地减少灰尘的堆积。为了进一步减少灰尘的堆积，增强装置使用的持续性，每隔 30 个果杯，在果杯上镶嵌有软毛刷，以清洁石英片上的灰尘。我国南方气候湿润，容易在石英片上产生水雾，从而影响光谱的采集。为了解决这个问题，在光纤接收端与检测工位台连接的装置上有一个十字形凹槽。当机器运行的时候，强烈的光照会产生高温，使石英片上的水雾迅速通过十字形凹槽蒸发出去，从而保证了检测的精度与机器的性能。后部为坡度比前部稍大的下降斜坡，是把果杯与样品从检测工位台上导引下来的结构。因为这一部分对振动的要求相对较低，所以为了节约环保，距离较前部稍短，坡度稍大。为了减少果杯与检测工位台相对运动产生摩擦引起振动导致的检测精度降低，检测工位台的上表面打磨光滑。检测工位台中轴线位置有一条略宽于果杯通光孔的凹槽，称为导轨。当果杯运行到检测工位台时，随着果杯位置的抬升，果杯的支撑装置由支撑杆转接到导轨上，果杯的通光孔略长于果杯体，使其在检测工位台上运行时可以嵌入导轨并支撑果杯，在果杯自重与样品的重量下，通光孔的底部与导轨完全贴合，避免了透光的可能，提高了检测精度。同时导轨还保证了每个果杯的通光孔经过光纤接收端的探头都是以最大距离，也就是通光孔的直径，保证了检测的重复性，提高了检测的精度。

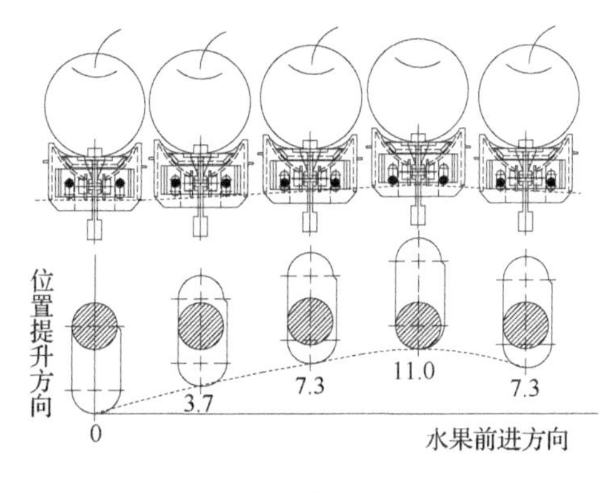

(a)结构简图

(b)实物图

图 11-4　装置检测工位台示意图

3. 分级出口

将水果按照可溶性固形物完成分级后，需要经过分级出口把水果按等级分选出来。

所用装置有两条检测线，对应的有两排分级出口，每排 6 个，共 12 个出口。图 11-5(a)为传统的斜坡式分级出口，采用人工接果的方式收集分选出来的水果。此种分级出口需要人长时间站立在出口处，效率低下，而且十分劳累，大大提高了生产成本。基于此问题，设计了一种旋转接果的分级出口，在原先斜坡式出口的底部放置旋转的接果盘，如图 11-5(b)所示。接果盘的底部与四周装有厚度约 1.5cm 的海绵垫，经反复实验得出 1.5cm 是较为合适的厚度。如果太薄则不能有效地防止梨子、桃子以及苹果等易损果的碰伤；如果太厚则弹性太强，导致水果弹出或者相互碰撞而形成二次损伤。旋转的设计有效地缓冲了水果下落的冲力，并为后面分选而出的水果空出位置，避免碰撞。

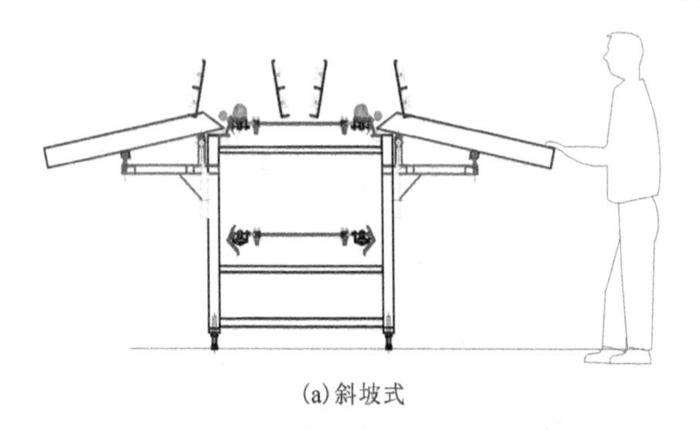

(a) 斜坡式

(b) 旋转式

图 11-5　斜坡式和旋转式分级出口

11.1.3　控制系统

为了保证采集的光谱准确无误，控制系统需要对装置进行精准的控制。控制系统的结构简图与主要部件的实物图如图 11-6 所示。

根据果杯的尺寸设计链轮的模数与链条每节的长度。根据果杯的长度，把链轮的齿数设计为 68 个，每个果杯对应 4 个轮齿，链轮转一周，果杯前进 17 个。在链轮的主轴上安装编码盘，编码盘按照果杯与链轮的关系把链轮分为 17 份。霍尔传感器的高低电平脉冲按照编码盘的划分与果杯位置对应。装置运行时，链轮的主轴旋转，带动链轮转动，链轮带动链条以及通过支撑杆连接在链条上的果杯前进，同时带动主轴上的编码盘转动，编码盘的盘齿接近霍尔传感器，霍尔传感器的低电平就会变化为高电平，高电平信号被接收器接收，传递给计算机。与此同时，果杯的通光孔正好开始经过垂直镶嵌在正下方的光纤接收端，计算机控制光谱软件采集并保存此时的光谱信息。

分选与实验时，为了保证装置运行的稳定性，需要装置在实验与分选前空载运行至少 15min，装置的检测速度设置为 5 个/s，以保证样品传送的平稳，并且能采集足够的光谱信息。装置上配备自检芯片，启动装置，在果杯运行的第一圈，自检芯片把信号记录到 PLC 的虚拟序列中，第一圈运行结束后，自检芯片开始弹跳器的自检并向弹跳器发出信号，从 1 号出口开始，各个出口的弹跳器依次进行弹跳自检，以确保装置的正常分选。此过程需要 1～2min，为了保证实验的准确性，采用人工放果的方式上果，将水果的赤道位置放置在通光孔的正上方，样品的果柄位置与果杯运行的方向在同一条直线，可以不分前后，以保证漫透射光最好地穿透样品，携带更多的信息。

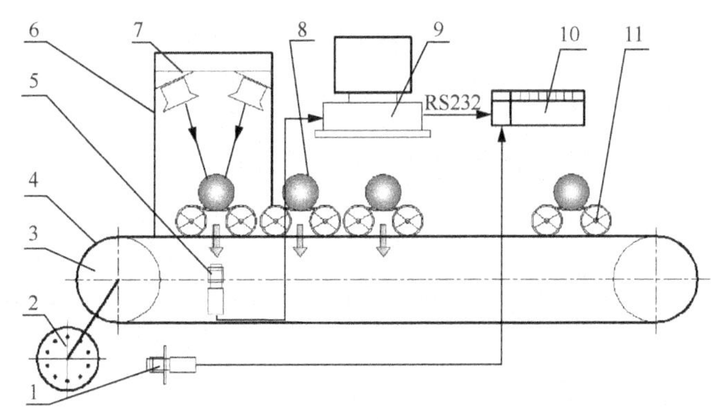

(a)结构简图

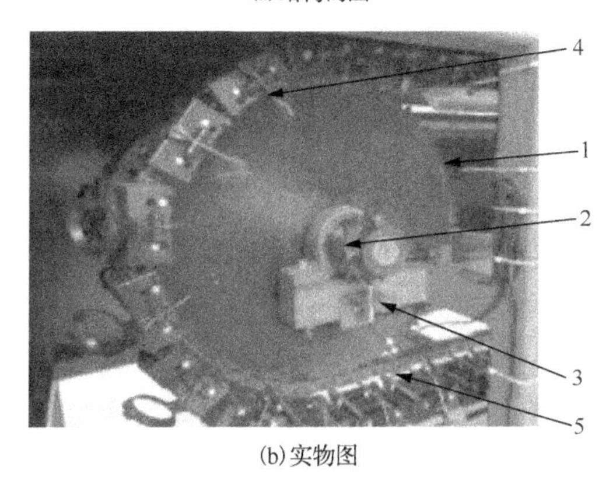

(b)实物图

图 11-6　控制系统结构简图与装置实物图

1-霍尔传感器；2-编码盘；3-链轮；4-传送链；5-探头；6-光照箱；7-光源系统；8-水果；9-计算机；10-PLC；11-果盘

11.1.4　装置特性及技术参数

本装置可批量检测水果，实现水果糖酸度、重量等多指标同时检测，分选速度为 5～8 个/s，分选等级可调，检测精度达 90%以上。水果分选装置使用高精度光谱仪，对移动的每个水果采集近红外光谱数据，经过计算机大数据分析、运算，按照计算机预先设定的程序，控制相应的弹跳器的开闭，来达到水果在设定出口按指标被弹出的效果。大型水果分选装置配备光谱信息处理系统，将自行根据水果模型处理水果。特有的果盘结构专利技术能有效减少检测过程中杂散光干扰；拥有两个独立的通道，每个通道 2.5 个/s；糖度分选精度高，准确率为 96%以上；实现全自动控制、任意级别分选、多种数据统计等。采用人工上果的方式，工控机和计算机双重独立控制，双通道，每小时可至少分选 9000 个果，安全可靠、快速高效。其主要技术参数如表 11-1 所示。

表 11-1　基于漫透射方式的光电无损检测装置的主要技术参数

项目	参数	项目	参数
检测对象	水果	检测指标	糖度、酸度、隐性缺陷
检测速度	5～8 个/s	波长范围	300～1100nm
检测精度	≤1°Brix		

11.2　水果在线检测分选软件设计及使用

分选软件是整个装置分级的“指挥中心”。可溶性固形物检测数学模型建好后，导入分选软件。检测时，水果随果杯运行到检测工位台，采集光谱后，分选软件把水果的光谱数据(1044 个光谱波长点对应的光谱能量值)代入数学模型里，计算出水果的可溶性固形物。然后根据计算出的可溶性固形物发出指令给分级出口处的弹跳器，当携带此水果的果杯运行到相应的分级出口时，弹跳器弹出，果杯的弹跳爪受弹跳器的压迫而另一端跳起，把水果侧翻到分级出口，实现可溶性固形物的分级。

本装置使用的分选软件是自主研发的 Sufree 水果可溶性固形物分选软件，能够与装置采用的光谱仪兼容。该软件可以设置积分时间、暗噪声的去除、平滑度，以及触发器等参数。分选时，为了保证模型的成功计算，分选软件的所有参数(积分时间、平滑度、暗噪声的去除等)都应该按照光谱采集时光谱采集软件的参数设置，并与之完全相同。

在分选之前要通过软件进行装置功能的各项调试，如等级设定、光谱仪调试、出口设定与弹跳器测试等。软件操作界面如图 11-7 所示。

图 11-7(a)为光谱仪调试界面。界面的左侧有积分时间、平滑度以及(光谱)平均次数的设定，依次设置为 80ms、0 平滑，以及 1 次平均；并勾选“去除暗噪声”“非线性校正”“杂散光校正”选项，以提高分选的精准度；同时外触发选择 Normal 选项。

图 11-7(b)为等级设定操作界面。在分选之前需要将想要的可溶性固形物分级通过等级设定操作界面设定。在界面的左侧可以把可溶性固形物分级，如可溶性固形物 6～9°Brix 为第一级，9～10°Brix 为第二级，依次递进。

图 11-7(c)为出口设定操作界面。操作时只需要按住鼠标左键拖动界面左侧的数字到需要的出口框内即可。设定好出口后，单击“数据下载”按钮。

图 11-7(d)为弹跳器测试操作界面。分选前，需要对每个出口处的弹跳器进行测试，以保证分选能正常进行。弹跳器测试分为位置测试与功能测试。功能测试是检测某个弹跳器的功能是否正常，位置测试是检测发出指令时弹跳器的位置是否正确。界面的右侧可以设置弹跳器间隔，弹跳器间隔设置完后，需要单击“下载间隔”按钮。

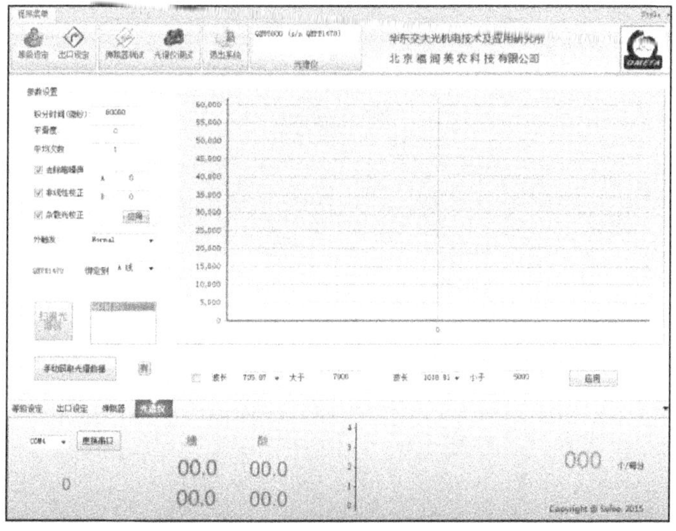

(a)

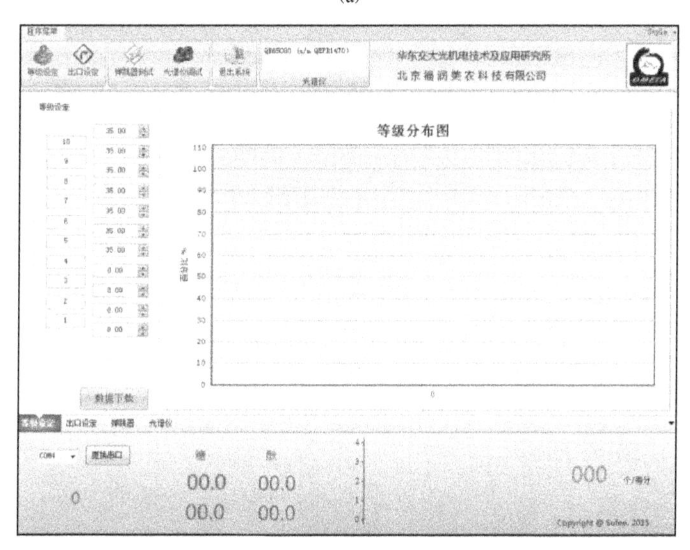

(b)

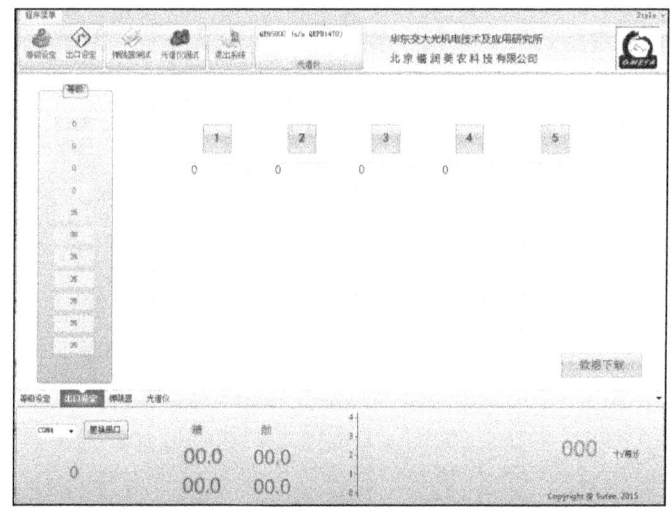

(c)

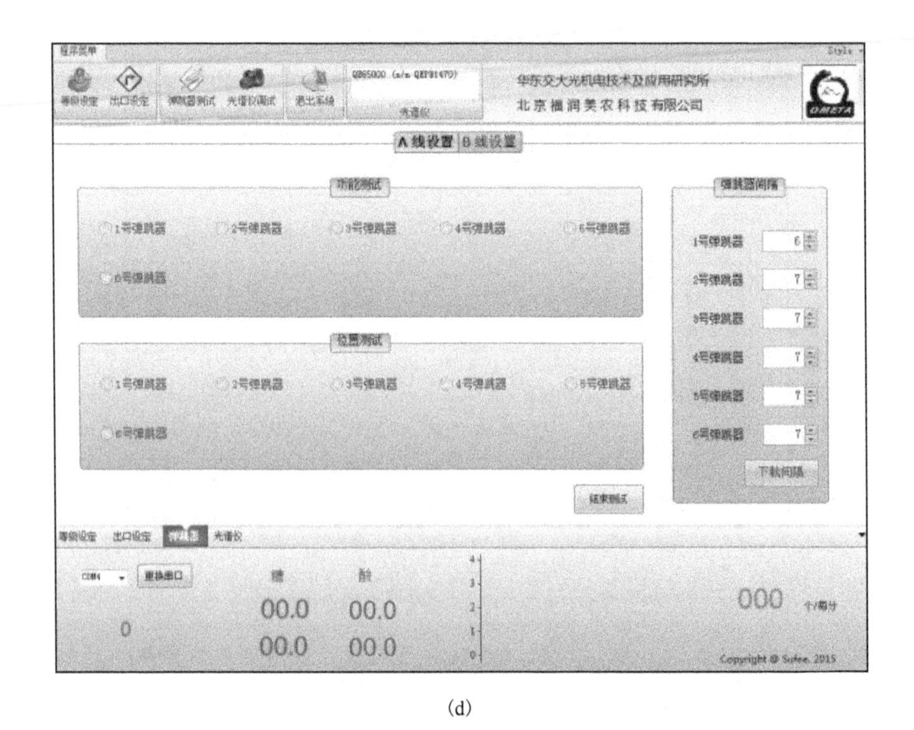

(d)

图 11-7　水果分选软件

11.3　基于漫透射方式的应用案例

11.3.1　马家柚糖度在线检测模型建立及应用

1. 马家柚样品与实验方法

马家柚是江西省广丰区的一种地方特产水果，属于红心柚的一种，具有果肉细嫩、甜脆可口、色泽浅红等特点，是我国主要的八大柚类之一。本实验所采用的马家柚样品来源于江西省东篱柚业科技有限公司(图 11-8)。样品抵达实验室后，在室温 20℃、空气湿度 50%～70%的实验室中进行存放。实验开始前需要对样品进行挑选和简单处理，从所有马家柚样品中挑选出外形较为规则，且样品表面无明显损伤和疤痕的马家柚 108 个，然后对挑选出来的马家柚样品进行编号及清洗干燥等处理，以去除样品表面灰尘。对每个马家柚样品进行编号处理后，在样品赤道位置均匀标记 6 个点，并作为样品光谱采集和糖度实际值测量点。为减小温度对样品光谱采集的影响，将样品置于实验室环境中保存 24h，待样品温度与实验室温度基本一致后进行马家柚样品的光谱采集。采用 K-S 算法对所有马家柚样品进行校正集和预测集划分，其中校正集 72 个样品、预测集 36 个样品。

在光谱采集实验前，首先开机预热 30min，然后采集白色特氟龙球光谱作为参比，在采集过程中，观察光谱采集软件光谱采集界面中每条光谱的能量谱强度标准差变化，当强度标准差变化小于 1%时，表示系统电压比较稳定。此时可开始马家柚样品光谱采集。马家柚样品光谱采集前在软件中进行参数设置，其中积分时间为 80ms，样品运动速度为 5 个/s，采集光谱波长为 350～1150nm。

图 11-8　马家柚样品

光谱采集时，需要人工放置柚子样品，并按照样品标号依次将标号对应的赤道部位表面对准果杯通光孔放置，同时保证柚子果柄和底部方向与果杯传送方向一致，保证光源能够完全透射柚子样品并被光纤探头接收。当柚子样品经过光纤探头的位置时，通过光电接近开关使光谱仪触发，光谱采集系统将采集该样品的近红外漫透射光谱，并通过光谱采集软件保存到计算机中。

在所有马家柚样品光谱采集完毕之后，再进行马家柚样品糖度值的测定。马家柚样品糖度值的测定采用日本东京 Atago 公司的折射式数字糖度计。测定糖度值前，需先用纯净水将糖度计进行标定，待标定数字显示为零后方可进行糖度值测定。由于柚子果皮较厚，需切取各标记处赤道部位 10～15mm 厚处的果肉，并挤出果汁滴于糖度计检测口中。重复三次测量，取三次测量的糖度平均值作为柚子样品的糖度实际值。测量完毕后得到马家柚样品糖度值统计结果，如表 11-2 所示。从表中可知预测集糖度范围在校正集糖度范围内，糖度分布较为合理。

表 11-2　样品校正集与预测集糖度统计

组别	数量/个	范围/°Brix	平均值/°Brix
总样品	108	9.5～14.0	11.99
校正集	72	9.5～14.0	12.05
预测集	36	9.5～13.8	11.88

2. 马家柚糖度定量检测模型建立

采用 108 个马家柚样品的近红外光谱建立马家柚糖度 PLS 定量检测模型，其中校正集 72 个、预测集 36 个，校正集与预测集相关系数（R）分别为 0.95、0.82，均方根误差（RMSE）分别为 0.20°Brix、0.49°Brix。该模型的主成分因子数图如图 11-9 所示。随着主成分因子数的增加，模型的校正均方根误差（RMSEC）逐渐降低，而模型的预测均方根误差（RMSEP）在主成分因子数为 11 时最小。因此当主成分因子数为 11 时，模型预测均方根误差最小，故主成分因子数可选为 11 个。

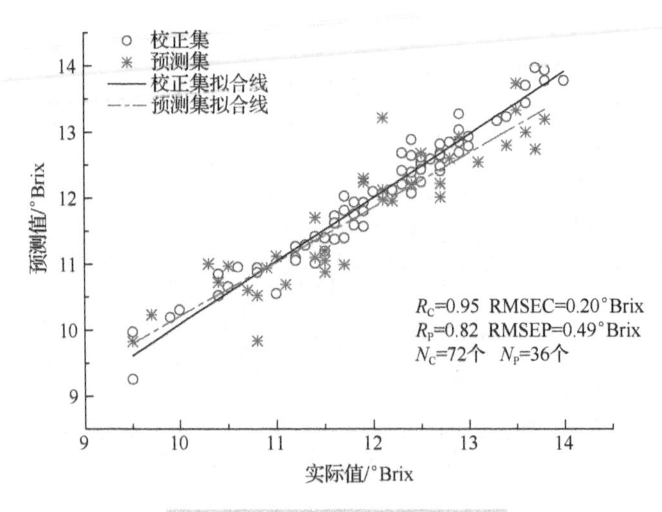

图 11-9　PLS 模型散点及拟合线

本实验建立的糖度 PLS 定量检测模型在各个波长点对应的回归系数如图 11-10 所示，回归系数表示各个波长点处的光谱峰值在 PLS 回归模型中所占权重，回归系数的绝对值越大，表示该波长点光谱峰值在 PLS 回归模型中所占权重越大，对模型的影响也越大。当回归系数为 0 时，即所占权重为 0，则表示该波长点处的光谱峰值对模型没有影响。分析回归系数能够更好地理解 PLS 回归模型，本实验建立的马家柚糖度 PLS 定量检测模型的截距 b=13.5。

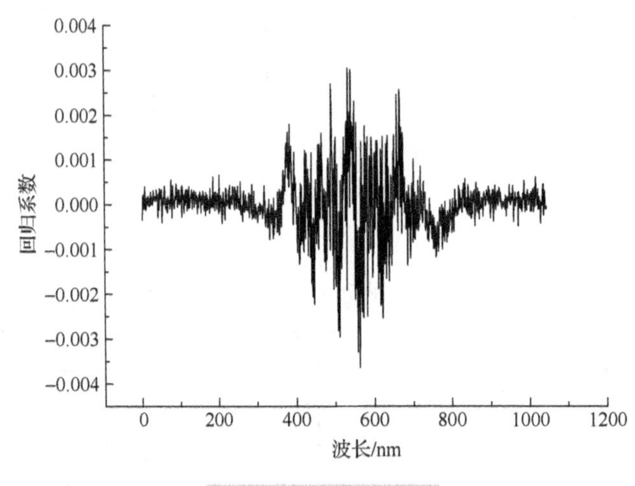

图 11-10　回归系数图

3. 马家柚糖度在线分选应用

要实现马家柚糖度的在线检测，需要将建立的马家柚糖度 PLS 定量检测模型导入自行开发的分选软件中。模型的主要参数有模型回归系数、截距。当待检测与分选的马家柚样品经过检测工位台时，系统自动采集样品的光谱，然后导入分选软件中的马家柚 PLS 糖度定量检测模型进行糖度预测，再根据糖度的预测值，将马家柚样品运送并推入对应糖度范围内的分级出口，从而实现马家柚糖度在线检测及分选。分选现场情况如图 11-11 所示。

图 11-11 马家柚分选现场

同样采用人工上果的方式，按照马家柚样品的标记位置进行放置，每个样品重复测试 6 次，共测试 216 次。综合考虑所有马家柚样品的糖度实际值分布情况和模型的 RMSEP，将糖度分级区间定为＜9°Brix、9～11°Brix、12～14°Brix、＞14°Brix。经过分选测试后，除了有 11 次被推入相邻的分级出口，其余均准确推入对应分级出口中，分选的准确率为 94.9%。各糖度分级区间正确推入次数和准确率如表 11-3 所示。

表 11-3 不同糖度区间分选准确率

糖度区间	＜9°Brix	9～11°Brix	12～14°Brix	＞14°Brix	总计
正确次数	36	68	74	38	216
错误次数	2	3	4	2	11
准确率	94.7%	95.6%	94.9%	95%	95.2%

11.3.2 套网丰水梨糖度在线检测模型建立及应用

1. 丰水梨样品与实验方法

实验所采用的丰水梨来源于青岛市某鲜果市场，待抵达实验室后，置于实验室中保存 24h，保存环境的条件为：室温 20℃，相对湿度 40%～60%。在实验进行前需先挑选实验样品，将畸形、表面有机械损伤等异常样品剔除。实验所有样品均需去除表面灰尘。对每个样品进行编号处理，在样品果柄端每间隔 90°均匀标记 4 个点，共 160 个实验样品，将样品编号完毕后，为减小温度对实验的影响，将样品置于室温(20℃)环境中保存 24h，待样品温度与室温基本一致后进行光谱采集。采用 K-S 方法对样品进行划分，其中建模集 121 个、预测集 39 个，后者用于模型分选准确性及稳定性的评价。图 11-12(a)为未带包装的丰水梨样品，图 11-12(b)为带包装的丰水梨样品。

(a)未带包装样品

(b)带包装样品

图 11-12　实验样品

实验所采用装备为基于漫透射方式的水果内部品质动态在线检测装置。光源四周照射，检测器与探头布置在样品两侧。光通过样品，最后被探头接收，并在样品底部形成一个 5～10mm 的光斑，所以采集的光谱中包含几乎整个样品的光谱信息，能够更好地反映样品内部的物理化学特征。实验采用美国海洋光学公司的 QE65Pro 型光谱仪，光源采用 10 个 12V、100W 的欧司朗卤钨灯。实验条件如下：积分时间为 80ms，运动速度为 5 个/s，波长为 350～1150nm。

在光谱采集前需要预热，预热时间大约 30min。预热完成后，采用白色聚四氟乙烯参比球来校正光源强度，在光谱采集软件中观察光谱的能量，多次采集参比球光谱能量，其能量变化小于 1%，电压稳定，方可开始光谱采集。每个样本沿赤道标号部位采集四条光谱。样品光谱采集时采用人工上果，将样品赤道部位放置到果杯凹槽内，保证丰水梨顶与果柄连线方向和传送带运动方向一致。传送链带动果杯移动，当果杯移动至探头正上方时，光电接近开关通过硬件触发，将触发信号传递给主机，最终使光谱仪触发，采用自主开发的光谱采集软件采集并保存一条光谱。硬件触发过程如下：在线检测设备中(图 11-1)链轮与编码盘都安装在主轴上，链轮每 4 个齿对应编码盘一个齿，且链轮 4 个齿位置安装一个果杯。光电接近开关位于编码盘下方 2mm 处，编码盘每转一齿，使得链轮传动一个果杯的行程，并触发传感器发出一个高电位信号，触发光谱仪采集一条光谱，并在相应的软件中保存光谱。

2. 丰水梨糖度 PLS 模型建立及预测

PLS 是近红外分析中常用的分析手段，适用于动态在线检测糖度，模型简单易操作，常采用相关系数及其均方根误差来综合评价模型的优劣，采用分选的准确性及重复性来评价模型的精度及稳定性。采用 160 个实验样品进行丰水梨糖度 PLS 模型建立，其中建模集 121 个、预测集 39 个。选用 600～900nm 波段进行模型建立，分别建立未带包装的丰水梨 PLS 模型、带包装的丰水梨 PLS 模型及消除带包装光谱背景(简称消除带包装背景)后的 PLS 模型。根据样品的残差分析，4 个样品的残差过大，可作为异常样品剔除。最佳的建模结果如表 11-4 所示。

表 11-4　建模结果统计

模型	最佳主成分因子数	RMSEP/°Brix	RMSEC/°Brix	R_C	R_P
未带包装	9	0.485	0.377	0.93	0.85
带包装	9	0.640	0.503	0.88	0.77
二次拟合 消除带包装背景	10	0.505	0.328	0.95	0.84
三次拟合 消除带包装背景	10	0.506	0.328	0.95	0.84

由表 11-4 可知，未带包装丰水梨 PLS 模型选用 9 个主成分因子数时建模效果最佳。建模相关系数为 0.93，预测相关系数为 0.85，且建模均方根误差为 0.377°Brix、预测均方根误差为 0.485°Brix。而带包装丰水梨 PLS 模型最佳主成分因子数为 9，其建模与预测相关系数明显降低为 0.88、0.77，而均方根误差也显著变大为 0.503°Brix、0.640°Brix，模型精度降低。这主要是因为采用带包装的丰水梨采集的光谱信噪比比未带包装的低，光谱中有效信息变少，最终导致建模效果变差。而采用多项式拟合的方法消除带包装背景后的 PLS 模型，其相关系数及均方根误差都得到显著提高。在采用二次多项式拟合消除带包装背景后的 PLS 模型中，建模与预测相关系数为 0.95、0.84，建模均方根误差为 0.328°Brix，而预测均方根误差为 0.505°Brix，与采用三次多项式拟合消除带包装背景后的 PLS 模型效果接近，但采用二次多项式拟合消除带包装背景的 PLS 模型截距 b 为−4.1°Brix，与糖度真值接近，而采用三次多项式拟合消除带包装背景的 PLS 模型截距 b 为 713.7°Brix。固采用二次多项式拟合消除带包装背景后的 PLS 模型稳定、检测精度高。该模型预测散点图及回归系数图如图 11-13 所示，图 11-13(a)为模型预测散点图，图 11-13(b)为模型回归系数图。图 11-14 为该模型的预测均方根误差与主成分因子数的关系图。随着主成分因子数的增加，预测均方根误差逐渐降低，到 10 的时候达到最低点，当超过 10 又缓慢增加，故模型的主成分因子数选用 10 个。

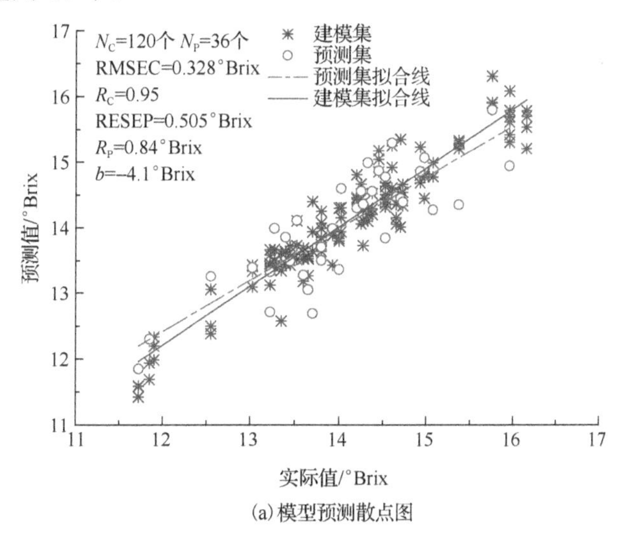

(a) 模型预测散点图

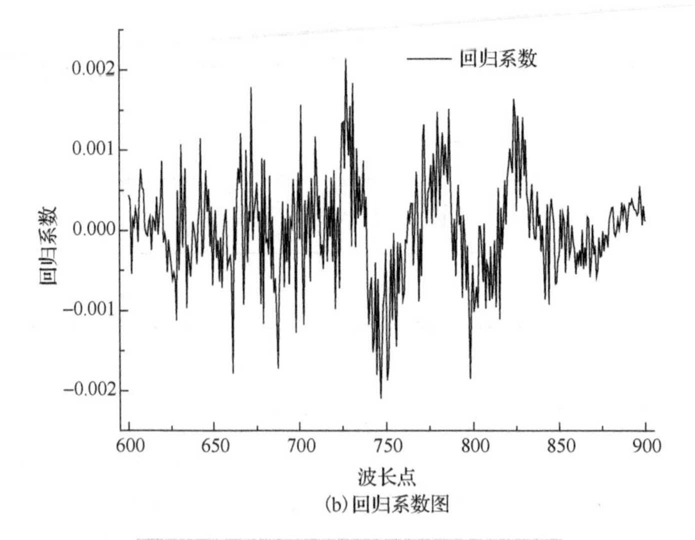

(b) 回归系数图

图 11-13　模型预测散点图与回归系数图

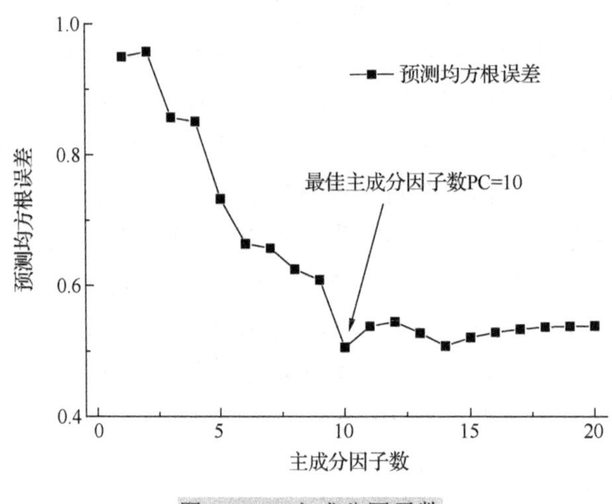

图 11-14　主成分因子数

模型糖度的预测通过计算光谱能量值与在该波长点的回归系数值的乘积的累加再加上截距实现。其计算公式如下：

$$Y=\sum_{i=1}^{N}\beta_i\lambda_i+b$$

式中，Y 为丰水梨模型预测的糖度值；λ_i 为在第 i 个波长点时的光谱能量值；β_i 为在第 i 个波长点时的回归系数；b 为丰水梨模型的截距；N 为波长点的个数。

3．丰水梨糖度在线分选应用

将所建立的最佳丰水梨糖度 PLS 模型的回归系数及截距导入自行开发的分选软件中，采用未参与建模的 36 个样品进行在线带包装分选准确性评价。首先将样品沿赤道位置间隔 90°标记样品，采用人工上果，按标记位置放置，每个样品测试 5 次，共测试 180 次。研究表明，糖度存在 2%的差距时有明显的口感差异，综合考虑样品的实际值分布情况及模型的预测均方根误差，故将糖度分级区间定为＜12%、12%～14%、14%～16%、＞16%，其中有 10 次被推入相邻的分级出口，分选的准确率为 94.4%。现场分选情况如图 11-15 所示。

图 11-15　现场分选情况照片

11.3.3　鸭梨黑心病在线检测模型建立及应用

1. 鸭梨样品与实验材料

两种鸭梨样品采自河北省某果园，同一时间入冷库贮藏，样品运抵实验室后置于实验室(室温 20℃，相对湿度 45%～55%)条件下贮藏 24h。实验前剔除异常样品，如表面机械损伤、畸形、局部溃疡等，两种样品共 200 个，直径为 67～100mm，平均值为 82mm，标准偏差为 4.68mm。将样品表面擦拭干净并分为两组，采用 K-S 方法对样品进行划分，150 个作为校正集(其中健康鸭梨 80 个、黑心鸭梨 70 个)，剩余 50 个作为预测集(其中 30 个健康鸭梨、20 个黑心鸭梨)，用于评价模型的稳定性和准确性。将样品依次进行编号，每个样品沿着赤道部位等弧度地标记 3 个点，间隔约 120°。

鸭梨在采集完光谱后，进行黑心病破损判别。沿着鸭梨的赤道部位，垂直于果柄与果蒂连线方向，将水果一分为二。实验结果由多人意见综合评价。健康鸭梨果核部位没有任何黑心症状；轻微黑心鸭梨的果核部位有褐色麻点，但尚未扩散到果肉；严重黑心鸭梨的果核褐变且已经扩散到果肉。将切开后的健康鸭梨、轻微黑心鸭梨、严重黑心鸭梨的两部分整齐地摆放，对剖面进行拍照，如图 11-16 所示。严重黑心鸭梨与正常鸭梨在外观上有所差异，而轻微黑心鸭梨在外观上无明显差异。将鸭梨沿着赤道部位剖开，可以看出黑心病的发病部位在果实的心室和果柄的维管束连接处，严重时扩散到果肉部位。

图 11-16　黑心病判别

2. 健康和黑心鸭梨光谱特征分析

图 11-17 为三种样品(健康鸭梨、轻微黑心鸭梨、严重黑心鸭梨)的光谱能量图，方框节点曲线表示健康鸭梨的光谱能量图，三角形节点曲线表示轻微黑心鸭梨的光谱能量图，圆形节点曲线表示严重黑心鸭梨的光谱能量图。在 620～700nm 波段光谱能量差异明显，其他波段差异不明显。从图 11-17 可以看出，健康鸭梨在光谱 700～830nm 内有明显的吸收峰，而黑心鸭梨在整个光谱区间内无明显吸收峰。健康鸭梨的光谱能量高于轻微黑心鸭梨，严重黑心鸭梨的光谱能量最低。

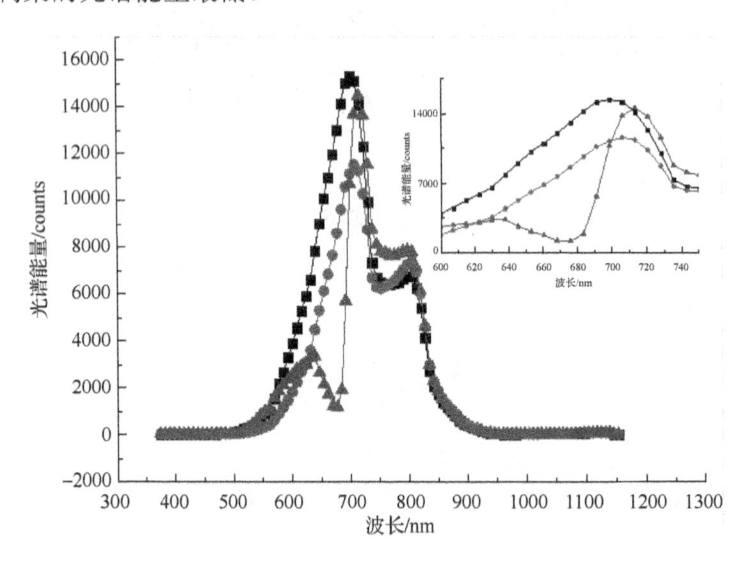

图 11-17　光谱能量图

健康鸭梨的细胞间充满空气，能量损失主要是散射导致的，而黑心鸭梨发病部位在果核周围，严重时果肉呈现棕色或褐色，由于多酚氧化酶的活性增高，果心及果肉组织发生氧化，细胞代谢加快，果肉呈棕色或褐色，果核变黑，对可见光的吸收变强，透过光的能量减少，探测器接收的光谱能量低。

3. 黑心鸭梨判别分析

1)峰面积判别分析

由于健康鸭梨、轻微黑心鸭梨、严重黑心鸭梨的能量谱存在着很大的差异，近红外光谱吸收峰面积积分值与样品浓度存在函数关系，可以先对光谱进行 SNV 和 MSC 平滑处理，再计算样品的能量谱峰面积。

在 620～700nm 波段，健康鸭梨与黑心鸭梨的峰面积没有重合，且轻微黑心鸭梨与严重黑心鸭梨的峰面积没有重合，主要是由于内部化学值的变化导致光谱能量的多寡差异性。健康鸭梨建模集峰面积的最小值是 1694.51，最大值是 32814.96，平均值是 18594.59；黑心鸭梨建模集峰面积的最小值是 90.3，最大值是 10737.08，平均值是 4604.39。通过对建模集峰面积计算得出，其对健康鸭梨的判别准确率是 93.3%，黑心鸭梨的判别准确率是 88.5%，健康鸭梨和黑心鸭梨之间有较大的判别误差。此方法的不足之处在于将易将黑心鸭梨判别为健康鸭梨，这在进出口贸易中是不允许的，因而无法满足实际生产的要求。

2) 主成分判别分析

主成分分析的中心目的是降维，使少量新变量是原来变量的线性组合，同时这些变量要尽可能多地表达原变量的数据特征而不丢失信息。经过主成分分析处理后得到的新变量相互正交、互不相关，消除了大多数共存信息中相互重叠的部分，即消除变量之间可能存在的多重共线性。去除第一主成分和第二主成分的得分，对原始光谱进行建模，前 7 个主成分的累计可信度达 99%以上，同时得到健康鸭梨和黑心鸭梨的欧氏距离散点图。健康鸭梨的最大距离为 37651.01，最小距离为 2.05，平均距离为 6411.87；黑心鸭梨的最大距离为 13086.99，最小距离为 1.44，平均距离为 6688.07。基于以上统计数据，设定阈值为 6983.26。从图 11-18 上可以看出，健康鸭梨与几何中心的距离与黑心鸭梨的差距较大，健康鸭梨和黑心鸭梨只有很小的重叠区，可以很好地进行区分。判别统计结果为：健康鸭梨的判别准确率为 97.3%，黑心鸭梨的误判率为 3.1%。此方法较前一种方法在误判率上降低很多，但仍然存在黑心误判，无法满足相关标准，需要进一步研究。

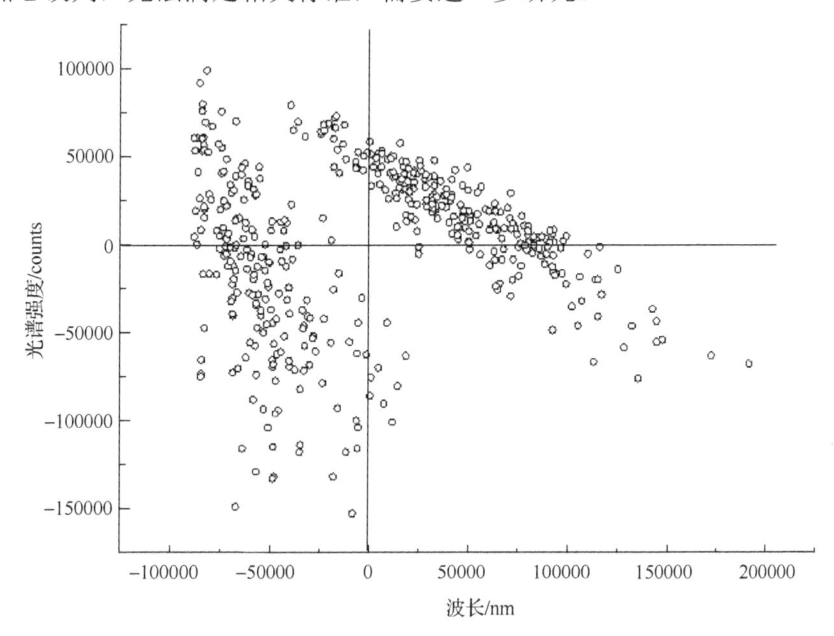

图 11-18　主成分判别法

3) 偏最小二乘判别分析

为了对健康鸭梨和黑心鸭梨进行有效的分选，采用 PLS-DA 方法建立了样本分类变量与近红外光谱的校正模型。由于健康鸭梨和黑心鸭梨具有不同的光谱能量，按照样本特征及正相关规律赋予每个样品分类变量值，经过多次对分类变量进行赋值判别，比较不同赋值分类变量下的判别结果，得出如下结论：健康鸭梨的标定值是 4，由于轻微黑心鸭梨在运输过程会较快地变成黑心，将轻微黑心鸭梨和严重黑心鸭梨样品共同标定为 1 取得的判别效果最优。对样品的近红外光谱图和样品的分类变量值建立 PLS 回归模型。PLS 回归模型的最佳成分因子数是 12，校正相关系数为 0.971，预测相关系数为 0.969。

根据 PLS-DA 的判别准则，当一个样品预测值在其标定值为中心某一假定区域内时，认为判别正确，否则认为误判。参与建模的所有样品的预测值都在标定值±1 的范围内，设定预测值在某类标定样品±1 以内，认为样品属于该类型。从图 11-19 中可以看出，当模型的预测值在 4±1 的范围内时，认为该样品是健康鸭梨，在 1±1 内时，认为该样品是黑心鸭梨。健康鸭梨的判别准确率为 96.5%，黑心鸭梨的误判率为 0，满足可以把健康鸭梨判别为黑心鸭梨，但是不能把黑心鸭梨判别为健康鸭梨的要求。

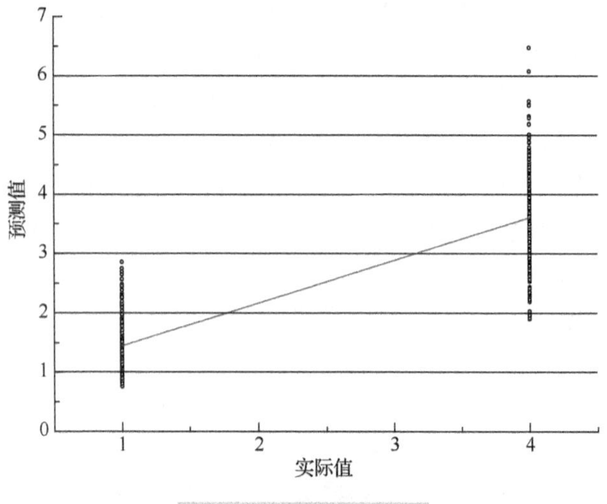

图 11-19　PLS-DA 方法

4）三种判别模型对比分析

分别利用破坏性物理分析（DPA）、二维主成分分析（DPCA）、PLS-DA 方法建立健康鸭梨和黑心鸭梨的分类模型，对预测集中的未参加建模的 30 个健康鸭梨、20 个黑心鸭梨样本进行判别分析，结果如表 11-5 所示。

表 11-5　不同判别方法对比

分组	DPA		DPCA		PLS-DA	
鸭梨	健康			黑心		
判别数量/个	30	20	30	20	30	20
误判数/个	2	2	1	1	0	0
判别准确率/%	93.3	90	96.7	95	100	100

根据判别结果可知，DPA 和 DPCA 均有把黑心鸭梨误判为健康鸭梨的现象，而 PLS-DA 没有出现黑心鸭梨误判为健康鸭梨的现象，PLS-DA 模型对预测集中相应的鸭梨样本特征的预测结果最好。

4. 结论

能量谱经 SNV 后，采用 DPA 法建立判别模型，对健康鸭梨的判别准确率是 93.3%，黑心鸭梨的判别准确率是 88.5%；对原始光谱进行主成分分析，取 7 个主成分建立 DPCA 模型，健康鸭梨的判别准确率为 97.3%，黑心鸭梨的判别准确率为 96.9%；能量谱经 MSC 处理后，建立 PLS-DA 模型，健康鸭梨的判别准确率为 96.5%，黑心鸭梨的判别准确率为 100%，判别准确率最高。实验表明，可见近红外漫透射光谱在线检测梨黑心病具有可行性。

第12章　基于漫反射的便携式水果品质无损检测装置

12.1　第一代便携式水果糖度无损检测装置

12.1.1　装置结构及技术参数

该装置共分为三个功能模块：光路模块、数据处理模块、附件模块。光路模块的光源对待测水果样品进行有效照射，光纤探头将透过水果样品的光谱信息进行聚集，并通过光纤传递给数据处理模块的光谱仪。光谱仪准确、有效、实时地获取通过光纤传递过来的水果样品光谱信息，将其转换成数字信号，送入微处理器进行处理、计算和分析，从而完成对待测水果样品糖度的预测，并在触摸显示屏上进行结果显示，实现水果糖度的无损检测。该装置的主要技术参数如表12-1所示。该装置的外观图如图12-1所示，长、宽、高分别为490mm、300mm和340mm。该装置具有体积小、方便携带的优点。

表12-1　装置主要技术参数（一）

项目	参数	项目	参数
外形尺寸	490mm×300mm×340mm	波长范围	300～1000nm
重量	2.3kg	检测时间	2s
检测指标	糖度		

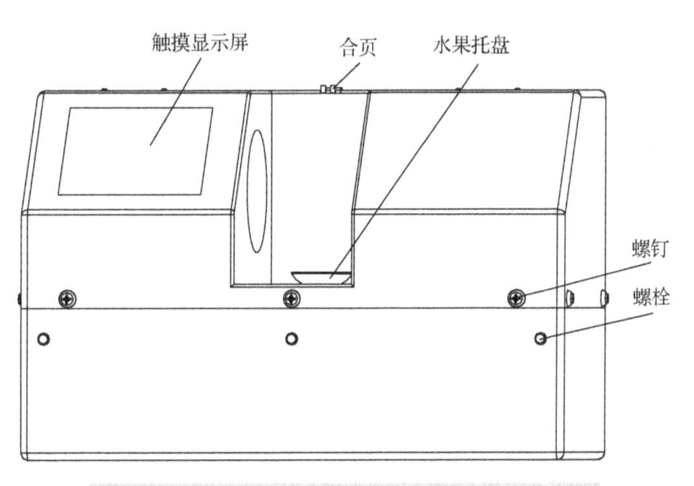

图12-1　便携式水果糖度无损检测装置示意外观

12.1.2　光路设计

1. 光源选型

光源的选择对于便携式水果糖度近红外光谱检测装置至关重要，直接影响装置的检测精度和稳定性。光源在包含水果样品特征峰的波长区必须要有足够的发光强度及稳定性，光源的发光强度及稳定性也直接影响检测装置的信噪比；光源的发光波长范围决定着检测装置的检测波长范围，近红外光谱仪中常采用卤素灯或钨灯作为光源，它们的光谱范围能够覆盖整个近红外光谱区域，具有发光强度高、性能稳定性好，以及寿命长等优点。

本装置中光谱仪的近红外光谱区域为300～1000nm，水果样品在500～1000nm区域内具有明显的特征峰。欧司朗公司生产的HALOSPOT® 111系列卤素灯光谱覆盖范围为350～1700nm，并且在500～1000nm的光谱区域内具有足够的发光强度和较高的稳定性，完全可以满足检测要求。因此，本装置选择欧司朗公司生产的HALOSPOT® 111系列卤素灯作为光源。

2. 光路布置

光路布置是根据检测方式确定的。本装置采用透射方式对水果进行糖度检测，所以装置的光路布置是根据透射方式进行设计的。光源采用两盏欧司朗卤素灯(12V，100W，型号：41850sp)两边对称布置方式。卤素灯灯杯两端对称钻有两个直径为3mm的孔，并且在灯支架上钻有宽度为3mm的滑槽，卤素灯通过直径为3mm的螺栓固定在灯支架上。灯支架通过螺栓固定在底板的滑槽上，而底板通过螺栓固定在仪器的箱壁上。

在这种结构设计下，可以通过调节光源的照射角度，或改变光源在灯支架滑槽中的位置，从而调节光照高度，达到检测不同种类水果和不同大小水果的目的。对于有核水果，也可通过调整角度和距离避免果核对检测结果的影响。通过改变灯支架在底板滑槽中的位置，可以改变光源照在水果上的强度，从而可以检测不同果皮厚度及不同大小的水果。被检测水果放置在橡胶材质的水果托盘上面，这样既可以起到固定水果的作用，又可以提高密封性能，减小沿水果表面产生的衍射光对检测结果的影响。光纤前段加装海洋光学公司的光纤探头(型号：74-UV)，以增强收集的透过水果样品的光谱信息，然后光谱信息经光纤传递给海洋光学公司的光纤光谱仪(型号：USB4000或USB2000+)，完成光谱信息向数字信息的转化，并输送给微处理器进行数据的处理。至此，就完成了采集水果光谱信息的光路模块的设计。

12.1.3　数据处理方法

该部分主要包括微处理器、软件系统和触摸显示屏。微处理器采用华硕公司生产的型号为PCM-9361的计算机主板。它体积小，低功耗，处理数据速度相对较快，符合装置要求。软件系统采用光谱仪自带的光谱采集软件SpectraSuite，其主要作用是将微型光纤光谱仪传递过来的关于样品的光谱信息转换成方便数据处理的文档格式，同时在触摸显示屏上进行光谱的显示。可根据不同实验的需要，在软件上对光谱仪进行相关参数设置，包括积分时间设置、平滑度设置和平均次数设置等。此外，软件系统还具有数据存储、触发方式选择及数据打印等基本功能。触摸显示屏的作用是对装置的软件进行操作，以及对被测样品的光谱信息及检测结果进行显示。软件的操作界面如图12-2所示。

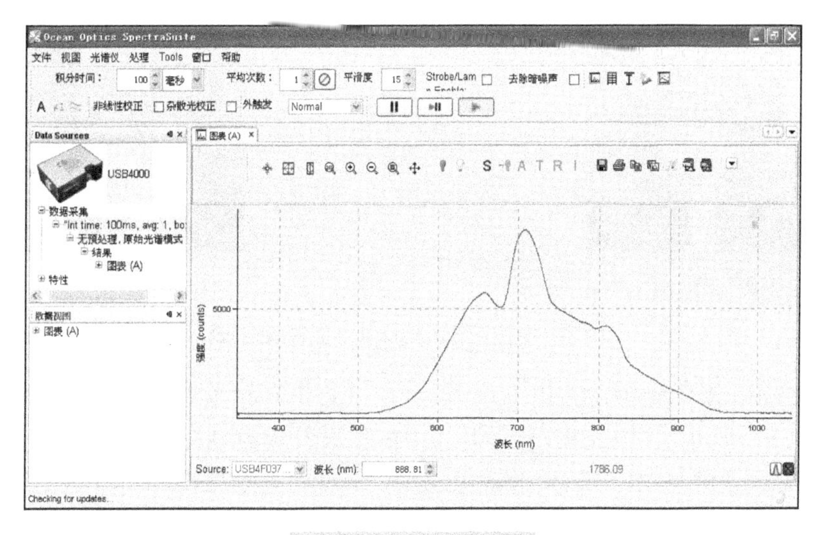

图 12-2　软件操作界面

12.2　第二代便携式水果糖度无损检测装置

12.2.1　装置结构及技术参数

本装置采用 3D 打印技术直接成型，装置成型速度快、一致性高；装置机壳加工选择的材料为 ABS 塑料，且手柄部位和平板计算机的支撑台均被抽壳，这使得整个装置很轻巧；装置应用新型 MicroNIR1700 光谱仪，不仅体积小，而且把光源、集光系统和电子元件集成为一体，检测稳定性强，检测精度高；装置把微型光谱仪和 Android 平板计算机完美组合并安装在一个手持式的机身上面，整个检测装置体积小、便于携带，一个人即可完成水果品质的检测；装置配备移动电源，即使没有外接电源，也可进行长时间的实时检测。装置主要技术参数如表 12-2 所示。

表 12-2　装置主要技术参数(二)

项目	参数	项目	参数
外形尺寸	36mm×32mm×90mm	波长范围	950～1650nm
重量	1.2kg	检测时间	1～2s
检测指标	糖度		

图 12-3 为该便携式水果糖度无损检测装置的实物和检测现场。本装置检测探头较小，可用于检测大小不同的多种水果的品质信息。图 12-3(a)为 Android 系统开发的光谱信息采集软件。检测水果的糖度信息需要预先建立相应的数学模型。数学模型是由较多水果样品的光谱信息和运用标准方法测定的组分真实值之间建立的模型。为了推广应用，模型要有较好的稳定性和较强的准确性。

根据人机学原理，机身下部设计成合适的长方形手柄，长×宽×高为 36mm×32mm×90mm，并且为了手握舒适，在棱角处倒 2mm 的圆角。为了便于站立放置，手持机身底端设计为方形平台。

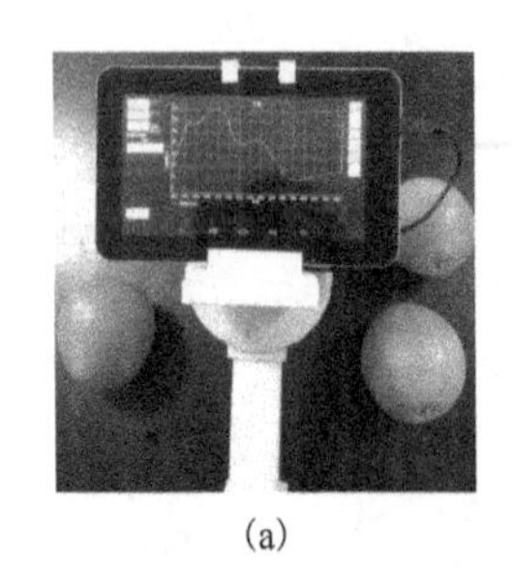
(a)

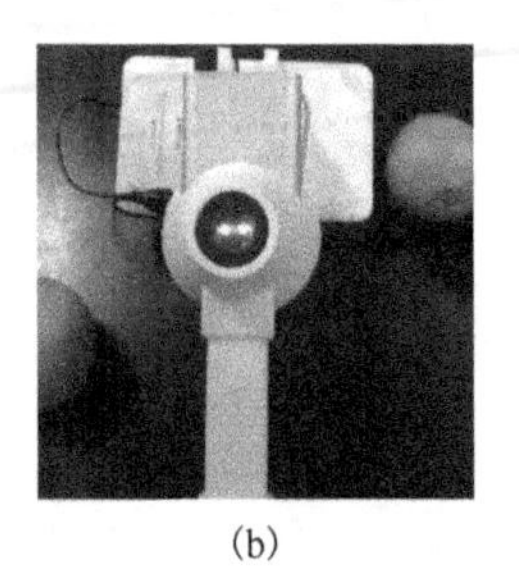
(b)

图 12-3　便携式水果糖度无损检测装置

MicroNIR1700 微型光谱仪采用 USB 供电，虽然将双集成真空钨灯作为光源的功率很低，其基准电压需要 5V、电流需要 500mA，但如果仅依靠 Android 手机或者平板计算机来供电，要么无法正常启动，要么检测时间较短，所以为了能够长时间稳定检测，应用 OTG 线连接外接电源。外接电源选择性能良好、输出电压为 5V 的移动电源即可。机身上端开方形槽，槽的大小、深度根据移动电源设定，保证移动电源不掉落、不来回晃动。

手持机身后部设计方形平台，用于支撑 Android 手机或者平板计算机。为了便于前期试验验证，样机采用 Android 平板计算机作为显示器。由于装置全部部件均为手持，设计考虑了手持机身的重量，在手柄中间部位和 Android 平板计算机支撑平台下方都做了抽壳处理，既节约加工设备的材料，又可减轻整体装置的重量。

12.2.2　基于 Android 系统的水果品质检测软件设计

图 12-4 为软件设计框架图。其主要包括 3 个模块，分别为表示层、业务层和基础层。其中，表示层包含光谱数据显示、参数设置、光谱仪控制、各个窗口光谱图以及个性化用户界面；业务层是软件开发中的核心部分，其包括开关机、参比和暗电流采集、光源（钨灯）控制、采样间隔设置、积分时间设置以及光谱采集；基础层包括安卓库、JDSU 通信指令集、Achart Engine 图表引擎和数据存取。

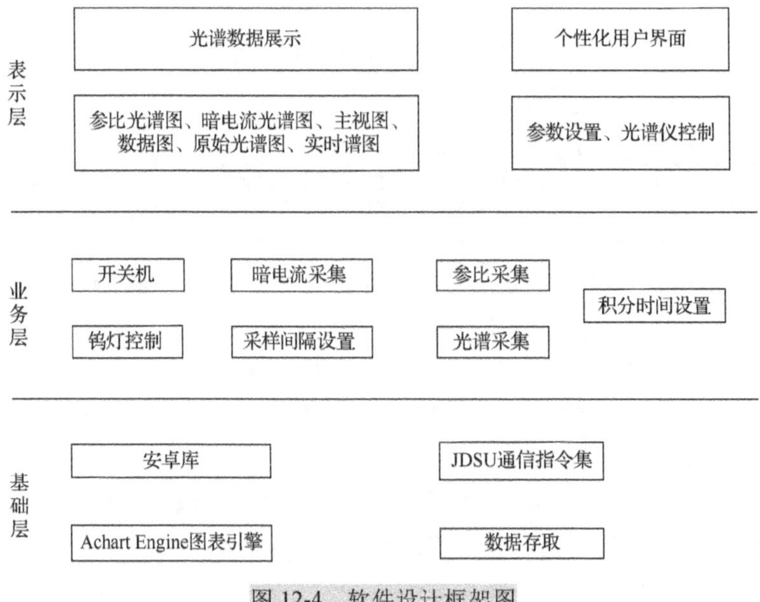

图 12-4　软件设计框架图

12.2.3　水果品质检测软件应用条件

1. 设备供电要求

由于 MircroNIR1700 光谱仪需要基准电压 5V、电流 500mA，而大部分手机单独供电是达不到该要求的，所以测试机选用了 Android 系统的平板计算机代替手机；若使用手机，须使用具备外接电源的 OTG 线进行设备连接。

2. 测试机要求条件

首先，为了通过平板计算机控制 MircroNIR1700 光谱仪，需要与 MircroNIR1700 光谱仪建立通信，此平板计算机必须具备 OTG 功能。检测方法如下。

(1) OTG 线连接 USB 鼠标，看测试机是否出现鼠标，并且鼠标是否可以自由移动。

(2) OTG 线连接另外一台测试机，看是否能使其进入充电模式。

其次，确保检测设备具备 root 权限。若不具备权限，应用 root 工具进行 Android 平板计算机的 root 操作，接着使用 Root Explorer 软件检查测试机系统目录“/system/etc/permissions”中 android.hardware.usb.host.xml 文件是否存在。如果不存在，就创建此文件，并将其打开并写入如下语句：

```
<permissions>
<feature name="android.hardware.usb.host"/>
</permissions>
```

如果 android.hardware.usb.host.xml 存在，那么查看文件内是否存在<feature name="android.hardware.usb.host" />语句。如果不存在该语句，在<permissions>、</permissions>之间添加该语句。

完成上述操作后，在上述系统文件中打开 handheld_core_hardware.xml 或 tablet_core_hardware.xml 文件，查看文件<permissions>、</permissions>之间是否存在<feature name="android.hardware.usb.host" />语句。如果不存在，添加该语句。

当按照以上操作把测试机更改完成后，重新启动后即可通过 USB 与 MircroNIR1700 光谱仪进行通信。

12.2.4　水果品质检测装置使用流程

在触摸显示屏上单击 JDSUApp 软件，进入水果光谱采集界面，紧接着单击“开机”项，连接 USB 接口设备，选择“默认情况下用于该 USB 设备”选项，单击“确定”按钮，如图 12-5 所示。

单击初始采集界面的“未连接”图标，连接 MircroNIR1700 光谱仪。当显示“已连接”时，说明测试机已与光谱仪建立通信。具体如图 12-6 所示。

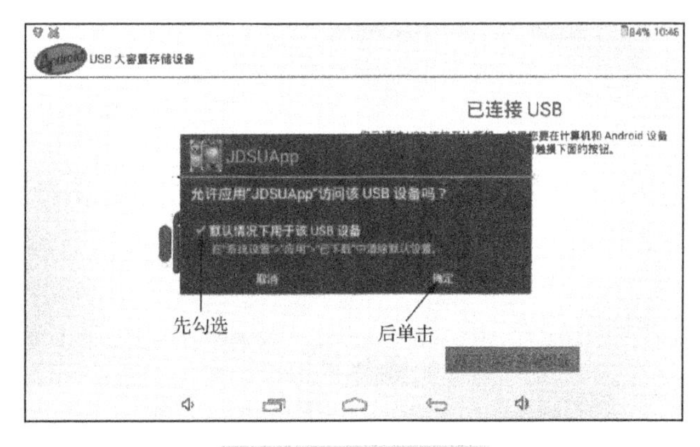

图 12-5　设置默认情况

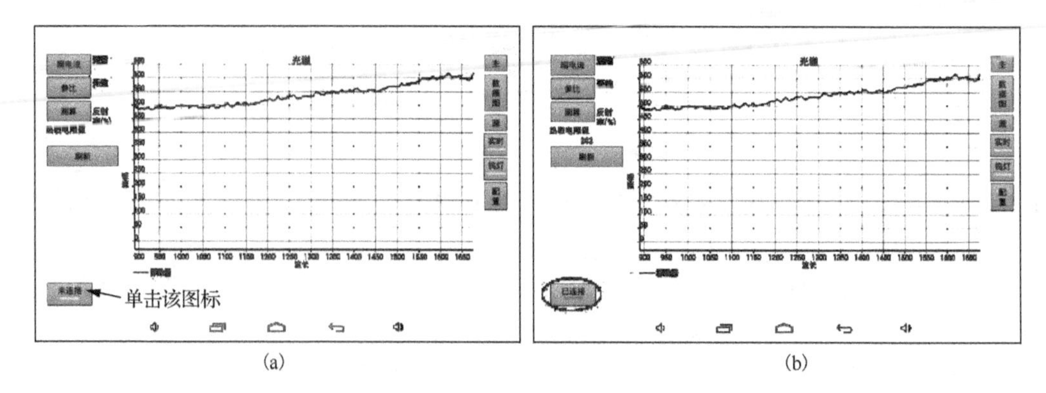

图 12-6　连接光谱仪

单击软件界面右侧的“钨灯”图标，控制 MircroNIR1700 光谱仪开启光源，如图 12-7 所示。

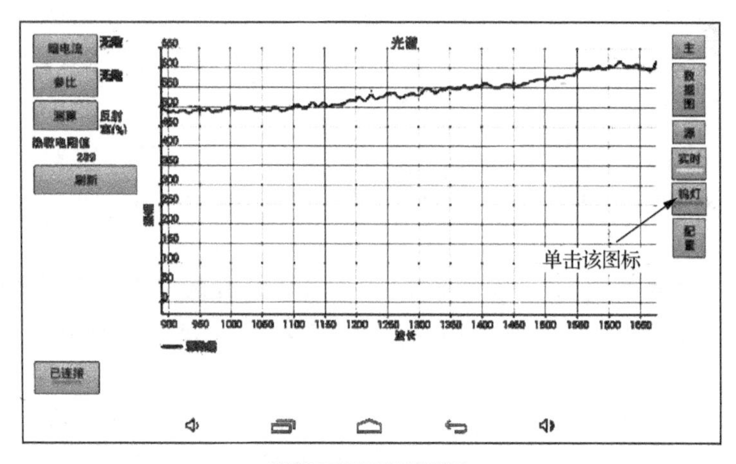

图 12-7　开启光源

开启光源后，单击“配置”图标后的界面如图 12-8 所示，显示“数据文件存储路径：/sdcard/JDSU/”；可供选择的光谱测算模式有“反射率”和“吸光度”两种，默认情况下为“反射率”；可根据实验的需要修改采样间隔时间和采样数(默认为 5000μs 和 50)以及增益设置(分为低增和高增，默认为低增)。

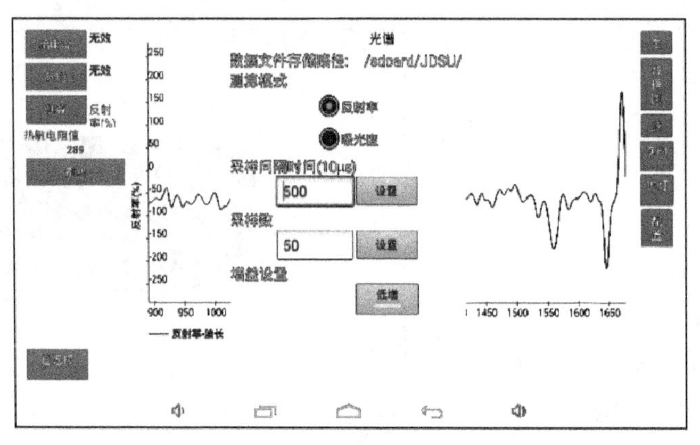

图 12-8　配置设置

光谱采集的配置设置根据实验需求来设定，一般情况配置设置全部使用默认状态。采集水果光谱反射率之前需进行参比和暗点流的采集，使用聚四氟乙烯白板作为参比，注意此刻钨灯必须处于开启状态，单击主操作界面的“参比”图标进行采集，观察参比光谱无异后，关掉光源，单击“暗电流”图标进行暗场的采集，查看暗电流光谱无误，且当参比和暗电流均显示有效时，才可进行下面的光谱反射率的测算，如图 12-9 所示。

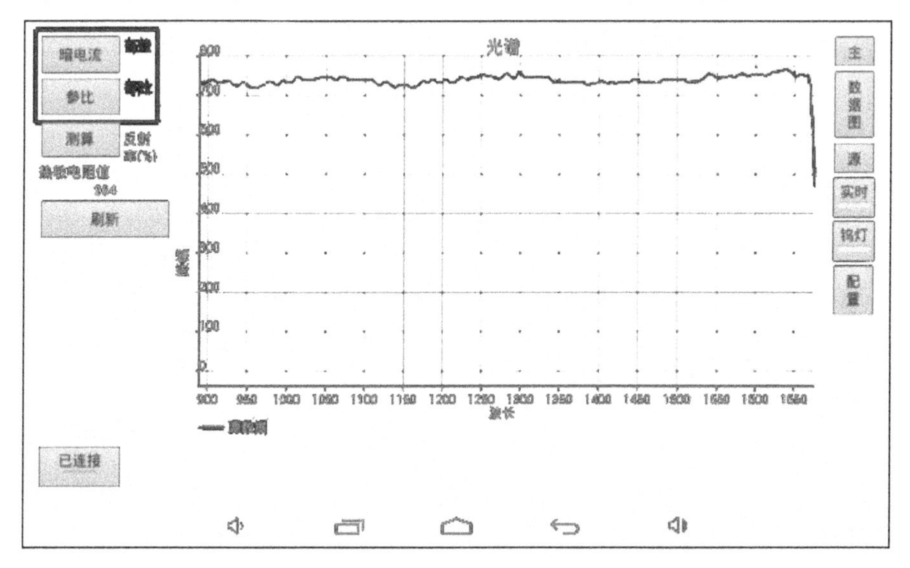

图 12-9　采集有效的参比和暗电流

水果光谱采集软件界面右侧的“主”图标为默认的光谱测算界面，即光谱仪对准水果时，单击“测算”图标，显示水果反射率光谱图，如图 12-10 所示。如图 12-11 所示，“数据图”图标显示最近采集的参比和暗电流光谱图。如图 12-12 所示，功能项“源”图标显示未加入参比和暗电流直接采集的原始水果能量谱图。如图 12-13 所示，功能项“实时”图标显示实时动态变化的能量图谱。

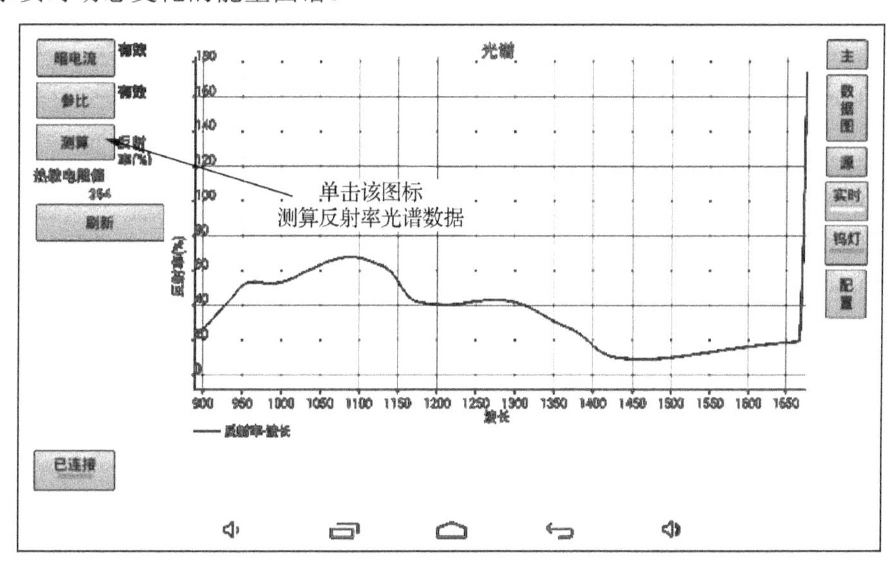

图 12-10　采集水果光谱数据

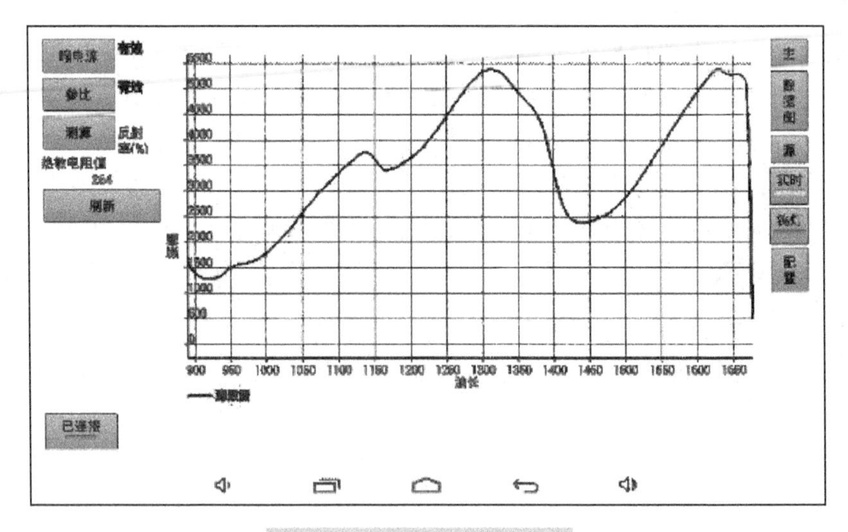

图 12-11　参比和暗电流界面

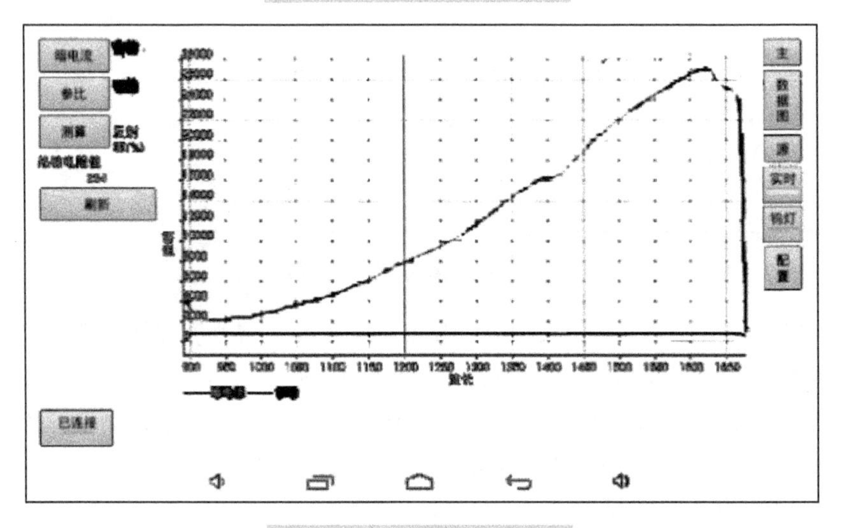

图 12-12　水果能量谱图界面

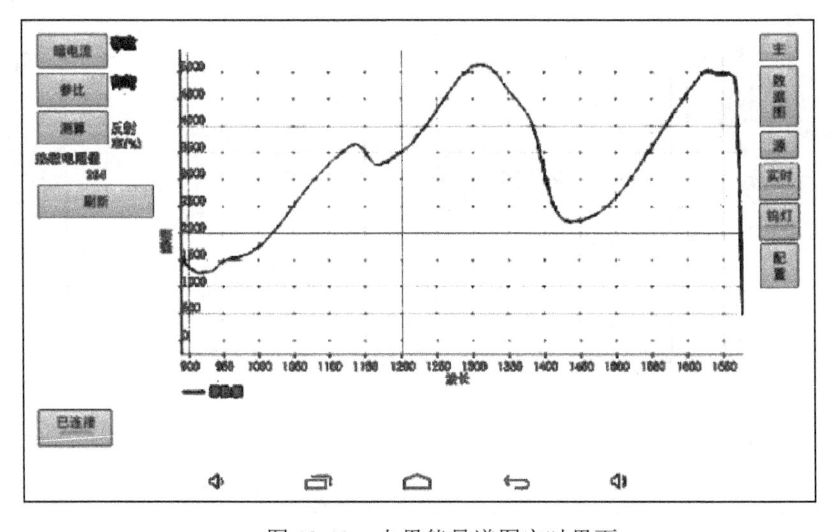

图 12-13　水果能量谱图实时界面

此外，检测水果光谱数据时，光源的温度也是很重要的因素，所以水果光谱采集软件界面左侧中部设计“刷新”功能项，可单击“刷新”图标实时观测热敏电阻值，随时掌握 MicroNIR1700 光谱仪的性能，以便于实验前进行适当的预热。

打开测试机内存/mnt/sdcard/JDSU，即可看到保存的以 txt 为后缀名的光谱数据。使用光谱处理技术，建立最优的果品品质与果品光谱之间的数学模型。将建立好的模型导入/sdcard/JDSU/JdsuModel.txt 中。单击 JdsuDeviceTetActivity 软件进入水果品质预测软件界面，然后连接测试机与光谱仪。点图 12-14 所示，以冰糖心苹果作为检测对象，以其糖度作为检测指标，单击“测算”图标，即可准确快速地预测出苹果的糖度值。

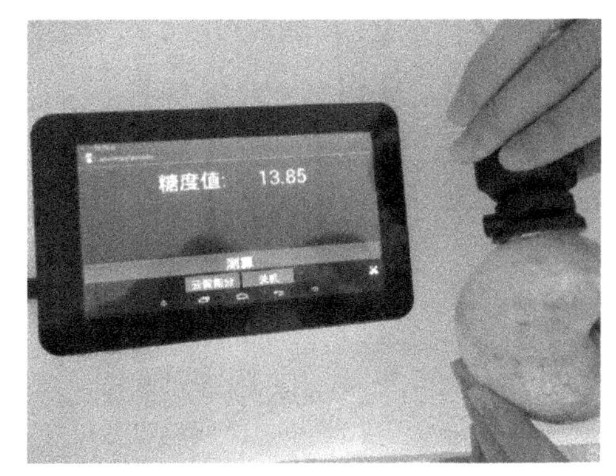

图 12-14　预测苹果糖度值

12.3　第三代便携式水果糖度无损检测装置

12.3.1　装置结构及技术参数

该装置的结构简图如图 12-15 所示。该装置主要组成部分为控制系统(计算机)、光谱仪、光纤、样品果杯、供电系统(电源)等。计算机和光源供电均来自供电系统。

装置内部结构如图 12-16 所示，其内部由探头体、电路板、充电口、显示屏、光谱仪、开关、电源等部分组成。其中探头体用于安装光源及探头，探头部位与光纤探头连接，遮光圈安装于探头体外侧。光纤探头另一端与 STS 微型光谱仪连接，用于将探头接收的光谱信号传递至光谱仪。光谱仪的另一端则与电路板连接，电路板上配备有 USB 接口，该 USB 接口用于与光谱仪连接，为光谱仪提供电源；电路板中 GPIO 接口可用于后期仪器功能拓

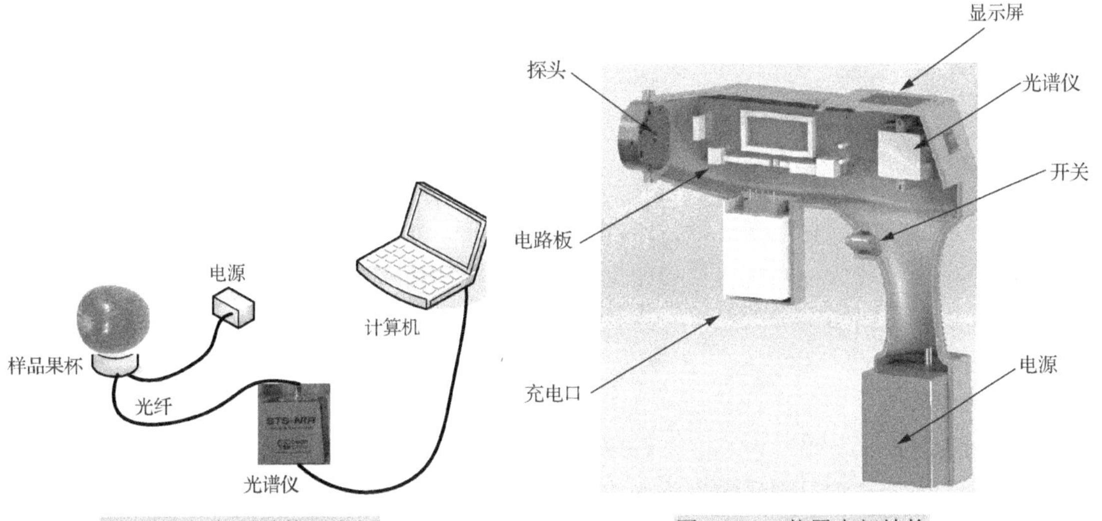

图 12-15　装置结构示意图　　图 12-16　装置内部结构

展，方便进行二次开发。JATG 接口、串口、网口则用于仪器调试，实时时钟用于显示时间，电池、外部电源接口等用于对仪器进行供电，近红外数据分析处理及光谱采集则通过电路板上微处理器进行控制。其主要技术参数如表 12-3 所示。

表 12-3　装置主要技术参数(三)

项目	参数	项目	参数
外形尺寸	420mm×370mm×60mm	波长范围	630～1125nm
重量	2.1kg	检测时间	1～2s
检测指标	糖度		

12.3.2　便携式检测装置探头设计及结果显示

本装置光源和探头布置示意图如图 12-17 所示，采用漫反射方式，将光源与探头布置在待测样品同一侧，光束照在样品上时一部分光直接被样品表面反射出去，这种现象称为常规反射。而透过样品表面进入样品组织内部的光其中的一部分通过样品组织散射出去，另外一部分被样品组织吸收转化为热、光等其他形式的能量。从样品组织中散射出去的那部分光中一部分被反射回样品表面，称为漫反射，另外一部分通过样品组织透射出去，称为漫透射。

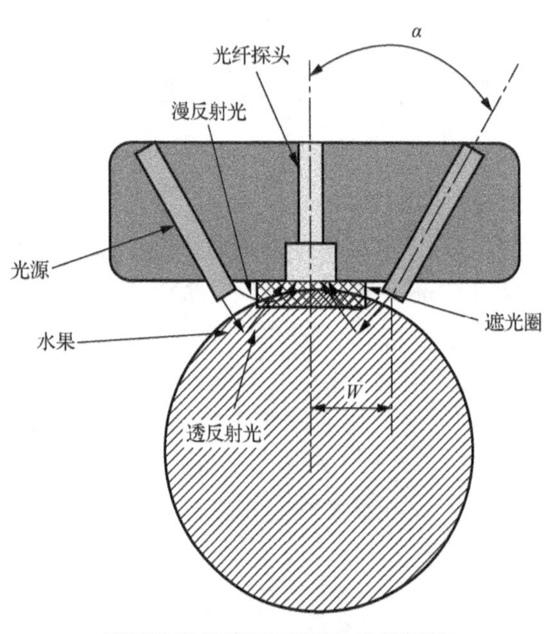

图 12-17　光源和探头布置示意图

W-光源与探头的距离；*α*-光源的照射角度

经实验验证选用最优参数，其中 *W* 选用 15mm，光源照射角度选用 45°。本装置光源选用高寿命、低能耗、高稳定性的光源，采用 8 个 1.5W 卤素灯(型号：997418-21)作为光源，光源整体对样品呈环形照射，充分保证光源对样品照射的均匀性。遮光圈用于避免杂散光不经过样品直接进入探头，抑制杂散光现象，提升采集光谱的有效信息。在采集样品光谱时，将样品赤道部位放置在样品杯上，光源发出环形光均匀照射在样品上，并在赤道偏下的部位形成一个光斑，直径为 3～5mm。

综合考虑本装置的待机时间及功能显示要求，本装置的屏幕宜选用耗电量低、性能高的显示屏。显示屏如图 12-18 所示，采用长约为 5cm、宽约为 4cm 的显示屏，显示屏采用 4 只内六角螺钉进行固定。

图 12-18(a)为本装置显示屏功能显示，首先，本装置配备 GPS，能够显示实时位置，并以经度和纬度表示出来，且能够将 GPS 实时状态进行显示，便于现场使用。其次，本装置显示屏能够快速将测量水果的成熟度值显示出来，便于果农对果园水果生长状态的管控。图 12-18(b)为本装置显示屏外观，该屏幕置于手柄上端，方便查看测试结果。

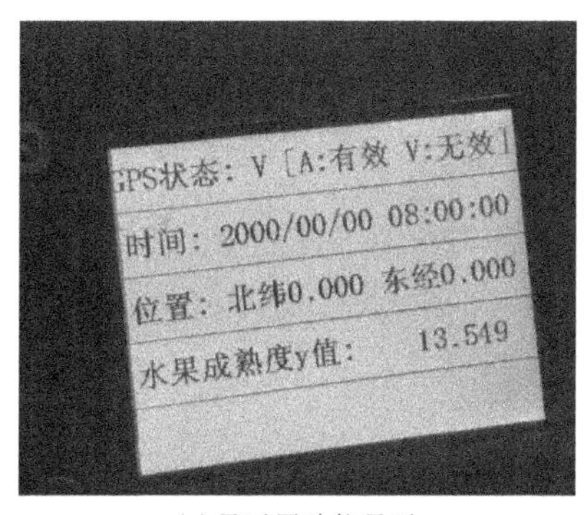

(a)显示屏功能显示

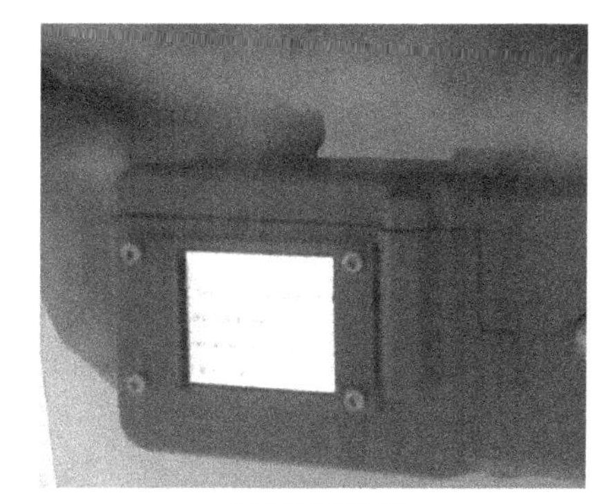
(b)显示屏外观

图 12-18　装置显示屏

12.3.3　水果货架期预测应用

水果采收后一般采用低温保存的方法保持其新鲜度，但是在水果运出冷库放置于超市货架上时，随着货架时间的变长，果品品质会发生变化。首先在常温下极易失水皱缩，衰老变质，其次易受机械损伤和病原菌侵染，轻则降低水果品质，影响消费者的口感；重则严重损害水果品牌，造成巨大的经济损失，故一般条件下难以长途运输。为了减少这种损失，需要对在此过程中水果的品质变化进行实时的监测，从而及时应对货架期水果变质问题，减少经济损失。

前期实验选用酥梨作为样品，样品的横径为 82～94mm，纵径为 71～83mm。采集光谱之前需要对样品进行一次挑选，首先将带有疤痕、碰伤及畸形的样品剔除，然后选择成熟度一致(约为八成熟)的水果样品，被挑选出的酥梨样品留作实验用样品，清理干净实验样品并对其依次进行编号。在所有样品中挑选 50 个留作货架期监测使用，另外 60 个每次取 20 个用于理化指标测量。分别在每一个样品的果顶位置进行标记，以 180° 的间隔标记 2 个点，分别在静置 6 天、12 天和 18 天进行光谱采集，光谱采集部位为每个标记点所对应的酥梨样品赤道部位。实验数据处理过程中将一条酥梨样品漫反射光谱视作一个酥梨样品进行处理，通过 K-S 方法对所有样品进行建模集和预测集的划分，其中建模集 226 个、预测集 74 个，通过 226 个建模集建立预测模型用于样品货架期预测，剩下的 74 个样品用于模型评价。

实验分析酥梨样品品质指标随货架期变化的规律，同时对比分析不同货架期酥梨样品光谱特征差异，建立了偏最小二乘判别模型以及最小二乘支持向量机模型，同时采用连续投影算法及主成分分析法压缩变量实现最小二乘支持向量机输入变量的降维。依据误判率最低的原则，对比分析两种建模结果，其中以 16 个主成分变量作为输入变量的线性核函数建立的 LS-SVM 模型为最优模型，误判率为 0。该研究建立了准确的货架期水果内部品质预测模型，对水果内部品质监控和货架期的预测具有重大参考价值。

参考文献

安爱琴, 余泽通, 王宏强, 2008. 基于机器视觉的苹果大小自动分级方法[J]. 农机化研究, (4): 163-166.

鲍一丹, 陈纳, 何勇, 等, 2015. 近红外高光谱成像技术快速鉴别国产咖啡豆品种[J]. 光学精密工程, 23(2): 349-355.

蔡萍, 赵辉, 2002. 现代检测技术与系统[M]. 北京: 高等教育出版社.

曹楠宁, 王加华, 李鹏飞, 等, 2010. 基于 GA 和 SCMWPLS 算法的 NIR 光谱信息变量提取研究[J].光谱学与光谱分析, 30(4): 915-919.

曹晓峰, 2018. 基于 Vis/NIR 高光谱和机器视觉技术的冬枣分级方法研究[D]. 咸阳: 西北农林科技大学.

陈兵旗, 孙旭东, 韩旭, 等, 2010. 基于机器视觉的水稻种子精选技术[J]. 农业机械学报, (7): 174-179, 186.

陈全胜, 赵杰文, 蔡健荣, 等, 2006. 支持向量机在机器视觉识别茶叶中的应用研究[J]. 仪器仪表学报, 27(12): 1704-1706.

陈全胜, 赵杰文, 蔡健荣, 等, 2008. 基于近红外光谱和机器视觉的多信息融合技术评判茶叶品质[J]. 农业工程学报, 24(3): 5-10.

陈艳军, 张俊雄, 李伟, 等, 2012. 基于机器视觉的苹果最大横切面直径分级方法[J]. 农业工程学报, 28(2): 284-288.

成芳, 2004. 稻种质量的机器视觉无损检测研究[D]. 杭州: 浙江大学.

褚小立, 2016. 近红外光谱分析技术实用手册[M]. 北京: 机械工业出版社.

褚小立, 王艳斌, 陆婉珍, 2007. 近红外光谱仪国内外现状与展望[J]. 分析仪器, (4): 1-4.

褚小立, 许育鹏, 陆婉珍, 2008. 用于近红外光谱分析的化学计量学方法研究与应用进展[J]. 分析化学, 36(5): 702-709.

邓平建, 李浩, 杨冬燕, 等, 2014. 拉曼光谱-聚类分析法快速鉴别掺伪花生油[J]. 食品安全质量检测学报, 5(9): 2689-2696.

邓之银, 张冰, 董伟, 等, 2013. 拉曼光谱和 MLS-SVR 的食用油脂肪酸含量预测研究[J]. 光谱学与光谱分析, 33(11): 2997-3001.

丁筠, 殷涌光, 王旻, 2012. 蔬菜中大肠杆菌的机器视觉快速检测[J]. 农业机械学报, 43(2): 134-139.

东野广智, 周群, 孙素琴, 等, 2000. 亚麻油组份的红外和拉曼光谱分析[J]. 光谱学与光谱分析, 20(6): 836-837.

樊尚春, 刘广玉, 2005. 新型传感技术及应用[M]. 北京: 中国电力出版社.

冯巍巍, 付龙文, 孙西艳, 等, 2012. 典型食用油的荧光光谱特性与拉曼光谱特性研究[J]. 现代科学仪器, 6(3): 57-59.

甘甫平, 王润生, 马蔼乃, 2003. 基于特征谱带的高光谱遥感矿物谱系识别[J]. 地学前缘, 10(2): 1-3.

高达睿, 2016. 基于颜色和形状特征的茶叶分选研究[D]. 合肥: 中国科学技术大学.

高俊峰, 章海亮, 孔汶汶, 等, 2013. 应用高光谱成像技术对打蜡苹果无损鉴别研究[J]. 光谱学与光谱分析, (7): 1922-1926.

高荣强, 范世福, 严衍禄, 等, 2004. 近红外光谱的数据预处理研究[J]. 光谱学与光谱分析, 24 (12): 1563-1565.

郭培源, 付扬, 2011. 光电检测技术与应用[M]. 北京: 北京航空航天大学出版社.

郭天太, 2012. 光电检测技术[M]. 武汉: 华中科技大学出版社.

郭文川, 朱新华, 郭康权, 2001. 果品内在品质无损检测技术的研究进展[J]. 农业工程学报, 17(5): 1-5.

郭志明, 赵春江, 黄文倩, 等, 2015. 苹果可溶性固形物高光谱图像可视化预测的光强度校正方法[J]. 农业机械学报, 46(7): 227-232.

韩东海, 常冬, 宋曙辉, 等, 2013. 小型西瓜品质近红外无损检测的光谱信息采集[J]. 农业机械学报, 44(7): 174-178.

韩东海, 王加华, 2008. 水果内部品质近红外光谱无损检测研究进展[J]. 中国激光, (8): 1123-1131.

韩立苹, 2007. 绿茶主要品质指标近红外测定方法研究[D]. 杭州: 浙江大学.

郝勇, 陈斌, 2015. 亚胺硫磷表面增强拉曼光谱定量解析模型研究[J]. 光谱学与光谱分析, (9): 2563-2566.

何勇, 王生泽, 2004. 光电传感器及其应用[M]. 北京: 化学工业出版社.

洪文娟, 2015. 基于机器视觉的红茶发酵适度性研究[D]. 杭州: 中国计量大学.

黄文倩, 陈立平, 李江波, 等, 2013. 基于高光谱成像的苹果轻微损伤检测有效波长选取[J]. 农业工程学报, 29(1): 272-277.

黄星奕, 姜爽, 陈全胜, 等, 2010. 基于机器视觉技术的畸形秀珍菇识别[J]. 农业工程学报, (10): 360-364.

计娅丽, 2008. 2008 年蛋鸡市场行情分析[J]. 今日畜牧兽医, (1): 48-50.

金同铭, 1996. 西红柿中糖酸等含量的非破坏分析[J]. 仪器仪表与分析监测, (1): 53-56.

金同铭, 1997. 非破坏评价西红柿的营养成分: Ⅰ. 蔗糖, 葡萄糖, 果糖蝗近红外分析[J]. 仪器仪表与分析监测, (2) : 32-36.

康志亮, 陈韵羽, 王思, 等, 2010. 便携式受损水果检测装置的设计[J]. 农机化研究, 12: 52-56.

李斐斐, 2014. 基于机器视觉的烟叶除杂关键技术研究[D]. 南京: 南京理工大学.

李国进, 董第永, 陈双, 等, 2015. 基于计算机视觉的芒果检测与分级研究[J]. 农机化研究, (10): 13-18.

李海杰, 2016. 基于机器视觉的烟草异物检测和烟叶分类分级方法研究[D]. 南京: 南京航空航天大学.

李华, 王菊香, 刑志娜, 等, 2011. 改进的K/S算法对近红外光谱模型传递影响的研究[J]. 光谱学与光谱分析, 31(2): 362-365.

李焕玲, 2019. 中国果品流通市场现状和发展方向[J]. 中国经贸导刊, (28): 15-16.

李江波, 彭彦昆, 陈立平, 等, 2014. 近红外高光谱图像结合CARS算法对鸭梨SSC含量定量测定[J]. 光谱学与光谱分析, 34(5): 1264-1269.

李江波, 饶秀勤, 应义斌, 2011. 农产品外部品质无损检测中高光谱成像技术的应用研究进展[J]. 光谱学与光谱分析, (8): 7-12.

李晓丽, 2009. 基于机器视觉及光谱技术的茶叶品质无损检测方法研究[D]. 杭州: 浙江大学.

梁秀英, 2013. 基于机器视觉的玉米性状参数与近红外光谱的玉米组分含量检测方法研究[D]. 武汉: 华中农业大学.

刘洪林, 2015. 工夫红茶品质客观评价研究[D]. 重庆: 西南大学.

刘燕德, 2006. 水果糖度和酸度的近红外光谱无损检测研究[D]. 杭州: 浙江大学.

刘燕德, 2007. 无损智能检测技术及应用[M]. 武汉: 华中科技大学出版社.
刘燕德, 2017. 光谱诊断技术在农产品品质检测中的应用[M]. 武汉: 华中科技大学出版社.
刘燕德, 程梦杰, 郝勇, 2018. 光谱诊断技术及其在农产品品质检测中的应用[J]. 华东交通大学学报, (4): 1-7.
刘燕德, 刘涛, 孙旭东, 等, 2010. 拉曼光谱技术在食品质量安全检测中的应用[J]. 光谱学与光谱分析, 11: 3007-3012.
刘燕德, 彭彦颖, 高荣杰, 等, 2010. 基于 LED 组合光源的水晶梨可溶性固形物和大小在线检测[J]. 农业工程学报, 26(11): 338-343.
刘燕德, 施宇, 蔡丽君, 等, 2013. 基于CARS算法的脐橙可溶性固形物近红外在线检测[J]. 农业机械学报, 44(9): 138-144.
刘燕德, 万常澜, 蔡丽金, 2012. 共焦显微拉曼光谱法快速检测食用油掺假的研究[J]. 农机化研究, 9(9): 199-202.
刘燕德, 翟建龙, 2014. 脐橙可溶性固形物的在线近红外光谱检测[J]. 西北农林科技大学学报: 自然科学版, 42(3): 186-190.
刘燕德, 张光伟, 谢小强, 2012. 农产品品质光学无损检测研究进展[C]. 全国近红外光谱学术会议.
刘兆艳, 2006. 基于机器视觉的稻种品种识别研究[D]. 杭州: 浙江大学.
陆江锋, 2008. 基于视觉图像的茶叶品质无损检测方法与系统研究[D]. 北京: 中国农业大学.
陆婉珍, 2001. 近红外光谱仪[J]. 石油仪器, 15(4): 30-32.
陆婉珍, 2007. 现代近红外光谱分析技术[M]. 2 版. 北京: 中国石化出版社.
陆婉珍, 袁洪福, 徐广通, 等, 2000. 现代近红外光谱分析技术[M]. 北京: 中国石化出版社.
马本学, 应义斌, 饶秀勤, 等, 2009. 高光谱成像在水果内部品质无损检测中的研究进展[J]. 光谱学与光谱分析, (6): 1611-1615.
马广, 孙通, 2013. 翠冠梨坚实度可见/近红外光谱在线检测[J]. 农业机械学报, 44(7): 170-173.
毛莎莎, 曾明, 何绍兰, 等, 2010. 哈姆林甜橙果实内在品质的可见-近红外漫反射光谱无损检测法[J]. 食品科学, 31(14): 258-263.
欧阳爱国, 谢小强, 刘燕德, 2014. 苹果可溶性固形物近红外在线光谱变量优选[J]. 农业机械学报, 45(4): 220-225.
彭彦昆, 李永玉, 赵娟, 等, 2012. 基于高光谱技术苹果硬度快速无损检测方法的建立[J]. 收藏, 3(6): 667-670.
浦昭邦, 赵辉, 2005. 光电测试技术[M]. 北京: 机械工业出版社.
覃方丽, 闵顺耕, 石正强, 等, 2003. 鲜辣椒中糖份和维生素 C 含量的近红外光谱非破坏性测定[J]. 分析试验室, 22(4): 59-62.
曲楠, 2008. 近红外光谱技术在药物无损非破坏定量分析中的应用研究[D]. 长春: 吉林大学.
苏文浩, 何建国, 刘贵珊, 等, 2013. 近红外高光谱图像技术在马铃薯外部缺陷检测中的应用[J]. 食品与机械, 29(5): 127-133.
孙梅, 陈兴海, 张恒, 等, 2014. 高光谱成像技术的苹果品质无损检测[J]. 红外与激光工程, (4): 1272-1277.

孙通, 许文丽, 林金龙, 等, 2012. 可见/近红外漫透射光谱结合CARS变量优选预测脐橙可溶性固形物[J]. 光谱学与光谱分析, 32(12): 3229-3233.

唐忠厚, 李洪民, 马代夫, 2008. 甘薯蛋白质含量近红外反射光谱分析模型应用研究[J]. 中国食品学报, 8(4): 169-173.

童庆禧, 张兵, 郑兰芬, 2006. 高光谱遥感: 原理, 技术与应用[M]. 北京: 高等教育出版社.

王多加, 钟娇娥, 胡祥娜, 等, 2003. 用傅里叶变换近红外光谱和偏最小二乘法测定蔬菜中硝酸盐含量[J]. 分析化学, 31(7): 892-901.

王加华, 戚淑叶, 汤智辉, 等, 2012. 便携式近红外光谱仪的苹果糖度模型温度修正[J]. 光谱学与光谱分析, 32(5): 1431-1434.

王利军, 王红, 谢乐, 等, 2013. 拉曼光谱快速鉴别花生油掺棕榈油的研究[J]. 中国油料作物学报, 35(5): 604-607.

王铭海, 郭文川, 谷静思, 等, 2013. 成熟期梨可溶性固形物含量的近红外漫反射光谱无损检测[J]. 西北农林科技大学学报: 自然科学版, 41(12): 113-119.

王翔, 戴长建, 2015. 部分动植物油的拉曼光谱研究[J]. 光谱学与光谱分析, 35(4): 929-933.

王笑, 刘汉平, 曾常春, 等, 2013. 蒜氨酸和甲基蒜氨酸的红外及拉曼光谱研究[J]. 光谱学与光谱分析, (6): 132-136.

王艳平, 冯世杰, 2012. 基于机器视觉的茶叶等级区分[J]. 信阳农林学院学报, 22(3): 106-108.

沃克曼, 文依, 2009. 近红外光谱解析实用指南[M]. 褚小立, 许玉鹏, 田高友, 译. 北京: 化学工业出版社.

吴静珠, 石瑞杰, 陈岩, 等, 2014. 基于PLS-LDA和拉曼光谱快速定性识别食用植物油[J]. 食品工业科技, 35(6): 55-58.

吴琼, 陆安祥, 朱大洲, 等, 2015. 叶菜失水条件下的高光谱图像特征分析研究[J]. 北方园艺, (8): 13-17.

夏阿林, 叶华俊, 周新奇, 等, 2010. 基于粒子群算法的波长选择方法用于苹果酸度的近红外光谱分析[J]. 分析试验室, 29(9): 12-15.

徐海霞, 2016. 基于机器视觉和电子鼻技术的菠菜新鲜度无损检测研究[D]. 镇江: 江苏大学.

严衍禄, 赵龙莲, 韩东海, 等, 2005. 近红外光谱分析基础与应用北京[M]. 北京: 中国轻工业出版社.

颜秉忠, 王晓玲, 2018. 基于计算机视觉技术大枣品质检测分级的研究[J]. 农机化研究, 40(8): 232-235, 268.

杨帆, 李雅婷, 顾轩, 等, 2011. 便携式近红外光谱仪测定苹果酸度和抗坏血酸的研究[J]. 光谱学与光谱分析, 31(9): 2386-2389.

杨国鹏, 余旭初, 冯伍法, 等, 2008. 高光谱遥感技术的发展与应用现状[J]. 测绘通报, (10): 1-4.

杨宇, 翟晨, 彭彦昆, 等, 2016. 基于拉曼光谱的胡萝卜中β-胡萝卜素的快速无损检测[J]. 食品安全质量检测学报, 7(10): 4016-4020.

于海燕, 2007. 黄酒品质和酒龄的近红外光谱分析研究[D]. 杭州: 浙江大学.

余洪, 吴瑞梅, 艾施荣, 等, 2017. 基于PCA-PSO-LSSVM的茶叶品质计算机视觉分级研究[J]. 激光杂志, 38(1): 51-54.

袁雷明, 孙力, 林颢, 等, 2013. 基于感官品尝的柑橘糖度近红外光谱模型的简化[J]. 光谱学与光谱分析, 33(9): 2387-2391.

张保华, 黄文倩, 李江波, 等, 2013. 用高光谱成像和 PCA 检测苹果的损伤和早期腐烂[J]. 红外与激光工程, 42(S2): 279-283.

张保华, 黄文倩, 李江波, 等, 2014. 基于高光谱成像技术和 MNF 检测苹果的轻微损伤[J]. 光谱学与光谱分析, 34(5): 1367-1372.

张保华, 李江波, 樊书祥, 等, 2014. 高光谱成像技术在果蔬品质与安全无损检测中的原理及应用[J]. 光谱学与光谱分析, 34(10): 2743-2751.

张德双, 金同铭, 徐家炳, 等, 2000. 几种主要营养成分在大白菜不同叶片及部位中的分布规律[J]. 华北农学报, 15(1): 108-111.

张然, 2013. 基于高光谱成像技术的马铃薯外部损伤识别的研究[D]. 银川: 宁夏大学.

张银, 周孟然, 2007. 近红外光谱分析技术的数据处理方法[J]. 红外技术, 29(6): 345-348.

张宇翔, 2016. 银纳米线用于农药残留表面增强拉曼光谱检测方法研究[D]. 南昌: 华东交通大学.

赵环环, 严衍禄, 2006. 噪声对近红外光谱分析的影响及相应的数学处理方法[J]. 光谱学与光谱分析, 26(5): 842-845.

赵珂, 熊艳, 赵敏, 2011. 基于近红外光谱技术的脐橙快速无损检测[J]. 激光与红外, 41(6): 649-652.

赵强, 张工力, 陈星旦, 2005. 多元散射校正对近红外光谱分析定标模型的影响[J]. 光学精密工程, 13(1): 53-58.

赵树弥, 张龙, 徐大勇, 等, 2019. 机器视觉检测鲜烟叶的分级装置设计[J]. 中国农学通报, 35(16): 133-140.

周向阳, 林纯忠, 胡祥娜, 等, 2004. 近红外光谱法(NIR)快速诊断蔬菜中有机磷农药残留[J]. 食品科学, 25(5): 151-154.

周秀军, 2013. 基于拉曼光谱的食用植物油定性鉴别与定量分析[D]. 杭州: 浙江大学.

周秀云, 2009. 光电检测技术与应用[M]. 北京: 电子工业出版社.

祝诗平, 2003. 近红外光谱品质检测方法研究[D]. 北京: 中国农业大学.

ATOUI M A, VERRON S, KOBI A, 2014. Conditional Gaussian network as PCA for fault detection[J]. IFAC Proceedings Volumes, 47(3): 1935-1940.

BARANOWSKI P, MAZUREK W, WOZNIAK J, et al, 2012. Detection of early bruises in apples using hyperspectral data and thermal imaging[J]. Journal of Food Engineering, 110(3): 345-355.

BECKER J M, ISMAIL I R, 2016. Accounting for sampling, weights in PLS path modeling: Simulations and empirical examples[J]. European Management Journal, 34(6): 606-617.

BLASCO J, ALEIXOS N, GÓMEZ-SANCHIS J, et al, 2009. Recognition and classification of external skin damage in citrus fruits using multispectral data and morphological features[J]. Biosystems Engineering, 103(2): 137-145.

CHEN Y, 2016. Reference-related component analysis: A new method inheriting the advantages of PLS and PCA for separating interesting information and reducing data dimension[J]. Chemometrics and Intelligent Laboratory Systems, 156: 203-210.

DULL G G, LEFFLER R G, BIRTH G S, et al, 1992. Instrument for nondestructive measurement of soluble solids in honeydew melons[J]. Transactions of the ASAE, 35(2): 735-737.

ELMASRY G, WANG N, VIGNEAULT C, et al, 2008. Early detection of apple bruises on different background colors using hyperspectral imaging[J]. LWT-Food Science and Technology, 41(2): 337-345.

FISHER H F, MCCABEE W C, SUBRAMANIAN S, 1970. A near infra-red spectroscopic investigation of the effect of temperature on the structure of water[J]. The Journal of Chemical Physics, 74(25): 4360-4369.

FRANCISCO F L, SAVIANO A M, ALMEIDA T S B, et al, 2016. Kinetic microplate bioassays for relative potency of antibiotics improved by partial least square (PLS) regression[J]. Journal of Microbiological Methods, 124: 28-34.

GROOT P J D, POSTMA G J, MELSSEN W J, 2002. Inflluence of wavelength selection and data preprocessing on NIR based classification of demolition waste[J]. Applied Spectroscopy, 55(2): 173-178.

KAWANO S, FUJIWARA T, IWAMOTO M, 1993. Nondestructive determination of sugar content in satsuma mandarin using near infrared (NIR) transmittance[J]. Journal of the Japanese Society for Horticultural Science, 62 (2): 465-470.

LIM K I, LIU C K, CHEN C L, et al, 2015. Transitional study of patient-controlled analgesia (PCA) morphine with ketorolac to PCA morphine with parecoxib among donors in adult living donor liver transplantation: A single center experience[J]. Transplantation Proceedings, 48(4): 1074-1076.

LIN H, CHEN Q S, ZHAO J W, et al, 2009. Determination of free amino acid content in Radix Pseudostellariae using near infrared (NIR) spectroscopy and different multivariate calibrations[J]. Journal of Pharmaceutical and Biomedical Analysis, 50 (5): 803-808.

LUO Y, ZHANG T, ZHANG Y, 2016. A novel fusion method of PCA and LDP for facial expression feature extraction[J]. Optik-International Journal for Light and Electron Optics, 127(2): 718-721.

MAEDA H, OZAKI Y, TANAKA M, et al, 1995. Near infrared spectroscopy and chemometrics studies of temperature-dependent spectral variations of water: Relationship between spectral changes and hydrogen bonds[J]. Journal of Near Infrared Spectroscopy, 3(4): 191-201.

MCGLONE V A, MARTINSEN P, 2004. Transmission measurements on intact apples moving at high speed[J]. Journal of Near Infrared Spectroscopy, 12 (1): 37-43.

MCGLONE V A, MARTINSEN P, CLARK C J, 2005. On-line detection of brownheart in Braeburn apples using near infrared transmission measurements[J]. Postharvest Biology and Technology, 37 (2): 142-151.

MILLER W M, ZUDE-SASSE M, 2004. NIR-based sensing to measure soluble solids content of Florida Citrus[J]. Applied Engineering in Agriculture, 20(3): 321-327.

MISRA J B, MTHUR R S, BHAT D M, 2000. Near-infrared transmittance spectroscopy: A potential tool for non-destructive determination of oil content in groundnuts[J]. Journal of the Science of Food and Agriculture, 80: 237-240.

MOURAD S, VALETTE-FLORENCE P, 2016. Improving prediction with POS and PLS consistent estimations: An illustration[J]. Journal of Business Research, 69(10): 4675-4684.

NICOLAI B M, BEULLENS K, BOBELYN E, et al, 2007. Nondestructive measurement of fruit and vegetable quality by means of NIR spectroscopy: A review[J]. Postharvest Biology and Technology, 46(2): 99-118.

PORTNOY I, MELENDEZ K, SANJUAN M, et al, 2016. An improved weighted recursive PCA algorithm for adaptive fault detection[J].Control Engineering Practice, 50: 69-83.

SEGTNAN V H, SASIC S, ISAKSSON T, et al, 2001. Studies on the structure of water using two-dimensional near-infrared correlation spectroscopy and principal component analysis[J]. Analytical Chemistry, 73(13): 3153-3161.

SHREVE A P, CHEREPY N J, MATHIES R A, 1992. Effective rejection of fluorescence interference in Raman spectroscopy using a shifted excitation difference technique[J]. Applied Spectroscopy, 46(4): 707-711.

SNYDER E J, BEST L B, 1998. Analysis of luminescent samples using subtracted shifted Raman spectroscopy[J]. Analyst, 123(8): 1729-1734.

SUN D W, 2010. Hyperspectral imaging for food quality analysis and control[M]. Amsterdam: Elsevier.

ZHANG B, FAN S, LI J, et al, 2015. Detection of early rottenness on apples by using hyperspectral imaging combined with spectral analysis and image processing[J]. Food Analytical Methods, 8(8): 2075-2086.

ZHANG F, ZHAO J, CHEN F, et al, 2011. Effects of high hydrostatic pressure processing on quality of yellow peaches in pouch[J]. Transactions of the Chinese Society of Agricultural Engineering, 27(6): 337-343.